单幅图像超分辨率重构技术

吴亚东　路锦正　张红英　著

科学出版社
北　京

内 容 简 介

本书是作者在多年进行图像超分辨率重构技术研究的基础上撰写而成的。本书针对实际应用需求，重点研究单幅图像的超分辨率处理技术，系统地研究了数字图像超分辨率处理中的相关技术，涵盖了基于多项式近似理论的传统插值方法、基于模型/重构的超分辨率重构方法和基于机器学习的超分辨率重构方法，每一类技术中又包含了诸多小类。本书从原理上介绍了各类超分辨率重构算法的典型代表，并深入分析了这些技术存在的主要问题及出现这些问题的主要原因，最后针对这些问题提出了具体的解决方法。本书为图像超分辨率重构算法研究提供了理论基础，对其应用也具有一定的指导意义。

本书可供从事图像处理、计算机视觉、应用数学研究的教师、研究生、研究人员和工程技术人员参考。

图书在版编目(CIP)数据

单幅图像超分辨率重构技术 / 吴亚东，路锦正，张红英著.—北京:科学出版社, 2021.5（2021.12 重印）

ISBN 978-7-03-068594-0

Ⅰ.①单… Ⅱ.①吴… ②路… ③张… Ⅲ.①数字图像处理-研究 Ⅳ.①TN911.73

中国版本图书馆 CIP 数据核字（2021）第 067538 号

责任编辑：侯若男 / 责任校对：彭 映

责任印制：罗 科 / 封面设计：墨创文化

科学出版社出版

北京东黄城根北街16号

邮政编码：100717

http://www.sciencep.com

成都锦瑞印刷有限责任公司印刷

科学出版社发行 各地新华书店经销

*

2021 年 5 月第 一 版 开本：787×1092 1/16

2021 年 12 月第二次印刷 印张：11 1/2

字数：273 000

定价：108.00 元

（如有印装质量问题，我社负责调换）

前　　言

数字图像的超分辨率重构是计算机视觉中一个很重要的基础性问题，在工业、农业、军事和医疗等领域有着广泛的应用，也是计算机视觉领域由来已久的研究热点。本书在广泛调研的基础上，根据发展历程对单幅数字图像超分辨率重构处理领域的相关技术进行了系统归类，深入分析了每一类算法存在的主要问题并提出了相应的解决方案。根据数字图像超分辨率处理技术的发展历程和循序渐进的原则，本书的研究内容分为四大部分。

第一部分主要研究了传统插值算法的应用背景和理论基础，分析了现有插值技术存在的主要问题及其产生的原因。虽然目前基于插值的超分辨率算法很多，但应用最广泛的还是传统的基于多项式近似的插值算法。这类算法种类繁杂，在具体应用时没有统一的理论依据和选择标准。针对传统多项式插值缺乏统一理论描述和规律性解决方案的问题，本书提出了基于密切多项式近似的多项式插值框架。该插值框架从理论的角度对传统插值技术进行了统一说明，为各种多项式插值算法提供了一个规律性的解决方案。

第二部分主要研究了基于模型/重构的图像超分辨率重构技术，分析和讨论了这类技术存在的主要问题和对应的解决方法。基于模型重构的超分辨率技术要求重构图像在经过模糊核下采样后要尽可能与输入低分辨率图像一致，但模糊过程采用的模糊核往往与图像自身的退化参数不一致。针对这一问题，本书提出了在泰勒展开式的基础上进行曲率逆向扩散的偏微分方程方法和一种基于曲率驱动的类双线性快速插值方法实现超分辨率重构，解决了基于模型重构方法效率低、重构图像对比度和清晰度低等问题，取得了较好的视觉效果。

第三部分重点讨论了基于机器学习的单幅图像超分辨率重构算法，对这类算法的研究现状和发展趋势进行了深入而详细的研究。针对训练样本与测试样本之间兼容性问题和超分辨率重构效率低的问题，本书分别提出了两种基于机器学习的超分辨率方法，有效解决了重构效率、样本质量和兼容性问题。另外，本书对部分典型机器学习方法的理论基础进行了研究，分析了这类算法运用于图像超分辨率重构时所面临的问题。通过在整个训练和测试过程中采用相同的优化规则(最小二乘规则)来减小低分辨率和高分辨率特征空间之间的相异性，在一定程度上提升了超分辨率重构质量。

第四部分重点讨论了基于稀疏表示的超分辨率重构技术。稀疏表示也是属于机器学习的方法，本书对离线式图像重构问题、在线式图像重构问题、字典级联式图像重构问题进行了大量研究，围绕如何构建有效用于稀疏表示的超完备字典和设计在既定字典下图像的稀疏分解算法等关键问题进行了探索，提出了离线字典学习与匹配追踪稀疏表示的超分辨率重构方法、在线字典学习与盲稀疏分解的超分辨率重构方法、字典级联与逼近 L_0 范数稀疏表示的超分辨率重构方法，获得了相比类似技术的更高质量的高分辨率图像。

全书由四川轻化工大学吴亚东教授统筹并撰写第 1、2、4、5、6 章。西南科技大学路锦正副研究员撰写第 3 章和第 7 章。张红英教授为本书的结构、撰写思路提供了宝贵的参考意见，同时审阅了全书，提出了富有建设性的意见。感谢研究生赵小乐在全书的实验验证和开拓等方面付出的辛勤劳动。感谢研究生李雪认真、细致地完成了资料整理工作。同时，本书的撰写，参考了大量的国内外相关技术资料，吸取了许多专家和同仁的宝贵经验，在此向他们深表谢意！特别感谢科学出版社的编辑为本书出版做的大量细致的工作！感谢四川轻化工大学、西南科技大学的鼎力支持！

本书涉及内容广泛，由于作者学识所限，书中难免存在不足之处，恳请广大读者批评指正。

吴亚东

2020 年 4 月 26 日

目　　录

第1章 绪 论

1.1 研究背景及意义

随着计算机技术的快速发展和相关应用的不断拓展，数字图像在社会各个领域(包括工业、农业、医学以及军事等)的应用越来越广泛。高分辨率(high resolution，HR)图像在这些数字图像应用领域中能提供比低分辨率(low resolution，LR)图像更多的细节信息。例如，在虚拟现实(virtual reality，VR)中往往需要用计算机设备将同一个场景的多幅图像融合在一起形成模拟复杂现实场景的图像。为了使结果图像更符合人眼视觉系统，有必要充分挖掘每一幅输入图像所包含的信息。在医学影像(medical image，MI)中，成像设备的固有缺陷导致所获得的图像不可避免地受到各类噪声的污染，再加上光照、散焦等因素的影响，使得医学影像中的细微结构难以辨认。怎么从这些低分辨率图像中恢复出结构清晰、细节信息丰富的高分辨率图像是关乎人们生命安全的重要科研课题。智能犯罪监控(intelligent crime monitoring，ICM)由于受摄像机自身分辨率、光照、视角、相机运动等因素的影响，直接捕获的图像可能出现模糊、旋转与偏移等现象，导致目标对象的特征无法识别，严重影响案件侦查工作。随着大气遥感(atmospheric remote sensing，ARS)技术的不断发展，气象雷达成为预测降雨、监测台风和风暴等气象灾害的有效手段。当气象雷达的波长与照射物表面粗糙程度相当时极易使雷达图像出现各种斑点噪声，影响气象预测精度。从这些受噪声污染的图像中正确恢复出原始高分辨率图像对准确进行大气预测有着重要的现实意义。另外，图像超分辨率重构(super-resolution reconstruction，SR)技术在军事中也有十分广泛的应用。例如，无人侦察机获取的数字图像在传输过程中受诸多不良因素的影响容易出现严重失真，导致目标难以识别从而影响作战指挥员的正确判断。在通过雷达探测目标时，雷达波的反射效应也很容易暴露己方目标。现在出现了一种称为全方位光电感知系统(all-around photoelectric sensing system，AAPSS)的目标探测系统，它根据光学成像原理追踪目标而不反射任何雷达波，美国第五代战斗机 F35 使用的光电分布式孔径系统(electro-optical distributed aperture system，EODAS)就是其中一种。从光电传感器捕获的数字信号准确地形成高质量数字图像是这种系统正常工作的关键，SR 及相关技术在这一过程中扮演着极其重要的角色。上述诸多领域广泛的应用需求使研究增强图像分辨率水平的方法显得十分必要，同时也是数字图像超分辨率技术一直处于图像处理领域的研究热点并长期备受关注的重要原因之一。

图像超分辨率处理技术的目的是，通过一幅或一系列 LR 图像恢复出一幅 HR 图像。根据输入图像的数量可以将超分辨率算法分为单幅图像超分辨率算法和多幅图像超分辨率算法，但传统多幅图像超分辨率算法都将超分辨率重构转换成多幅 LR 图像序列之间的对齐与校准操作，而在多幅模糊、受噪声污染的 LR 图像之间进行精确的对齐操作本身就是非常困难的，并且在许多实际应用中很难获得充足的 LR 图像序列。因此，多幅图像的 SR 处理没有太大的实际意义。相对而言，单幅图像的 SR 处理技术是一个具有广泛应用的研究热点，也更具有实用价值，对这项技术的深入研究具有重大理论和实际意义。因为单幅图像情况下提供的有效数据较少，所以单幅图像 SR 处理比多幅图像的 SR 处理更具有挑战性，还有很多亟待解决的重要问题值得深入研究。

1.2 研究现状与发展趋势

1.2.1 国内外研究现状

随着图像处理技术的不断发展，许多应用领域都要求高质量的数字图像并对其进行后续处理。传感器的固有缺陷、散焦、大气条件以及各种类型的噪声等严重影响了数字图像的质量。图像分辨率是图像质量的重要评判准则，它通常由图像采集设备决定，但在许多实际应用中，昂贵的高精度传感器和其他硬件设备也可能是重要限制因素。为了打破成像系统固有分辨率的限制，从软件角度提高数字图像 SR 的技术应运而生。

目前，图像超分辨率算法主要有三类：基于传统插值理论的方法、基于模型/重构的方法和基于机器学习的方法。传统的插值方法基于最简单的平滑先验假设，将数字图像信号看成连续的、带宽受限的平滑信号进行处理。但这种假设通常是不成立的，因为自然图像往往表现出大量的不连续性特征，如边缘、角点、脊梁等，传统插值算法在平滑先验假设下极易丢失这些高频细节。基于重构的方法为超分辨率重构问题强加了一个约束条件，该约束条件要求恢复的高分辨率图像在经过模糊核下采样后尽可能地接近原始低分辨率图像。但是自然图像的模糊核函数是随机的，加上噪声的影响，这类方法恢复出的高分辨率图像只能在一定程度上增强人眼视觉效果，对较大采样因子效果很差。基于机器学习的方法通过构建 LR/HR 图像块对（patch pairs）组成的词典，为超分辨率处理提供了更多的先验知识。这类方法通常能够在产生较好视觉效果的同时，使恢复的高分辨率图像尽可能接近原始图像。不过，这类方法一般要求构建一个外部词典，该外部词典由大量的 LR/HR 图像块对组成，存在算法效率问题与训练数据和测试数据之间的兼容性问题。接下来，本书将对这三类方法的国内外现状进行分析。

1.基于传统插值理论的超分辨率重构

插值技术的发展大致经历了三个阶段：20 世纪前的很长一段时间内，主要工作都集中在对传统多项式插值技术的研究方面；20 世纪晚期到 21 世纪初开始出现一些面向图像边缘的插值技术；直到近年来，才开始出现以机器学习为理论基础的图像插值算法。当然，插值技术的这些研究工作并没有严格的时间界限，这样从时间上进行划分主要是根据某种技术在某个时期内处于研究热点。

(1)传统多项式插值：关于多项式插值技术的应用，最早可以追溯到古巴比伦和古希腊时期，人们为预测天文事件而构建星历表的实践。当时的人们根据星历表进行线性预测，实际上是一种简单的一阶线性预测。虽然在塞琉古时期(Seleucid Period，公元前最后三个世纪)出现了一些更为复杂的插值算法，但这些方法的具体公式已经无章可循。在中世纪早期的古印度和古中国，同样是用于对天文事件的预测，但此时已经发展为更复杂的二阶插值。随后，从科技革命到信息通信时代，插值方法经历了牛顿插值、密切多项式插值和样条插值等阶段，从简单到复杂发展为更复杂、更精确的估值技术。这些插值算法本质上来说都属于多项式插值算法，文献[1]对多项式插值技术演变历程的相关内容进行了详尽而深入的调研，全面地呈现了插值理论的发展进程。但是，传统多项式插值技术最初并不是为数字图像处理而开发的，这类技术在数据本身具有连续性的领域中具有更为广泛的应用。

(2)面向边缘的插值：计算机视觉领域的研究结果表明，人眼视觉系统对图像的边缘、角点、纹理等非线性结构更为敏感，所以人们专门针对这些非线性结构设计了一些插值算法，在保留插值技术高效性的同时提高超分辨率处理的效果[2-3]。这类算法主要包括边缘方向融合(fusion of edge orientations，FEO)、边缘导向插值(edge-directed interpolation，EDI)、新边缘导向插值(new edge-directed interpolation，NEDI)、软决策插值(soft-decision adaptive interpolation，SAI)及双边软决策插值(bilateral soft-decision adaptive interpolation，BSAI)等。与传统多项式插值最开始并非针对图像插值甚至是图像数据处理不同的是，面向边缘的图像插值技术是将插值技术有针对性地应用于图像 SR 处理的最初尝试。关于这一类技术的具体研究与发展情况，可参阅文献[3]。

(3)基于机器学习的插值：通过学习自然图像中非线性模式或其他吸引人眼视觉系统的信息来指导插值，是近年来兴起的一类新的插值技术。Jaiswal 等[4]利用尺度变化时的误差反馈机制来指导图像插值，即假设 LR 图像下采样时得到的误差就是 HR 图像下采样时得到的误差。Wei 和 Ma[5]利用 LR 图像中的对比度信息来指导插值，在超分辨率效果上也取得了一定的提升。Wang 等[6]结合了面向边缘与机器学习方法，通过一种自适应的自插值算法通过 LR 图像来估计 HR 图像的梯度分布情况，然后利用基于重构的超分辨率方法计算 HR 输出图像。上述几种算法虽然尝试结合插值算法和机器学习算法各自的特征进行超分辨率处理，但并没有让插值技术的高效性和机器学习算法精确预测非线性结构的能力有效地融合在一起，无论是在超分辨率效果上还是时间效率上都没有取得实质进展。从理论上来讲，基于机器学习的插值技术是最有发展前景的一类图像 SR 方法，因为机器学习方法能够取得较好的 SR 效果，而插值技术具有很高的处理效率，然而这方面的相关研究工作还处于起步阶段，仍然存在诸多亟待解决的问题。

2.基于模型/重构的超分辨率重构

真正意义上的图像超分辨率重构实际上是在 Harris[7]和 Goodman[8]提出的单幅图像超分辨率重构问题基础上形成的，而基于重构的超分辨率技术最早可以追溯到 Tsai 和 Huang[9]提出多帧图像超分辨率重构，这也是首次综合运用时空信息进行超分辨率重构的研究。随后，Stark 和 Oskoui[10]首先从集合论的角度提出了凸投影集(projection onto convex sets，POCS)算法，该算法后来成为一种非常典型的基于重构的超分辨率处理算法。Irani 和 Peleg[11]提出了一种非常具有代表性的重构方法：迭代反向投影(iterate back the projection，IBP)算法，通过反复迭代消除重构误差以提高超分辨率重构的精度。

几乎在同一时期，基于模型的方法也逐渐吸引了人们的注意力，其典型代表有基于概率模型(probabilistic model，PM)的方法、基于全变分(total variation，TV)模型的方法，以及基于偏微分方程(partial differential equations，PDE)的方法。基于概率模型的方法主要包括最大似然估计(maximum-likelihood estimation，MLE)算法[12]和最大后验(maximum a posteriori，MAP)估计算法[13]。基于全变分的方法由于其良好的处理效果曾一度在图像SR处理领域占据了非常重要的位置[14-19]。偏微分方程方法也是一种典型的基于模型的超分辨率技术，它通过添加时间变量的方式将多幅图像的超分辨率技术转换为单幅图像的超分辨率技术。

无论是基于重构还是基于模型的超分辨率处理方法，都没有满足人们对图像分辨率提升的期望。这些方法虽然相对于原始的单幅图像超分辨率方法取得了一定成效，但同时也因为一些附加操作而降低了时间效率，而且这些附加操作对提高超分辨率处理效果的作用并不大。比如，在进行多帧图像 SR 处理时，首先需要进行多幅图像间的亚像素校准操作，但是在多幅退化的 LR 图像上进行这样的校准操作往往是不准确的。另外，基于重构的超分辨率方法本身还存在一些固有限制，导致其对缩放因子极其敏感[20]。因此，研究者们在近年来提出了一些混合方法，期望结合不同重构算法之间的优点更好地进行超分辨率重构[21-23]。

3.基于机器学习的超分辨率重构

基于机器学习的单幅图像超分辨率重构方法到目前为止大致经历了四个发展阶段：样本学习、邻域嵌入、稀疏表达和深度学习。这四个阶段在时间上的界限并不十分明显，存在较多交叉，但它们代表了图像超分辨率处理领域中机器学习方法的四个不同研究方向。

利用机器学习的思想来处理单幅图像的超分辨率问题最早体现在 Freeman 等[24]提出的样本学习方法中，该算法利用一个通过置信传播算法求解的马尔可夫域(Markov random field，MRF)模型对外部样本库建模，然后利用 LR 图像块来预测 HR 图像块。Sun 等[25]利用“原始草图(primal sketch)”先验来加强图像边缘和角点等非连续性特征，对样本学习算法进行了进一步扩展。这种方法虽然从原理上和效果上都取得了突破性进展，但它需要一个由大量 LR/HR 图像块对组成的外部数据库，这造成了严重的时耗问题。Chang 等[26]根据局部线性嵌入理论[27-28]提出了单幅图像 Freeman 处理的邻域嵌入法，该算法通过假设 LR 特征空间与 HR 特征空间具有相似的空间结构来减少重构样本数量，从而在一定程度上提高算法效率。这类算法一度受到研究人员的广泛关注和深入研究[29-33]，但是固定数量的邻域始终会引起过拟合(overfitting)或欠拟合(underfitting)问题从而造成近似精度丢失。Yang 等[34]基于稀疏编码的思想[35]首次提出了利用稀疏表达来解决图像SR 问题的方案，通过训练样本学习一个包含少量原子项(atom)的词典(dictionary)，并以不定数量词典原子项的线性组合来表达 HR 特征样本，从而使得近似误差尽可能小。利用稀疏表达方法来处理 SR 问题取得了非常明显的效果提升，吸引了大量研究人员对其进行广泛而深入的研究，并陆续提出许多改进算法[36-41]。

虽然稀疏表达方法已经获得了足够好的 SR 效果和处理速度，但研究者们并不满足于这种成就，并进一步发现基于 L_0/L_1 范式约束的稀疏表达方法仍然存在效率问题，而且训练数据库与测试样本之间还存在兼容性问题。Timofte 等[40，42]提出的锚定邻域回归(anchored neighborhood regression，ANR)算法将 L_0/L_1 范式约束的最优化问题修改为 L_2 范式约束的最优化问题，将 LR 特征和 HR 特征之间的转换用一个映射矩阵来实现，从而将求解 L_0/L_1 范式最优化问题转换成矩阵乘法问题，极大地提高了算法效率。关于兼容性问题，Glasner 等[43]发现了数字图像中的跨尺度自相似性，也称为非局部自相似性(non-local self-similarity，NLSS)或图像块冗余性(image patch redundancy)，即自然图像中小的图像块倾向于在同一尺度或不同尺度之间重复出现。Zontak 和 Irani[44]进一步将自然图像中的这一特征进行量化，并得出了几个非常有用的结论。NLSS 不仅有效解决了单幅图像 SR 方法中训练样本与测试样本之间的兼容性问题，还可用于许多其他领域，如图像去噪[45]、去模糊[46]和图像修复[47]等。在图像的盲超分辨率处理中，NLSS 的运用也获得了良好的处理效果。不同于其他类似方法[48-53]，Michaeli 和 Irani[46，54]使用 NLSS 进行图像超分辨处理和盲去模糊操作，成功处理了训练样本与测试样本之间的兼容性问题，并取得了良好的效果。

关于深度学习本身的概念，可以参见文献[55]～文献[60]。Huang 和 Long[61]首先结合最优恢复理论和神经网络进行图像 SR 处理，他们设计了三层前馈神经网络，并利用二次反馈迭代机制控制解的稳定性，开辟了将深度学习用于图像 SR 处理的新方法。Nakashika 等[62]根据 HR 图像训练神经网络而不依赖任何图像块对组成的词典，该方法类似基于稀疏表达的处理技术，但稀疏系数不是通过最优化问题的目标函数得到，而是通过深度学习得到的。Cui 等[63]提出的深度网络叠层(deep network cascade，DNC)算法首先利用非局部自相似性加强多尺度内每幅图像的纹理细节，并用多个堆叠协同局部自动编码器(collaborative local auto-encoder，CLA)抑制噪声对超分辨率处理的影响，然后在隐藏神经元上进行加权 L_1 范式稀疏约束以减少需要学习的参数。Dong 等[64]将深度卷积网络(deep convolutional network，DCN)用于图像超分辨率处理，并从理论上说明了传统的基于稀疏编码的超分辨率方法也可以看成深度卷积神经网络。该算法将块提取和聚合都纳入深度学习中，并以隐含层的方式一起进行优化，减少了预处理和后处理操作。

尽管基于机器学习的单幅图像超分辨率方法从兴起到发展经历的时间非常短，但却出现了很多具体的处理方法，这主要是因为这类超分辨率技术通过机器学习算法获取先验知识，能够更准确地抓取 LR/HR 特征之间的映射关系，从而极大地提升超分辨率效果。在可以预见的未来，这类技术将继续作为图像超分辨率处理领域的研究热点进一步发展和完善。

1.2.2 发展趋势及展望

综上所述，虽然国内外研究人员已经对单幅图像的 SR 处理技术进行了广泛研究，但图像 SR 处理作为许多实际应用的前期工作和病态问题的典型代表，仍然存在许多挑战性的问题亟待进一步研究和解决，具体可以概括为四个方面。

(1) 图像退化模型。不管是传统多项式插值算法、基于模型/重构的 SR 方法，还是机器学习方法，在对图像进行 SR 处理时，都或多或少地参考了不同的图像退化模型。图像退化模型对精确地进行 SR 处理十分重要，这与图像自身退化参数(模糊核函数)类似，越能准确反映图像退化情况的退化模型，越有益于图像 SR 处理。近似的图像退化模型与实际成像系统之间的差别是导致 SR 效果不理想的重要因素之一，精确的图像退化模型要求对几何模型、积分规则、电路或传感器噪声等有深入研究。

(2) 稀疏表达方法。稀疏表达法作为一种典型而有效的机器学习方法，在 SR 处理领域受到广泛关注，通过训练样本学习超完备词典，再用超完备词典构建 HR 图像能够自适应地选取邻域数量，避免过拟合或欠拟合现象。然而，词典学习本身就是处理领域的重要研究内容之一，词典学习如何提高词典重构精度、训练效率以及适应海量数据的处理等都是这一研究面临的实际问题。另外，在图像 SR 处理中由于涉及对偶特征空间，虽然已经有一些尝试性研究成果，但如何准确处理对偶特征空间之间复杂的、非线性的未知对应关系以提高 SR 效果，仍然是词典学习运用在 SR 处理中时面临的重要问题之一。

(3) 盲超分辨率处理。现实应用中能够获得的图像往往是严重退化的，而且通常不可能提供同一场景同一时刻不同视角的多帧图像，这就引发许多研究人员对单幅图像的盲 SR 处理技术进行研究。图像自身退化过程及退化程度对单幅图像的 SR 处理有着重要的指导作用，但图像模糊核函数的类型、大小、形状等一系列参数都是未知的，盲 SR 处理不考虑任何退化模型参数，直接估计图像的模糊核函数。如何在不假设任何模型、任何参数的情况下准确估计模糊核函数是盲超分辨率处理的关键问题之一。

(4) 深度学习。单幅图像的 SR 处理是典型的病态问题，传统的机器学习方法只是对图像特征的浅层理解和表达，深度学习方法可以更准确地理解图像局部特征和对偶特征空间之间的对应关系，并根据学习到的知识来指导 SR 处理。但是深度学习对图像特征的提取和表达有较高的要求，特征提取策略和表达方式对 SR 处理效果的影响非常明显。如何设计深度学习的网络结构以及加大深度学习训练效果也是这一研究领域的主要问题。另外，深度学习用于模式识别、分类任务的情况较多，如何利用深度学习来处理实值化的 SR 问题也是需要解决的基础性问题之一。

1.3 本书的主要贡献

本书在广泛调研的基础上，根据发展历程对单幅数字图像 SR 处理领域的相关技术进行了系统归类，深入分析了每一类算法存在的主要问题并提出了相应的解决方案。根据数字图像超分辨率处理技术的发展历程和循序渐进的原则，本书的研究内容分为四大部分。

第一部分，即第 4 章，主要研究了传统插值算法应用背景和理论基础，分析了现有插值技术存在的主要问题及其产生的原因。虽然目前基于插值的超分辨率算法很多，但应用最广泛的还是传统的基于多项式近似的插值算法。这类算法种类繁杂，在具体应用时没有统一的理论依据和选择标准。针对传统多项式插值缺乏统一理论描述和规律性解决方案的问题，本书提出了基于密切多项式近似的多项式插值框架，从理论的角度对传统插值技术进行了统一说明，为各种多项式插值算法提供了一个规律性的解决方案。

第二部分，即第 5 章，主要研究了基于模型/重构的图像 SR 技术，分析和讨论了这类技术存在的主要问题和对应的解决方法。这类算法主要针对多帧低分辨率输入图像的情况，但也包含一些单幅图像的超分辨率情况，本书主要考察单幅图像的基于重构的超分辨率方法。基于模型重构的超分辨率技术要求重构图像在经过模糊核下采样后要尽可能与输入低分辨率图像一致，但模糊过程采用的模糊核往往与图像自身的退化参数不一致，所以这样的强制性约束实质上没有太大作用。基于模型或 PDE 的超分辨率算法重构效果实质上并不比传统插值技术好多少，特别是在对比度和清晰度上更没有明显的优势，但这类算法效率极低且对缩放因子非常敏感。针对这一问题，本书提出了一种在泰勒展开式基础上进行曲率逆向扩散调整的 PDE 方法，能够以较高的效率实现比一般重构方法更好的超分辨率处理效果，特别是在视觉效果上的优势尤为明显。

第三部分，即第 6 章，重点讨论了基于机器学习的单幅图像 SR 算法，对这类算法的研究现状和发展趋势进行了深入而详细的研究。典型的机器学习算法都包含训练和测试(重构)两个阶段。训练阶段就是学习 LR 到 HR 特征空间之间的映射模式，比较耗时但可以在线下进行。测试阶段就是应用学习到的映射模式从测试 LR 样本重构 HR 样本的过程，执行效率依赖优化问题的目标函数和输入的测试样本数，必须在线(on line)执行。因此，效率问题是机器学习方法面临的主要挑战之一。另外，训练样本与测试样本之间的兼容性问题，以及训练样本自身的质量也是这类算法当前面临的主要问题。本书针对上述问题分别提出了两种基于机器学习的超分辨方法，有效解决了重构效率、样本质量和兼容性问题。另外，本书对部分典型机器学习方法的理论基础进行了研究，分析了这类算法运用于图像 SR 时所面临的问题。通过在整个训练和测试过程中采用相同的优化规则(最小二乘规则)来减小 LR 和 HR 特征空间之间的相异性，在一定程度上提升了超分辨率重构质量。

第四部分，即第 7 章，重点讨论了基于稀疏表示的 SR 技术。稀疏表示也是属于机器学习的方法，本书对离线式图像重构问题、在线式图像重构问题、字典级联式图像重构问题进行了大量研究，围绕如何构建有效用于稀疏表示的超完备字典和设计在既定字典下图像的稀疏分解算法等关键问题进行了探索，获得了相比类似技术的更高质量的高分辨率图像。首先，针对耦合字典学习的复杂性，在离线式超完备字典构建中，采取了学习低分辨率字典而数值计算高分辨率字典的方法；分析和设计了基于稀疏表示的图像超分辨率重构模型，从而将问题的关键转化为字典对的构建和图像的超完备稀疏分解；应用 K-SVD 算法构建离线字典对，提出应用正则正交匹配追踪(regularized orthogonal matching pursuit，ROMP)算法实现图像关于字典的稀疏表示；LR 图像的稀疏表示联合高分辨率字典最终实现了超分辨率重构。然后，鉴于离线字典的非适应性，在在线式超完备字典构建中，提出了在线构建字典对的盲稀疏度稀疏表示超分辨率重构方法，以不同分辨率图像的局部几何结构不变性给出了分辨率增强的数学模型；为降低构建字典的复杂性并提高字典原子的自适应能力，采取在线学习待处理图像以建立超完备字典对；为克服匹配追踪稀疏分解的固定稀疏度缺陷，采用盲稀疏度分解实现低分辨率图像的精确稀疏表示；稀疏分解系数联合高分辨率字典实现超分辨率增强。同时，为进一步提高字典的稀疏表示能力，在超完备字典级联中，提出离线学习的通用字典级联在线学习的特定字典的字典构建方式，构成包含丰富图像结构和准确降质信息的针对当前图像的高效字典。最后，为克服贪婪匹配追踪稀疏表示算法的固定稀疏度的依赖性，采用逼近 L_0 范数稀疏表示的方式规避稀疏度限制，使变数目的非零项系数更精确地适应复杂图像结构；低分辨率图像的稀疏表示联合高分辨率字典实现超分辨率图像的高频分量合成。

1.4 本书的结构安排

本书重点关注雾天图像以及低照度图像的清晰化问题、低动态范围图像的动态范围扩展问题、雾天能见度估计问题，以及图像质量客观评价指标。

本书共分为 7 章。具体章节内容如下。

第 1 章为绪论，简要介绍了图像超分辨率处理的课题背景和研究意义、国内外研究现状和发展趋势，以及本书的主要贡献和组织结构安排。

第 2 章是对数字图像超分辨率处理领域的简介，主要介绍了单幅图像超分辨率处理领域的基本概念、图像降质的退化模型、图像超分辨率处理的基本原理，以及图像超分辨率处理的分类方法。

第 3 章介绍了图像稀疏表示理论及应用，包括信号稀疏表示模型、稀疏表示的字典构建和稀疏表示的分解算法等，这些都是理解信号稀疏表示理论的必备知识。另外简述了基于稀疏表示模型的图像处理应用，推导并建立了压缩感知理论与图像超分辨率重构的相似关系。

第 4 章主要介绍了基于传统插值理论的超分辨率技术，包括常见的典型插值算法以及插值算法存在的主要问题，并根据多项式插值算法存在的问题提出了一个统一的理论框架，从理论和实际运用的角度解决了这类算法当前存在的主要问题。

第 5 章主要研究了基于模型/重构的超分辨率技术，包括常见的重构算法和存在的主要问题。首先针对这类技术存在的主要问题提出了在泰勒展开式的基础上利用曲率逆向驱动的单幅图像超分辨率技术；然后针对高信噪比图像，提出一种曲率驱动的类双线性快速插值方法，该方法将图像的二维坐标与像点的灰度值映射为空间的三维曲面，以指定方向曲面的剖面曲率作为边缘几何类型的判别依据，驱动四像点快速插值。

第 6 章讨论了基于机器学习的图像超分辨率算法，详细介绍了该领域常见的机器学习方法及亟待解决的关键问题，根据机器学习算法当前面临的主要问题有针对性地提出了两种解决方案。

第 7 章主要研究了基于稀疏表示的超分辨率重构技术，分别针对离线式图像重构问题、在线式图像重构问题、字典级联式图像重构问题存在的不足，提出了相应的解决方案。

参 考 文 献

[1]Meijering E. A chronology of interpolation：from ancient astronomy to modern signal and image processing[J]. Proceedings of the IEEE，2002，90(3)：319-342.

[2]Li X，Orchard M T. New edge-directed interpolation[J]. IEEE Transactions on Image Processing，2001，10(10)：1521-1527.

[3]Siu W C，Hung K W. Review of image interpolation and super-resolution[C]//2012 Asia-Pacific Signal & Information Processing Association Annual Summit and Conference (APSIPA ASC). New York：IEEE，2012：1-10.

[4]Jaiswal S P，Au O C，Bhadviya J，et al. An efficient two phase image interpolation algorithm based upon error feedback mechanism[C]//Signal Processing Systems (SiPS). New York：IEEE，2013：251-255.

[5]Wei Z，Ma K K. Contrast-guided image interpolation[J]. IEEE Transactions on Image Processing，2013，22(11)：4271-4285.

[6]Wang L，Xiang S，Meng G，et al. Edge-directed single-image super-resolution via adaptive gradient magnitude self-interpolation[J]. IEEE Transactions on Circuits & Systems for Video Technology，2013，23(8)：1289-1299.

[7]Harris J L. Diffraction and resolving power[J]. Journal of the Optical Society of America，1964，54(7)：931-933.

[8]Goodman J W. Introduction to Fourier optics[J]. McGraw-Hill Physical and Quantum Electronics Series，1968，28：595-599.

[9]Tsai R Y，Huang T S. Multi-frame Image Restoration and Registration[M]//Advances in Computer Vision and Image Processing. Greenwich：JAI，1984：317-339.

[10]Stark H，Oskoui P. High-resolution image recovery from image-plane arrays，using convex projections[J]. Journal of the Optical Society of America A，1989，6(11)：1715-1726.

[11]Irani M，Peleg S. Image sequence enhancement using multiple motions analysis[C]//IEEE Computer Society Conference on Computer Vision and Pattern Recognition. New York：IEEE，1992：216-221.

[12]Tom B C，Katsaggelos A K. Reconstruction of a high-resolution image by simultaneous registration，restoration，and interpolation of low-resolution images[C]//International Conference on Image Processing. New York：IEEE，1995：539-542.

[13]Schultz R R，Stevenson R L. Extraction of high-resolution frames from video sequences[J]. Image Processing IEEE Transactions on，1996，5(6)：996-1011.

[14]Ng M K，Shen H. A total variation regularization based super-resolution reconstruction algorithm for digital video[J]. Journal on Advances in Signal Processing，2007(1)：1-16.

[15]Babacan S D，Rafael M，Katsaggelos A K. Parameter estimation in TV image restoration using variational distribution approximation[J]. IEEE Transactions on Image Processing，2008，17(3)：326-339.

[16]Babacan S D，Molina R，Katsaggelos A K. Total variation super resolution using a variational approach[C]//15th IEEE International Conference on Image Processing. New York：IEEE，2008：641-644.

[17]Babacan S D，Rafael M，Katsaggelos A K. Variational Bayesian blind deconvolution using a total variation prior[J]. IEEE Transactions on Image Processing，2009，18(1)：12-26.

[18]Unger M，Pock T，Werlberger M，et al. A Convex Approach for Variational Super-Resolution[M]//Pattern Recognition. Berlin：Springer，2010：313-322.

[19]Babacan S D，Rafael M，Katsaggelos A K. Variational Bayesian super resolution[J]. IEEE Transactions on Image Processing，2011，20(4)：984-999.

[20]Baker S，Kanade T. Limits on super-resolution and how to break them[C]//IEEE Conference on Computer Vision and Pattern

Recognition，2000. Proceedings (Val2). New York：IEEE，2000：372-379.

[21] Wang T，Zhang Y，Zhang Y S，et al. Automatic superresolution image reconstruction based on hybrid MAP-POCS [C] // International Conference on Wavelet Analysis and Pattern Recognition. New York：IEEE，2007：426-431.

[22] Yang X F，Li J Z，Li D D. A super-resolution method based on hybrid of generalized PMAP and POCS [C] //2010 3rd IEEE International Conference on Computer Science and Information Technology (ICCSIT). New York：IEEE，2010：355-358.

[23] Zhang Y，Zhang Y C，Huang Y L，et al. ML iterative superresolution approach for real-beam radar [C] //2014 IEEE Radar Conference. New York：IEEE，2014：1192-1196.

[24] Freeman W T，Jones T R，Pasztor E C. Example-based super-resolution [J]. IEEE Computer Graphics and Applications，2002，22 (2)：56-65.

[25] Sun J，Zheng N N，Tao H，et al. Image hallucination with primal sketch priors [C] //IEEE Computer Society Conference on Computer Vision and Pattern Recognition. New York：IEEE，2003：729-736.

[26] Chang H，Yeung D Y，Xiong Y. Super-resolution through neighbor embedding [C] //2012 IEEE Conference on Computer Vision and Pattern Recognition. New York：IEEE，2004：275-282.

[27] Freeman W T，Pasztor E C，Carmichael O T. Learning low-level vision [J]. International Journal of Computer Vision，2000，40 (1)：25-47.

[28] Roweis S T，Saul L K. Nonlinear dimensionality reduction by locally linear embedding [J]. Science，2000，290 (5)：2323-2326.

[29] Fan W，Yeung D Y. Image hallucination using neighbor embedding over visual primitive manifolds [C] //2013 IEEE Conference on Computer Vision and Pattern Recognition. New York：IEEE，2007：1-7.

[30] Chan T M，Zhang J P，Pu J，et al. Neighbor embedding based super-resolution algorithm through edge detection and feature selection [J]. Pattern Recognition Letters，2009，30 (5)：494-502.

[31] Bevilacqua M，Roumy A，Guillemot C，et al. Low-complexity single-image super-resolution based on nonnegative neighbor embedding [OL]. [2012-9-15]. http: //www. net/publication/260351242_Low-Complexity_Single.Image_Super-Resolution_Based_on_Nonnegative_Neighbor_Embedding.

[32] Bevilacqua M，Roumy A，Guillemot C，et al. Super-resolution using neighbor embedding of back-projection residuals [C] // International Conference on Digital Signal Processing. New York：IEEE，2013：1-8.

[33] Chen X X，Qi C. Low-rank neighbor embedding for single image super-resolution [J]. Signal Processing Letters，2014，21 (1)：79-82.

[34] Yang J C，Wright J，Huang T，et al. Image super-resolution as sparse representation of raw image patches [C] //IEEE Conference on Computer Vision and Pattern Recognition. New York：IEEE，2008：1-8.

[35] Lee H，Battle A，Raina R，et al. Efficient sparse coding algorithms [J]. Advances in Neural Information Processing Systems (NIPS)，2006，19：801-808.

[36] Yang J C，Wright J，Huang T，et al. Image super-resolution via sparse representation [J]. IEEE Transactions on Image Processing，2010，19 (11)：2861-2873.

[37] Kim K I，Kwon Y. Single-image super-resolution using sparse regression and natural image prior [J]. IEEE Transactions on Pattern Analysis & Machine Intelligence，2010，32 (6)：1127-1133.

[38] Sudarshan S，Babu R V. Super resolution via sparse representation in L1 framework [C] //Proceedings of the Eighth Indian Conference on Computer Vision，Graphics and Image Processing. Mumbai：ACM，2012：77.

[39] Zeyde R，Elad M，Protter M. On single image scale-up using sparse representations [C] //The 7th International Conference on

Lecture Notes in Computer Science. Avignon France：Springer，2012：711-730.

[40] Timofte R，Smet D V，Gool L V. Anchored neighborhood regression for fast example-based super-resolution[C]//2013 IEEE International Conference on Computer Vision. New York：IEEE，2013：1920-1927.

[41] Dong W，Zhang L，Lukac R，et al. Sparse representation based image interpolation with nonlocal autoregressive modeling[J]. IEEE Transactions on Image Processing，2013，22(4)：1382-1394.

[42] Timofte R，Smet V D，Gool L V. A+：Adjusted anchored neighborhood regression for fast super-resolution[J]. Lecture Notes in Computer Science，2014，9006：111-126.

[43] Glasner D，Bagon S，Irani M. Super-resolution from a single image[C]//IEEE Conference on Computer Vision. New York：IEEE，2009：349-356.

[44] Zontak M，Irani M. Internal statistics of a single natural image[C]//2011 IEEE Conference on Computer Vision and Pattern Recognition(CVPR). New York：IEEE，2011：977-984.

[45] Zhang Y，Liu J，Yang S，et al. Joint image denoising using self-similarity based low-rank approximations[C]//Visual Communications and Image Processing(VCIP). IEEE，2013：1-6.

[46] Michaeli T，Irani M. Blind Deblurring Using Internal Patch Recurrence[M]//Computer Vision–ECCV 2014. Berlin：Springer，2014：783-798.

[47] Guillemot C，Meur O L. Image inpainting：overview and recent advances[J]. Signal Processing Magazine IEEE，2014，31(1)：127-144.

[48] Kundur D，Hatzinakos D. Blind image deconvolution revisited[J]. IEEE Signal Processing Magazine，1996，13(6)：61-63.

[49] Joshi N，Szeliski R，Kriegman D. PSF estimation using sharp edge prediction[C]//IEEE Computer Society Conference on Computer Vision and Pattern Recognition. New York：IEEE，2008：1-8.

[50] He Y，Yap K H，Chen L，et al. A soft MAP framework for blind super-resolution image reconstruction[J]. Image & Vision Computing，2009，27(4)：364-373.

[51] Han F，Fang X，Wang C. Blind super-resolution for single image reconstruction[C]//2010 4th Pacific-Rim Symposium on Image and Video Technology(PSIVT). Singapore：IEEE，2010：399-403.

[52] Harmeling S，Sra S，Hirsch M. Multiframe blind deconvolution，super-resolution，and saturation correction via incremental EM[C]//17th IEEE International Conference on Image Processing(ICIP). New York：IEEE，2010：3313-3316.

[53] Qin F，Zhu L，Cao L，et al. Blind single-image super resolution reconstruction with defocus blur[J]. Sensors & Transdycers，2014，169(4)：77-83.

[54] Michaeli T，Irani M. Nonparametric blind super-resolution[C]//2013 IEEE International Conference on Computer Vision(ICCV). New York：IEEE，2013：945-952.

[55] Hinton G E，Osindero S，Teh Y W. A fast learning algorithm for deep belief nets[J]. Neural Computation，2006，18(7)：1527-1554.

[56] Hinton G E，Salakhutdinov R R. Reducing the dimensionality of data with neural networks[J]. Science，2006，313(5786)：504-507.

[57] Lee H，Grosse R，Ranganath R，et al. Convolutional deep belief networks for scalable unsupervised learning of hierarchical representations[C]//International Conference on Machine Learning. New York：ACM，2009：609-616.

[58] Gao J，Guo Y，Yin M. Restricted Boltzmann machine approach to couple dictionary training for image super-resolution[C]//2013 20th IEEE International Conference on Image Processing(ICIP). New York：IEEE，2013：499-503.

[59] Dean J，Corrado G S，Monga R，et al. Large scale distributed deep networks[J]. Advances in Neural Information Processing Systems，2012：1232-1240.

[60] Goh H，Thome N，Cord M，et al. Unsupervised and supervised visual codes with restricted boltzmann machines[J]. Lecture Notes in Computer Science，2012，7576(1)：298-311.

[61] Huang Y，Long Y. Super-resolution using neural networks based on the optimal recovery theory[C]//Proceedings of the 2006 16th IEEE Signal Processing Society Workshop on Machine Learning for Signal Processing. New York：IEEE，2006：465-470.

[62] Nakashika T，Takiguchi T，Ariki Y. High-frequency restoration using deep belief nets for super-resolution[C]//2013 International Conference on Signal-Image Technology & Internet-Based Systems. New York：IEEE，2013：38-42.

[63] Cui Z，Chang H，Shan S，et al. Deep Network Cascade for Image Super-resolution[M]//Computer Vision–ECCV 2014. Berlin：Springer，2014：49-64.

[64] Dong C，Chen C L，He K，et al. Learning a deep convolutional network for image super-resolution[C]//Computer Vision-ECCV 2014. Berlin：Springer，2014：184-199.

第2章 数字图像超分辨率处理简介

随着计算机技术、现代数字通信技术和信息处理技术的迅猛发展与相机、摄像机等数字成像设备的不断普及，采集、传输、存储、处理和显示各个应用领域中急剧增长的海量图像数据在社会生活中的作用越来越突出，这直接刺激了数字图像处理技术的飞速发展，同时也带来了许多新的挑战。超分辨率的概念源自信号处理领域，其主要思想是在20世纪60年代Harris[1]和Goodman[2]所提出的单幅图像恢复的相关概念和方法的基础上逐渐形成并发展起来的。Tsai 和 Huang[3]随后在频率域使用多帧 LR 图像序列进行运动转换来提高图像分辨率，其基本原理是基于空间混叠效应采用频域方法消除低分辨率图像的频谱混叠现象。该算法开创式地综合使用时空信息进行图像超分辨率重建并促进了这一领域的快速发展。

尽管图像超分辨率技术目前已有了长足发展，出现了众多优秀的、基于不同理论基础的图像超分辨率算法，并取得了显著的超分辨率效果，但这一领域许多概念、原理及思路仍然不够清晰，甚至存在许多概念上的误解[4]。本章将从基础理论的角度简要介绍图像超分辨率处理的一些基本概念和简单的图像退化模型(或成像模型)，重点介绍其基本原理和分类方法，这有助于深刻认识和理解图像超分辨率处理的基础理论，对后续学习和研究各种超分辨率算法也是非常必要的。

2.1 图像分辨率的基本概念

“分辨率”(resolution)的概念在信息技术的不同领域有着不同的理解。例如，显示器的分辨率是指其能显示的最大像素个数；扫描仪的分辨率是指单位距离上能扫描的采样点数量；网频分辨率又称为网幕频率，这是一个印刷术语，指的是印刷图像所用网屏的每英寸的网线数(即挂网网线数)；设备分辨率(device resolution，DR)是指各类输出设备单位距离上可产生的采样点数或输出点数，如上述显示器、喷墨打印机、激光打印机、绘图仪等设备的分辨率。

在图像处理领域中，“分辨率”至少有两个不同的概念：位分辨率(bit resolution，BR)和图像分辨率(image resolution，IR)。BR也叫位深，是指每个像素位置储存信息的位数，它决定了图像可以被标记为多少种色彩等级，常见的有 8 位、16 位、24 位或 32 位等几种；IR是指图像中存储信息的总量，即单位图像范围内包含的像素点数量。IR是成像系统对图像细节分辨能力的一种度量标准，也是图像体现目标物体细节能力的一种度量指标，直接表征了图像表达目标物体信息的详细程度。关于图像分辨率的另外一种观点涉及“对比度”(contrast ratio，CR)的概念，对比度是指图像中一个物体内部或物体与周围背景之间的光照强度的差别。这种观点认为图像分辨率是指成像系统重现不同尺寸目标物体，特别是目标物体的微小细节的能力[5]。这种观点认为图像分辨率由其中物体对比度的高低来反映，如果成像过程中图像对比度受到损失，那么图像看起来也不会清晰，即低分辨率状态。在极端情况下对比度会降低到0，那么物体在图像中会消失，即物体是“不可分辨”的。

上述对分辨率的理解在图像超分辨率处理中实际上还不够准确。一方面，单从单位范围内包含的像素个数来说，分辨率并不能体现“分辨率表征了图像包含目标对象信息量大小”这一含义。例如一幅真实图像经过下采样后，再用插值算法缩放为原始大小，那么后者在单位范围内包含的像素数与原图一样，但图像分辨率却明显下降了。另一方面，在提及图像SR处理时，分辨率更多地表现在图像在处理前和处理后包含的对象物体的信息量对比中。因此，超分辨率处理中所描述的分辨率更像是一个动态处理的概念，而非图像在静止状态时的某个属性的反映。

2.2 图像分辨率的退化模型

图像退化模型的作用通常体现在基于模型重建的多帧图像SR技术中，在传统插值技术和基于机器学习的单幅图像SR技术中，这一概念的作用体现得并不明显。但无论是多帧图像SR处理还是单幅图像SR处理，都对图像退化模型进行一些基本假设，这里简要介绍通用的图像退化模型。

假设HR图像$\boldsymbol{X}$的大小为$s_1N_1\times s_2N_2$，可以按照词典排序将其转换为一个向量$\boldsymbol{X}=[x_1,x_2,\cdots,x_N]^{\mathrm{T}}$，其中$N=s_1N_1\times s_2N_2$，为HR图像中包含的像素数目。这里$\boldsymbol{X}$可以看成一个理想的高分辨率图像，该图像是通过对带宽受限的连续场景以高于或等于奈奎斯特频率(Nyquist frequency)的采样率进行采样得到的。如果s_1和s_2分别表示水平方向和垂直方向上的缩放因子，则观察到的LR图像尺寸就为$N_1\times N_2$。根据经典的图像退化模型假设，同一个场景经过一定的退化过程可以得到K幅LR图像。那么第k幅LR图像$\boldsymbol{y}_k$也可以按词典排序表示为一个向量$\boldsymbol{y}_k=[y_{k,1},y_{k,2},\cdots,y_{k,M}]^{\mathrm{T}}$，其中$k=1,2,\cdots,K$且$M=N_1\times N_2$。图像的经典退化模型主要包括采样量化、扭曲与畸变、模糊与散焦、下采样和附加噪声等过程[6, 7]，如图2-1(a)所示。除了下采样操作对所有的LR图像是一样的外，其他操作在不同LR图像之间都不相同。典型的图像退化模型可以表示为

$$\boldsymbol{y}_k=\boldsymbol{D}\boldsymbol{B}_k\boldsymbol{M}_k\boldsymbol{X}+\boldsymbol{n}_k,\quad 1\leqslant k\leqslant K \tag{2-1}$$

其中，$\boldsymbol{D}$表示大小为$N_1N_2\times s_1N_1s_2N_2$的下采样矩阵，$\boldsymbol{B}_k$是大小为$s_1N_1s_2N_2\times s_1N_1s_2N_2$的模糊矩阵，$\boldsymbol{M}_k$是大小也为$s_1N_1s_2N_2\times s_1N_1s_2N_2$的扭曲矩阵，$\boldsymbol{n}_k$表示大小为$N_1N_2\times 1$且按照词典排序的噪声向量。大多数基于模型重建的多帧图像SR技术[8-18]都采用了这一图像退化模型进行处理，而现在很多单幅图像SR技术都采用一种简化的图像退化模型，如图2-1(b)所示。在这种情况下图像退化模型的公式就简化为

$$y_k = DB_kX, \qquad 1 \leqslant k \leqslant K \tag{2-2}$$

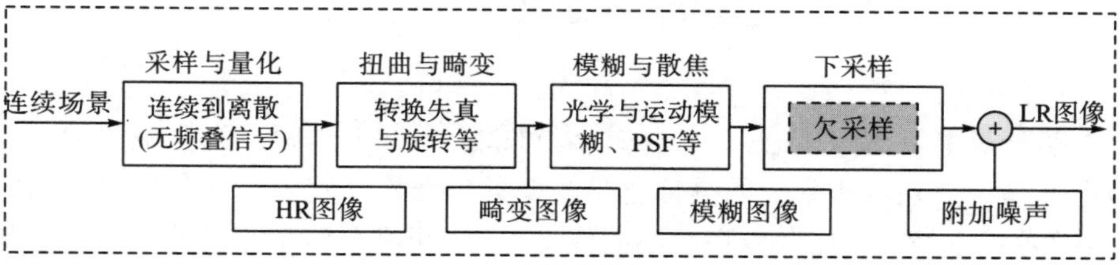

(a)一般退化模型

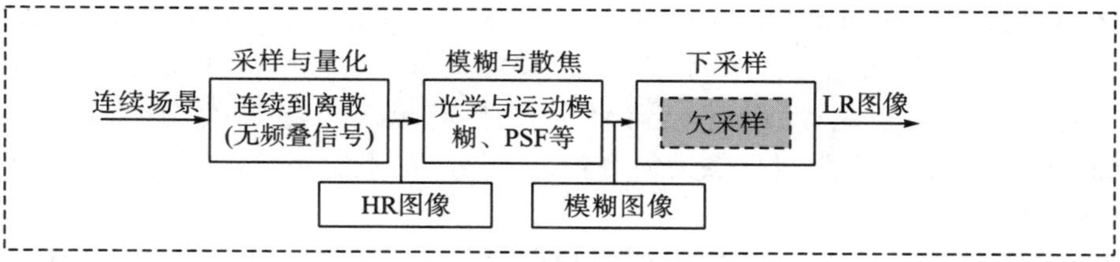

(b)简化退化模型

图 2-1　图像一般退化模型和简化退化模型

式(2-2)说明，在某些算法的处理中没有考虑扭曲畸变和噪声的影响，这不仅符合许多应用的实际情况，也为算法处理带来很多方便。下面分别介绍退化模型中的各个参数。

下采样矩阵 $\boldsymbol{D}$：注意 LR 图像和 HR 图像在退化模型中都被组织成按词典排序的列向量，所以下采样矩阵必须符合对应的维度。它表示 HR 图像通过下采样后得到频谱混叠 LR 图像的降质过程。

模糊矩阵 $\boldsymbol{B}_k$：表示 HR 图像在不同光照(散焦)、运动条件(运动模糊)下或传感器的点扩散函数(point spread function，PSF)所产生的模糊效应。在非盲超分辨率技术中，模糊矩阵一般被假设为已知的低通滤波器(low-pass filter，LPF)。但是每一幅 LR 图像实际上对应了不同的模糊核函数，当假设的模糊核函数与该图像的真实模糊核函数相差较大时，超分辨率算法的执行效果会急剧下降[19]。因此研究人员又开发了一些盲超分辨率(blind super-resolution，BSR)算法，从输入图像自身估计其模糊核函数，再利用该模糊核函数进行超分辨率处理。

扭曲矩阵 $\boldsymbol{M}_k$：这是在一般退化模型中，考虑了扭曲和畸变效应才有的参数。该参数表示 HR 图像在形成过程中受到的转换误差、旋转或投射的影响。这是一个非常周全的考虑，但在实际应用中不一定都存在这些因素。

噪声向量 $\boldsymbol{n}_k$：通常情况下图像形成过程中受噪声的影响都是未知的，但人们根据图像的形成过程通常将其假设为加性零均值高斯噪声。

图像 SR 重建实际上就是利用图像退化模型，假设模糊矩阵 $\boldsymbol{B}_k$、扭曲矩阵 $\boldsymbol{M}_k$ 和附加噪声 $\boldsymbol{n}_k$，根据已知的 LR 图像 $\boldsymbol{y}_k$（$k=1,2,\cdots,K$）求解 HR 图像 $\boldsymbol{X}$ 的逆过程。从图像维度上可以明显看出，这是一个不定解问题。所以，要求解该问题，必须借助图像的一些先验知识来对重建结果进行约束，这就是所谓的正则化(regularization)求解。

2.3 超分辨率处理的基本原理

关于“超分辨率”这一概念，不同的读者可能有不同的理解。为避免混淆，这里必须明确指出本书中“超分辨率”的具体含义，即处理结果一定要包含图像尺寸的增加，或者HR图像必须包含比LR图像更细小的像素点。如果高分辨率图像的像素大小与低分辨率图像的像素大小相等，那么这种对图像进行锐化的技术只能称为图像去模糊(image deblurring)或图像增强(image enhancement)。图像复原(image restoration)是另一个比较容易混淆的概念，从提高图像分辨率的角度讲，图像复原与超分辨率处理是一致的，图像复原不能超过系统分辨率，但超分辨处理却要求超过系统原有分辨率。去卷积(deconvolution)是一种只能将目标频谱恢复到衍射极限而不能超过它的锐化操作，也不同于超分辨率处理。

假设一个线性移不变成像系统的成像过程表示为$g(x)=h(x)*f(x)$，其中$g(x)$表示像函数，$h(x)$表示核函数或点扩散函数，$f(x)$表示采样函数，x为一维线性空间上的自变量，$*$表示卷积操作。那么由卷积定理可知，成像过程在傅里叶变换域中对应的表达式为

$$G(u)=H(u)F(u)\Rightarrow F(u)=\frac{G(u)}{H(u)} \tag{2-3}$$

其中，$G(u)$、$F(u)$和$H(u)$分别是$g(x)$、$f(x)$和$h(x)$的傅里叶变换。从频率域来看，由于在截止频率之外$H(u)=0$，如果要恢复截止频率之外的信息，从理论上来说是不可能的，但是通过估计$G(u)$并对$H(u)$进行延展，是可以对$F(u)$进行估计的。这里涉及一些不属于本书重点研究内容的基础理论，包括解析延拓理论、信息叠加理论、非线性操作和能量连续降减，若需了解可参阅文献[5]。

从信号处理的角度来讲，光学系统的无关转换函数是其瞳孔函数的自相关函数，所以转换函数一定是带宽受限的。当由衍射极限决定的频率高于某个值时，转换函数的值就应该为0。但是，通过使用傅里叶变换在理论上可以获得超过衍射极限的分辨率，这种尝试恢复超过衍射极限信息的技术就称为超分辨率技术[5]。

2.4 超分辨率处理的基本分类

20世纪80年代以来，图像SR处理领域经过快速发展目前已经出现了许多提高图像分辨率的算法。这些算法的理论基础、开发背景、应用领域等都不尽相同，这使得人们面临许多冗余、繁杂、混乱不清的信息，也给相关工作的进一步展开带来诸多不便。本节介绍图像超分辨率处理技术的一些基本分类，以便读者对这一领域的相关技术有更深入和系统的了解。

2.4.1　根据输入图像数量分类

根据超分辨率处理算法的输入图像数量，通常将超分辨率算法分为多幅图像 SR 处理算法和单幅图像 SR 处理算法。从图 2-1 中可以看出，同一场景在经过采样量化、扭曲畸变等一系列退化过程之后，可以形成一幅或多幅 LR 观测图像。若待处理的 LR 观测图像只有一幅，而没有利用其他 LR 图像的任何相关信息，则对应的超分辨率算法就是单幅图像的超分辨率处理算法；若 SR 处理的目标是通过融合多幅 LR 图像所提供的信息来形成一幅 HR 输出，则对应的算法就是多幅图像 SR 处理算法。

一般情况下，基于传统插值技术和机器学习的超分辨率技术都可以看成是单幅图像的超分辨率处理技术，而基于模型/重构的方法通常都属于多幅图像的超分辨率算法。本书将重点讨论单幅图像的超分辨率处理技术，这主要是因为在许多实际场合中，获得同一时间、同一场景的多幅 LR 观测图像往往是非常困难的，甚至是不可能的。而且，基于模型重构的多幅图像超分辨率方法取得的超分辨率效果不及机器学习方法，而效率又严重低于传统插值技术，因此不是本书的重点研究对象。

2.4.2　根据操作对象所在域分类

根据超分辨率处理操作所处的空间，可以将超分辨率算法分成空域方法和频域方法两类。空域方法的超分辨率处理操作直接在空间域执行，在空间域直接得到超分辨率结果，比较直观，也容易理解；频域方法是利用了频域的基本规则，或需要先通过离散傅里叶变换(discrete Fourier transform，DFT)将图像转换到频域表示，在频域执行超分辨率处理再通过离散傅里叶逆变换(inverse discrete Fourier transform，IDFT)将结果转换到空域的一类方法。

空域方法：从图像退化模型可以看出图像的超分辨率处理问题是一个严重病态的逆向求解问题。那么，适当添加一定的约束条件对提升超分辨率效果来说无疑是非常重要的。传统插值方法、典型的模型/重构方法和一般的机器学习方法大都属于空域方法。

频域方法：首先需要说明的是，频域方法是利用了频率域以下三个基本属性的一类算法[5]：①傅里叶变换的偏移属性；②连续傅里叶变换(continuous Fourier transform，CFT)与离散傅里叶变换之间的混叠关系；③被采样的原始场景是带宽受限的。频域方法比较简单，效率也较高。但是，离散傅里叶变换要求等间隔采样，即限制了帧间偏移是可以转换的，这一要求在实际应用中并不一定得到满足。而且，为了得到更好的超分辨效果，在频域添加约束条件往往不是那么方便甚至是不可能的。因此，虽然频域方法与超分辨率处理的基本原理直接相关，但目前在频率域开发超分辨率算法的实践却很少。

2.4.3　根据模糊核假设分类

图像的超分辨率处理发展至今已经出现了很多不同的算法，但大多数算法都假设 LR 图像是 HR 图像与一个已知的模糊核卷积后再进行下采样得到的，即图 2-1 中简化图像退化模型中的模糊矩阵是已知的，这种假设输入图像的模糊核为已知的超分辨率方法就称为非盲超分辨率重构算法(non-blind SR)。这类算法通常用成像设备的点扩散函数(PSF)或低通滤波器来模拟输入图像的退化情况。另一类就是所谓的盲超分辨率算法(blind SR)，这类算法根据输入图像的一些先验知识来估计其真实的模糊核，这样可以使超分辨率算法的操作尽可能真实地反映其自身的退化情况。在输入图像退化比较严重的情况下，盲超分辨率算法往往会取得比非盲超分辨率算法更好的处理效果。

在盲超分辨率算法中，根据模糊核上的具体假设还可以进一步分为参数化盲超分辨率模型(parametric SR model)和非参数化盲超分辨率模型(nonparametric SR model)两类方法。前者是假设模糊核服从一定的参数模型，比如未知模糊核的大小，或未知模糊核的类型等，输入图像的先验知识用于对未知参数的推断；后者不在模糊核上假设任何参数，模糊核的大小、形状、类型等完全由输入图像的先验知识估计。盲超分辨率算法一般都属于机器学习类方法，对输入图像退化过程的估计本身就带有学习知识的性质。

2.4.4 根据理论基础分类

根据图像 SR 算法的理论基础，可将其大致分为基于插值的超分辨率技术、基于模型/重构的超分辨率技术和基于机器学习的超分辨率技术三类，下面分别介绍这三类方法。

1.基于插值的超分辨率技术

传统的多项式插值技术基本上都基于一个相同的假设，即输入图像的图像信号是带宽受限的平滑信号，也就是 2.4.2 节中所提到的频域中的第三个属性。如果这一假设成立，那么可以通过插值对采样函数进行较为精确的估计。然而，这一假设在自然图像中往往是不成立的，所以通过传统插值技术得到的结果通常会出现模糊、锯齿和振铃等现象[20]。常见的传统多项式插值技术包括最邻近插值(nearest neighbor interpolation，NNI)、双线性插值(bilinear interpolation)、双三次插值(bicubic interpolation)、立方卷积插值(cubic convolution interpolation)、拉格朗日插值(Lagrange interpolation)、艾尔米特插值(Hermite interpolation)[21-22]等。除此之外，还有一些非多项式近似的插值算法，例如近似理想插值、B-样条插值(B-spline interpolation)[23-25]、高斯插值(Gaussian interpolation)[26]等。后续章节将详细介绍这些算法的相关内容。

2.基于模型/重构的超分辨率技术

基于模型/重构的超分辨率技术有一个共同的约束条件，即超分辨率重构后的图像在经过模糊、下采样等退化过程后要尽可能与输入的 LR 图像保持一致。这类算法通常是在多幅 LR 输入图像的情况下重建一幅 HR 输出图像。即便如此，这类算法的超分辨率算法的执行效果仍然不够理想。不仅算法执行效率较低，而且超分辨率效果对缩放因子严重敏感。实际上，这类算法还存在着关于缩放因子的明确限制[4]：①如果没有有效执行移除噪声或图像校准操作，那么缩放因子不能超过 1.6。如果必须超过 1.6 的缩放倍率，则首选缩放因子为 2.5。②基于模型/重构的超分辨率技术缩放因子的理论限制为 5.7，有效缩放因子(effective magnification factors，EMF)只分布在一些不相交的区间内。

基于模型/重构的超分辨率技术通常包括迭代反向投影(iterative back-projection，IBP)算法[27]、凸投影集(projection onto convex sets，POCS)[9]算法、最大似然(maximum-likelihood，ML)估计算法[28]、最大后验(maximum a posteriori，MAP)估计算法[29]，以及正则化估计方法(regularization estimation method，REM)[7, 8]等。如前所述，由于在多幅图像之间执行有效的亚像素对准操作本身就是难于实现的，基于模型/重构的超分辨率技术往往受到缩放因子的严格限制，再加上重构操作效率低下等缺点，因而不能有效满足当代社会人们对超分辨率处理的实际要求。

3.基于机器学习的超分辨率技术

基于机器学习的超分辨率技术目前在各个领域都备受关注，在图像 SR 处理中也不例外。单从超分辨率效果上来讲，这类方法取得了突破性成就。一方面，通过对图像自身所携带的信息以及图像尺度变换过程中信息变化进行学习，可以充分挖掘处理过程中图像分辨率的演变情况。另一方面，在互相兼容的条件下用外部数据集上学习到的相关知识能有效解决超分辨率处理这一病态问题。然而，这类技术目前也面临着诸多挑战，如算法效率、训练样本与测试样本之间的兼容性、特征提取策略与表达方式等。

基于机器学习的图像 SR 处理技术主要包括样本学习(sample based learning)[30]法、邻域嵌入(neighbor embedding，NE)[31-36]法、稀疏表示与压缩感知(sparse representation & compressed sensing，SR&CS)[37-43]等。深度学习(deep learning，DL)是机器学习方法的一个分支，将其用于图像 SR 处理也是一个十分具有应用前景和实际意义的研究领域。目前将深度学习运用于图像超分辨率处理的文献相对较少，但也有一些成功的尝试。基于稀疏表达的超分辨率技术是目前研究得较多的一类算法，词典训练是其中的一个研究分支，也是信号处理中的重要研究内容之一。

2.5 本章小结

本章简要介绍了数字图像 SR 处理的一些基本内容，包括超分辨率处理中分辨率的概念、图像 SR 处理的概念、图像分辨率的一般退化模型和简化退化模型、超分辨率处理的基本原理以及超分辨率处理技术的基本分类。本章重点介绍了超分辨率技术的分类方法，这主要是因为目前超分辨率处理技术种类繁多，各种算法的开发背景、理论基础和基本性质各不相同，而目前还没有相关文献对这些算法进行系统而详细的分类，这为相关理论和实践工作的进一步展开带来了一定的麻烦。图像 SR 问题是一类典型的负定性问题，本质上讲没有标准解，这就造成很多研究者针对这类问题提出各种解决方案，而这些解决方案无论从原理上还是从实践上都没有必然联系。所以对 SR 技术分类方法的理解有助于了解图像 SR 技术概况。另外，本书的主要内容也是根据超分辨率算法的分类而逐渐展开的，也可以说是根据算法所用到的理论基础和算法本身的发展历程来展开的。

参考文献

[1]Harris J L. Diffraction and resolving power[J]. Journal of the Optical Society of America，1964，54(7)：931-933.

[2]Goodman J W. Introduction to Fourier optics[J]. McGraw-Hill Physical and Quantum Electronics Series，1968，28：595-599.

[3]Tsai R Y，Huang T S. Multi-frame Image Restoration and Registration[M]//Advances in Computer Vision and Image Processing. Greenwich：JAI，1984：317-339.

[4]Lin Z C，Shum H Y，Lin Z. Fundamental limits of reconstruction-based superresolution algorithms under local translation[J]. IEEE Transactions on Pattern Analysis & Machine Intelligence，2004，26(1)：83-97.

[5]Tao H J. The research on image super-resolution processing method[D]. Wuhan：Huazhong University of Science and Technology，2003：18-20.

[6]Park S C，Park M K，Kang M G. Super-resolution image reconstruction：A technical overview[J]. IEEE Signal Processing Magazine，2003，20(4)：21-36.

[7]Lu Z W，Wu C D，Chen D Y，et al. Overview on image super resolution reconstruction[C]//The 26th China Control and Decision-making Conference Proceedings. New York：IEEE，2014：2009-2014.

[8]Farsiu S，Robinson D，Elad M，et al. Advances and challenges in super-resolution[J]. International Journal of Imaging Systems & Technology，2004，14(2)：47-57.

[9]Stark H，Oskoui P. High-resolution image recovery from image-plane arrays，using convex projections[J]. Journal of the Optical Society of America A，1989，6(11)：1715-1726.

[10]Ng M K，Shen H. A Total variation regularization based super-resolution reconstruction algorithm for digital video[J]. Journal on Advances in Signal Processing，2007(2)：1-16.

[11]Babacan S D，Rafael M，Katsaggelos A K. Parameter estimation in TV image restoration using variational distribution approximation[J]. IEEE Transactions on Image Processing，2008，17(3)：326-339.

[12]Babacan S D，Molina R，Katsaggelos A K. Total variation super resolution using a variational approach[C]//15th IEEE International Conference on Image Processing. New York：IEEE，2008：641-644.

[13]Babacan S D，Rafael M，Katsaggelos A K. Variational bayesian blind deconvolution using a total variation prior[J]. IEEE Transactions on Image Processing，2009，18(1)：12-26.

[14]Unger M，Pock T，Werlberger M，et al. A Convex Approach for Variational Super-Resolution[M]//Pattern Recognition. Berlin：Springer，2010：313-322.

[15]Babacan S D，Rafael M，Katsaggelos A K. Variational Bayesian Super Resolution[J]. IEEE Transactions on Image Processing，2011，20(4)：984-999.

[16]Baker S，Kanade T. Limits on super-resolution and how to break them[C]//IEEE Conference on Computer Vision and Pattern Recognition，2000. Proceedings(Val2). New York：IEEE，2000：372-379.

[17]Wang T，Zhang Y，Zhang Y S，et al. Automatic superresolution image reconstruction based on hybrid MAP-POCS[C]//International Conference on Wavelet Analysis and Pattern Recognition. New York：IEEE，2007：426-431.

[18]Elad M，Feuer A. Restoration of a single superresolution image from several blurred，noisy，and undersampled measured images[J]. IEEE Transactions on Image Processing A Publication of the IEEE Signal Processing Society，1997，6(12)：1646-1658.

[19]Michaeli T, Irani M. Nonparametric blind super-resolution[C]//2013 IEEE International Conference on Computer Vision(ICCV). New York: IEEE, 2013: 945-952.

[20]Freedman G, Fattal R. Image and video upscaling from local self-examples[J]. ACM Transactions on Graphics, 2011, 30(2): 474-484.

[21]Boor C D, Höllig K, Sabin M. High accuracy geometric Hermite interpolation[J]. Computer Aided Geometric Design, 1987, 4(4): 269-278.

[22]Chang E S. Generalized Hermite interpolation and sampling theorem involving derivatives[J]. Communications of the Korean Mathematical Society, 2002, 17(4): 731-740.

[23]Hou H S, Andrews H C. Cubic splines for image interpolation and digital filtering[J]. IEEE Transactions on Acoustics Speech & Signal Processing, 1979, 26(6): 508-517.

[24]Unser M, Aldroubi A, Eden M. Fast B-spline transforms for continuous image representation and interpolation[J]. IEEE Transactions on Pattern Analysis & Machine Intelligence, 1991, 13(3): 277-285.

[25]Parker J A, Kenyon R V, Troxel D E. Comparison of interpolating methods for image resampling[J]. IEEE Transactions on Medical Imaging, 1983, 2(1): 31-39.

[26]Lehmann T M, Gönner C, Spitzer K. Survey: Interpolation methods in medical image processing[J]. IEEE Transactions on Medical Imaging, 1999, 18(11): 1049-1075.

[27]Allebach J, Wong P W. Edge-directed interpolation[C]//IEEE International Conference on Image Processing. Lausanne: IEEE, 1996: 707-710.

[28]Tom B C, Katsaggelos A K. Reconstruction of a high-resolution image by simultaneous registration, restoration, and interpolation of low-resolution images[C]//International Conference on Image Processing. New York: IEEE, 1995: 539-542.

[29]Schultz R R, Stevenson R L. Extraction of high-resolution frames from video sequences[J]. Image Processing IEEE Transactions, 1996, 5(6): 996-1011.

[30]Freeman W T, Jones T R, Pasztor E C. Example-based super-resolution[J]. IEEE Computer Graphics and Applications, 2002, 22(2): 56-65.

[31]Chang H, Yeung D Y, Xiong Y. Super-resolution through neighbor embedding[C]//2012 IEEE Conference on Computer Vision and Pattern Recognition. New York: IEEE, 2004: 275-282.

[32]Fan W, Yeung D Y. Image hallucination using neighbor embedding over visual primitive manifolds[C]//2013 IEEE Conference on Computer Vision and Pattern Recognition. New York: IEEE, 2007: 1-7.

[33]Chan T M, Zhang J P, Pu J, et al. Neighbor embedding based super-resolution algorithm through edge detection and feature selection[J]. Pattern Recognition Letters, 2009, 30(5): 494-502.

[34]Bevilacqua M, Roumy A, Guillemot C, et al. Low-complexity single-image super-resolution based on nonnegative neighbor embedding[OL]. [2012-9-15]. http: //www. net/publication/260351242_Low-Complexity_Single.Image_Super-Resolution_Based_on_Nonnegative_Neighbor_Embedding.

[35]Bevilacqua M, Roumy A, Guillemot C, et al. Super-resolution using neighbor embedding of back-projection residuals[C]//International Conference on Digital Signal Processing. New York: IEEE, 2013: 1-8.

[36]Chen X X, Qi C. Low-rank neighbor embedding for single image super-resolution[J]. Signal Processing Letters, 2014, 21(1): 79-82.

[37]Yang J C, Wright J, Huang T, et al. Image super-resolution as sparse representation of raw image patches[C]//IEEE Conference

on Computer Vision and Pattern Recognition. New York：IEEE，2008：1-8.

[38] Lee H，Battle A，Raina R，et al. Efficient sparse coding algorithms[J]. Advances in Neural Information Processing Systems (NIPS)，2006，19：801-808.

[39] Yang J C，Wright J，Huang T，et al. Image super-resolution via sparse representation[J]. IEEE Transactions on Image Processing，2010，19(11)：2861-2873.

[40] Kim K I，Kwon Y. Single-image super-resolution using sparse regression and natural image prior[J]. IEEE Transactions on Pattern Analysis & Machine Intelligence，2010，32(6)：1127-1133.

[41] Sudarshan S，Babu R V. Super resolution via sparse representation in L1 framework[C]//Proceedings of the Eighth Indian Conference on Computer Vision，Graphics and Image Processing. Mumbai：ACM，2012：77.

[42] Zeyde R，Elad M，Protter M. On single image scale-up using sparse representations[C]//The 7th International Conference on Lecture Notes in Computer Science. Avignon France：Springer，2012：711-730.

[43] Dong W，Zhang L，Lukac R，et al. Sparse representation based image interpolation with nonlocal autoregressive modeling[J]. IEEE Transactions on Image Processing，2013，22(4)：1382-1394.

第3章 图像稀疏表示理论及应用

信号的有效表示是开展信号处理的基本前提。人们总希望找到简洁、稀疏的信号表示方法，从而能够降低信号处理成本、提高系统处理效率。在图像处理的研究与应用中，图像有效、稳健的数学建模一直是研究人员持续关注的热点和难点问题。在很大程度上，图像模型或表示方式的发展与完善决定了有关图像处理算法的进步与提升。在数学上，图像数据的模型表示又称变换(transform)。传统的正交变换如离散余弦变换(discrete cosine transform，DCT)、离散傅里叶变换(DFT)或离散小波变换(discrete wavelet transform，DWT)等，将图像或信号调制为单一的基函数组合，该过程又称计算调合分析(computational harmonic analysis)[1]。图像在这些变换下的能量集中分布在少数的非零大系数中，进而便于图像压缩或区分处理。单一基变换虽能很好地刻画一维信号，如语音，但无法有效表示二维图像的边缘或纹理等几何奇异结构。实际上，图像小波变换仅描述了水平、垂直和对角三个方向的结构信息，没有充分考虑图像本身的几何复杂性。因此，图像中的部分几何结构特征可能会同时出现在不同的小波子带内，从而造成表示系数的非稀疏性。

近十几年来，图像的稀疏模型表示有了很大的进展[2]。鉴于正交基的有限方向的缺陷，出现了多方向、多尺度或多分辨率几何分析的表示模型[3-6]，很多文献又统称为超小波(beyond wavelet)或X-let等[7-8]。然而，这些设计的固定基仅适于含特定几何结构的图像表示。由于自然界图像通常是形态多样的复杂信号，因此上述表示模型仍有一定的不足。于是自然的直接方法就是增加表示基的类型，构成图像基元结构丰富的超完备字典。图像的超完备冗余稀疏表示模型以更简洁、稀疏的方式表达信号，表示基由冗余的字典原子代替传统的单一或固定的基函数[9]，在图像处理中展现出前所未有的良好的处理能力。构建的字典原子库通过增强变换系统的冗余性以提高信号逼近的灵活性，进而提高对图像复杂几何结构的稀疏表示能力。同时，稀疏表示模型与在哺乳动物的视觉皮层中存在的稀疏编码策略得到了匹配和印证[10-11]。

在自然语言中，词条丰富的字典能造出短小精悍、言简意赅的句子。类似地，只有构建了图像几何原子丰富的超完备字典，才能够更简洁、更稀疏地分解形态多样的自然图像。同时，基于既定字典如何快速查找最匹配的原子及其最优组合，即图像的超完备稀疏分解是稀疏表示理论的研究重点。另外，针对不同的图像处理目的，设计面向不同应用的稀疏字典及分解算法是稀疏表示研究的又一关注点。

本章将详细介绍信号稀疏表示理论的稀疏表示字典构建、稀疏表示分解算法及稀疏表示图像处理应用，推导以稀疏表示为基础的压缩感知理论与图像超分辨率重构的相似关系。

3.1 信号稀疏表示理论

3.1.1 信号的稀疏表示模型

考虑离散信号向量 $\boldsymbol{b}\in\mathbb{R}^N$，$K$ 个单位向量构成的基矩阵 $\boldsymbol{D}=\{\boldsymbol{d}_i\in\mathbb{R}^N|i\in I\}$，其中 I 为基的指标集。在信号的稀疏表示模型中，矩阵 $\boldsymbol{D}$ 称为字典，字典的每个列向量或基函数称为原子(atom)，字典大小为 K，原子的维数为 N，且 $K\geqslant N$。那么信号 $\boldsymbol{b}$ 可以由字典原子 $\boldsymbol{d}$ 的线性组合来近似表示：

$$\boldsymbol{b}=\sum_{i\in I}x_i\boldsymbol{d}_i \tag{3-1}$$

通常期望这些表示系数的非零大值占少数且分布非常集中，这样就有了信号 $\boldsymbol{b}$ 的逼近表示：

$$\boldsymbol{b}=\sum_{j}^{T}x_{i_j}\boldsymbol{d}_{i_j}+\boldsymbol{\varepsilon}_T \tag{3-2}$$

其中，$\boldsymbol{x}$ 为对应原子的加权系数或信号 $\boldsymbol{b}$ 在字典 $\boldsymbol{D}$ 下的表示结果，$\boldsymbol{\varepsilon}_T$ 为 T 项原子逼近后的误差。由于 T 通常小于信号空间的维数，这种逼近又称为 T-项稀疏逼近。对于字典 $\boldsymbol{D}$ 来说，当 K 个原子基能张成 N 维欧式空间 $\mathbb{R}^N$ 即 $K=N$ 时，则这 K 个线性无关的原子基构成的字典 $\boldsymbol{D}$ 是完备(complete)的；当 $K>N$ 时，则 K 个原子基是线性相关的，即字典 $\boldsymbol{D}$ 是冗余的，而如果这些原子同时又能张成 N 维欧式空间 $\mathbb{R}^N$，则称字典是超完备(over-complete)的。显然，信号在超完备字典中的表示系数不唯一。而图像的超完备稀疏表示就是寻找关于此类字典的最稀疏表示。本书中基于稀疏表示的图像超分辨率重构的字典就是通过图像样本学习建立的超完备字典。

图像的很多处理应用的目标体现为探求图像的这种简洁稀疏的表示，如图像压缩、图像降噪及图像识别等。在表示系数中，零分量或小系数占大多数，非零大系数占少数，同时这些少量系数展示了图像的本质属性与内在结构，具有显式的物理含义。即信号的能量集中在极少数的原子上，这些具有非零系数的原子匹配了图像或信号的根本特征。

1.基于范数的稀疏测度

信号的稀疏性表示直观地体现为表示系数中非零分量的数目。而在数学上该属性被严格地定义为 L_0 范数，即在所有满足 L_p 范数的定义中[2]，

$$\|\boldsymbol{x}\|_p=\left(\sum_k|x_k|^p\right)^{1/p} \tag{3-3}$$

若 $p\to 0$，则定义 L_0 范数为

$$\|\boldsymbol{x}\|_0=\lim_{p\to 0}\|\boldsymbol{x}\|_p^p=\lim_{p\to 0}\sum_{k=1}^{K}|x_k|^p=\#\{k:x_k\neq 0\} \tag{3-4}$$

式(3-4)是一个向量 $\boldsymbol{x}$ 的非常简单且直观的稀疏测度，即计算其中的非零项个数。但是，实际上，L_0 范数并不满足范数的所有公理性条件(零向量、绝对一致性、三角不等式)中的一致性：$a \neq 0, \|a\boldsymbol{x}\|_0 = \|\boldsymbol{x}\|_0 \neq a\|\boldsymbol{x}\|_0$。

事实上，p 的不同值或值域对应了不同范数的度量。常用的 L_2 范数即为信号处理中的最小二乘，L_1 范数即为全变分(total variation，TV)。所以，信号或图像的稀疏表示问题在 p 范数测度下的数学模型为[12]

$$(P_p):\quad \min\|\boldsymbol{x}\|_p \quad \text{s.t.}\quad \boldsymbol{Dx}=\boldsymbol{b} \tag{3-5}$$

该模型表示求解在满足条件 $\boldsymbol{Dx}=\boldsymbol{b}$ 时，p 范数准则下最小的 $\boldsymbol{x}$。上述模型又称为稀疏编码(sparse coding)。其中当 $0<p\leqslant 1$ 时，称为弱 p 范数，这是数学分析中常用的稀疏测度。当 $p=1$ 时，式(3-5)是凸变分；当 $0<p<1$ 时，式(3-5)是凹变分。当 $p=0$ 时，式(3-5)是组合搜索问题，且为无确定解析式(non-determined polynomial，NP)的困难问题。所以通常用更松弛的或更宽松的稀疏测度概念如 L_1 范数或者贪婪的算法来代替直接求解稀疏模型(p_0)。图 3-1 展示了计算 p 范数的内核函数 $|x|^p$ 的演变过程[12]。

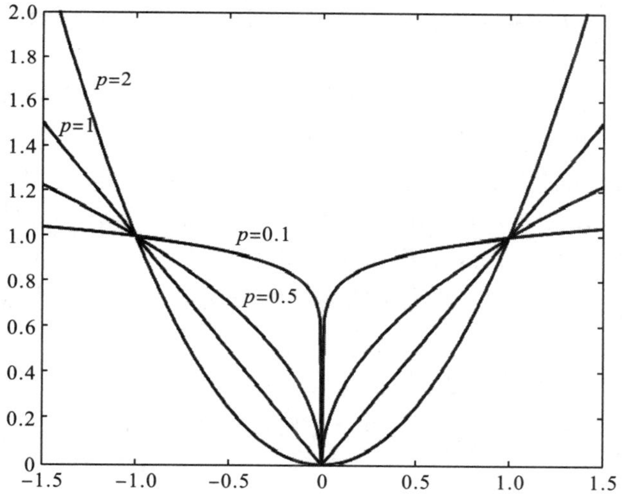

图 3-1　内核函数 $|x|^p$ 的演变曲线

注：当 $p\to 0$ 时，核函数为指标函数。

其实，根据范数的定义和性质，术语 L_0 范数并不是严格意义上的范数，可称为伪范数(pseudo-norm)。在后续的研究中为了保持与其他范数名称的一致性，除特别声明外仍采用 L_0 范数的称谓。基于 L_0 范数准则的信号超完备表示的稀疏性测度可由图 3-2 图解。

该稀疏表示案例中的稀疏测度 T=3，即表示系数中有 3 个非零大值分量，则稀疏分解信号 $\boldsymbol{b}$ 的原子为那些非零系数的位置索引所对应的字典原子，即图中字典 $\boldsymbol{D}$ 的 3 个竖列。一般地，直接粗暴式地非零或零值截断表示系数，通常会产生误差，故上述表示模型中采取近似逼近的形式。接下来讨论稀疏解的唯一性问题。

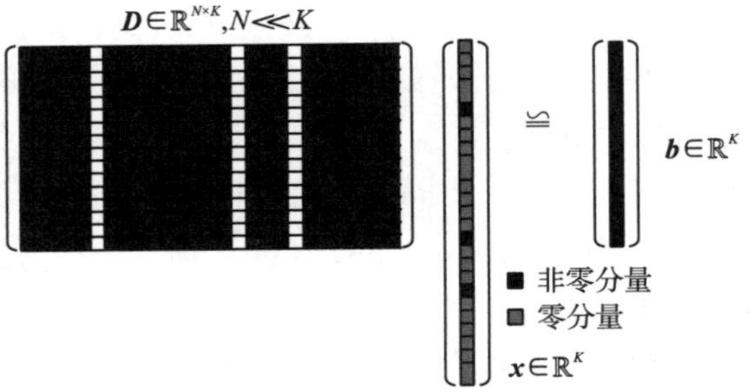

图 3-2 信号 $\boldsymbol{b}$ 在超完备字典 $\boldsymbol{D}$ 下的稀疏表示 $\boldsymbol{x}$ 的示意图

2.稀疏解的唯一性

考虑欠定的线性方程组 $\boldsymbol{Dx}=\boldsymbol{b}$（$\boldsymbol{D}\in\mathbb{R}^{N\times K}$ 且 $N<K$），若 $\boldsymbol{D}$ 为满秩矩阵，则 $\boldsymbol{D}$ 的所有列张成整个空间 $\mathbb{R}^N$。很多图像处理任务实际上都可抽象为该欠定方程组的求解。图像信号 $\boldsymbol{b}$ 在字典矩阵 $\boldsymbol{D}$ 的稀疏表示就可等价为此类欠定问题在稀疏表示先验下的最优化计算，而解的唯一性就决定于 $\boldsymbol{D}$ 的某些属性。该节从两个看似不同但实际有着密切联系的概念来讨论稀疏解的唯一性。

定义 2.1：矩阵 $\boldsymbol{D}$ 的所有列中线性相关的最小数目称为矩阵的 Spark[13]。

矩阵的秩 Rank 是指 $\boldsymbol{D}$ 的所有列中线性无关的最大数目。很明显，这两个概念有相似性。但是，相对于矩阵的秩 Rank，其 Spark 的计算却很难求得，因为这是个组合搜索问题。字典 $\boldsymbol{D}$ 的 Spark 展示了稀疏解唯一性的一个简单标准。由定义可知，$\boldsymbol{D}$ 的 Spark 个列的线性组合构成 0 向量，即 $\boldsymbol{Dx}=0$ 问题的 Null 空间解 $\boldsymbol{x}$ 一定满足 $\|\boldsymbol{x}\|_0\geqslant \text{Spark}(\boldsymbol{D})$。

定理 2.1（Spark 界定唯一性）：若线性方程组 $\boldsymbol{Dx}=\boldsymbol{b}$ 有一个解 $\boldsymbol{x}$ 满足 $\|\boldsymbol{x}\|_0<\text{Spark}(\boldsymbol{D})/2$，则该解一定是最稀疏的。

该定理的证明可参见有关文献，这里从略。确定矩阵的 Spark 与 (P_0) 问题求解均相当困难，于是探求更简单的唯一性测度方法。矩阵的互相关（mutual coherence）就是一种计算非常简单的矩阵属性。

定义 2.2：矩阵 $\boldsymbol{D}$ 的互相关是指 $\boldsymbol{D}$ 的两两不相等列中最大的绝对标准化内积，即若 $\boldsymbol{D}$ 的第 k 列记为 $\boldsymbol{d}_k$，则互相关 μ 的定义为[13]

$$\mu(\boldsymbol{D})=\max_{1\leqslant k,j\leqslant K,\ k\neq j}\frac{\left|\boldsymbol{d}_k^{\mathrm{T}}\boldsymbol{d}_j\right|}{\left\|\boldsymbol{d}_k\right\|_2\cdot\left\|\boldsymbol{d}_j\right\|_2} \tag{3-6}$$

互相关是刻画矩阵 $\boldsymbol{D}$ 的各列间的相关性的一种方式。特别地，对于所有列两两正交的酉矩阵，其相关性 μ 为 0。对于一般的宽矩阵（列数大于行数），μ 一定为正值。事实上，任何矩阵的 Spark 和互相关 μ 有如下关系成立：

$$\text{Spark}(\boldsymbol{D})\geqslant 1+\frac{1}{\mu(\boldsymbol{D})} \tag{3-7}$$

该推论的证明见文献[13]。

定理 2.2（互相关界定唯一性）：若线性方程组 $\boldsymbol{Dx}=\boldsymbol{b}$ 有满足 $\|\boldsymbol{x}\|_0<(1/2)[1+1/\mu(\boldsymbol{D})]$

的解，则该解必定是最稀疏的。

基于 Spark 和互相关所界定的解的唯一性在形式上是并列的，但是各自有不同的条件假设。一般来说，Spark 界定的唯一性比互相关界定的更强、更有力，后者比前者仅用了更低的边界。从获取方式来说，互相关更简单直接。在文献中，有时用非相干性(incoherence)来度量关于矩阵的稀疏解的唯一性[14]，其实质是互相关的。或者说互相关较小时，则称字典是非相干的。

3.稀疏表示模型

字典矩阵的冗余性或超完备性造成信号的稀疏表示解的不唯一，然而上述建立的两个关于矩阵属性的定理保证了最稀疏解的唯一性。在实际应用中，字典的互相关指标更为常用。定理不但能保证问题有最稀疏解，同时还能验证当前的表示系数是否是最稀疏的。问题(P_0)是信号关于超完备字典的稀疏表示数学模型，然而，由于表示误差或信号噪声的存在，表示系数并不能完全精确地重构原始信号，模型(P_0)通常不取严格等号，即

$$(P_0^{\varepsilon}):\quad \min\|\boldsymbol{x}\|_0 \quad \text{s.t.}\quad \|\boldsymbol{D}\boldsymbol{x}-\boldsymbol{b}\|_2^2 \leqslant \varepsilon \tag{3-8}$$

该模型表示求解在满足误差ε时，L_0范数准则下最小的$\boldsymbol{x}$。ε是预设的误差阈值，此时的模型称为稀疏逼近(sparse approximation)问题。当$\varepsilon=0$时，(P_0^{ε})就退化为稀疏表示(P_0)。除了误差控制外，稀疏分解问题还能在稀疏度阈值(sparsity threshold)界定下定义稀疏表示模型：

$$(P_0^{T}):\quad \min\|\boldsymbol{D}\boldsymbol{x}-\boldsymbol{b}\|_2^2 \quad \text{s.t.}\quad \|\boldsymbol{x}\|_0 \leqslant T \tag{3-9}$$

该模型表示求解在满足阈值T时，L_2范数准则下最小的$\boldsymbol{x}$。此时的模型称为T项稀疏逼近(T-term sparse approximation)问题。另外，为便于数值优化计算，(P_0^{ε})和(P_0^{T})可以用 Lagrange 乘子来统一定义：

$$(P_0^{\lambda}):\quad \hat{\boldsymbol{x}}=\arg\min_{\boldsymbol{x}}\|\boldsymbol{D}\boldsymbol{x}-\boldsymbol{b}\|_2^2+\lambda\|\boldsymbol{x}\|_0 \tag{3-10}$$

直接求解L_0范数测度的稀疏表示模型是一个 NP-hard 问题，于是出现了贪婪算法系列、松弛的基于L_1范数的基追踪系列和范数逼近系列。

从处理方向来看，信号和图像的稀疏表示模型包括稀疏分解与稀疏合成或稀疏表示与稀疏重构。稀疏分解是优化求解信号的稀疏表达，即在字典下的原子分解(稀疏表示)，该过程是非线性的；稀疏合成是由稀疏表示系数加权对应的字典原子，合成最终的信号，该过程是线性的。正交基下的稀疏变换系数表示结果是非冗余的，即与信号本身大小相同。超完备字典下的稀疏变换系数表示是冗余的，即表示的维数大于信号自身；同时冗余的含义是字典是冗余的，即字典的原子是线性相关的，或者说字典的原子数目大于原子维数。

3.1.2　稀疏表示的字典构建

信号的稀疏冗余表示建模能用已构建的字典的少数原子以线性组合的形式来描述信号。因此，该分解过程的字典构建问题至关重要。一般来说，稀疏表示的字典构建分为两种方式[15]：基于数据的数学模型法和基于样本集的字典学习法。数学模型法又包含小

波 wavelets 及超小波变换 x-lets，主要利用一维和二维的数学模型来构建面向特定信号和图像的有效字典；字典学习法采取截然不同的途径，由特定的样本集合经学习构建表示信号和图像的最佳字典，包括 Olshausen 和 Field 的具有开创意义的学习法、Engan 等的最优方向法、Vidal 等的广义 PCA 法、Aharon 等的 K-SVD 法等。

为提高信号处理效率及性能，通常需要能捕获信号根本特征的有效表示。在图像降噪、压缩和识别等处理中，人们发现信号表示的简洁性是这些应用的普遍共性。为实现图像的分解表示，须首先建立元素为图像基元或原子的字典。当字典为固定基函数时，不同的图像信号由字典原子的线性组合加权来唯一表示，此时字典是正交的，并且表示系数由信号与字典原子的内积来构成。对于非正交字典，系数由信号与字典逆的内积构成。然而研究人员发现上述正交或非正交字典在表示多样性的、结构复杂的信号时，表示系数不简洁、不彻底，系数间存在信息重复或冗余。于是，增加字典的维数空间，进而含有丰富的原子结构的超完备字典的方法被提出。实际上，超完备字典的稀疏简洁表示在近十几年才被重视，是目前信号表示的研究热点。

超完备字典的引入使得信号的表示更加灵活，信号的稀疏分解与稀疏合成的研究促进了基于字典或变换的信号处理算法的发展。早期的传统字典如 Fourier、Wavelet 等，基函数简单且能简洁、最优地表示一维信号，但无法捕获复杂或高维信号的根本特征，需要探求新的表示字典。字典构建模式中的字典学习法通过增加灵活性提高信号表示自适应能力，尽可能简洁稀疏地刻画信号的显著特征。

1.信号稀疏表示的演化

图 3-3 展示了信号稀疏表示的演化过程，其进化主线体现为信号稀疏表示的概念从“变换(transform)”到“字典(dictionary)”，从“设计式字典”到“学习式字典”，同时表示的稀疏性更加强烈。

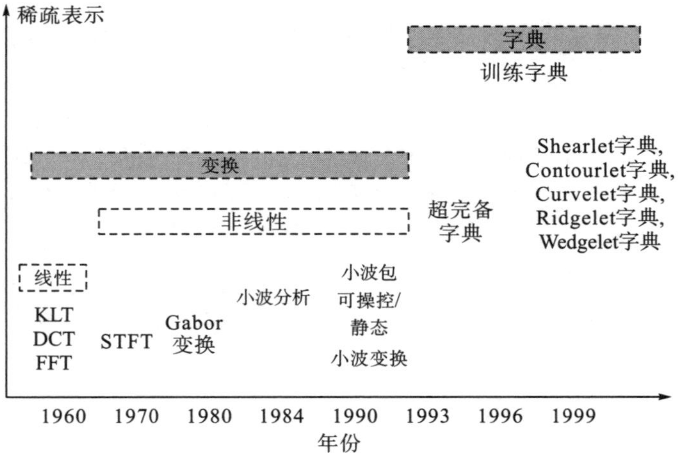

图 3-3 信号稀疏表示的演化过程

在信号处理中，傅里叶变换(FT)是最早的频域分析法，Cooley 和 Tukey[16]引入了快速傅里叶变换(fast Fourier transform，FFT)，由此基于频域的信号分析和表示被广泛应用。但是，FT 适于描述平稳的均匀光滑信号，对非连续、非平稳信号缺乏局部分析功能。离散余弦变换(DCT)利用信号的反对称实现了系数无虚部的良好稀疏分解，并在图像编码中得到了良好的工程应用。但是，DCT 和 FT 的固定基的变换不彻底和系数间信息存在冗余，不能很好地利用自身信号产生逼近能力更强的表示基。之后 KLT(Karhunen-Loeve Transform)变换[1]应运而生，KLT 自适应地对信号进行逼近和表示。但是，由于表示基来源于图像自身(自相关矩阵)，运算极为复杂且没有快速算法，所以难以实用。因此对于自然图像，通常采用 DCT 作为 KLT 的一个良好逼近。

上述变换均为线性移不变算子，然而统计研究表明鲁棒性统计中的稀疏性更有利于分析和恢复处理，所以为了增加表示的简洁性和稀疏性，需要采取非线性的方式来逼近信号。具体来说，不同的信号应使用不同的表示基以取得最优的稀疏表示，基于此概念，陆续出现了多种有效的表示变换。在非线性变换的设计过程中，表示基或字典的多种概念性原理逐渐形成。

(1) 变换的局部化。在空间域及频率域，表示的基函数是局部化的，即支撑域均是有限的，从而能够对图像进行空频或时频的联合分析。短时傅里叶变换(short-time Fourier transform，STFT)[17]和加窗傅里叶变换即 Gabor 变换[18-19]，基本思想就是对信号取局部或加窗，进而能分析不连续或非平稳信号。

(2) 多分辨率分析。多分辨率分析又称多尺度分析或表示的带通性，图像在不同尺度下展现出独有的特征，可以用图像的多分辨率来表述，即粗分辨率到细分辨率。小波分析(wavelet analysis)就是此类典型的稀疏表示。Meyer 和 Salinger[20]、Daubechies[21]及 Mallat 和 Hwang[22]等在多分辨率分析方面取得了众多奠基性的成果。

(3) 自适应变换原子。少量固定数目的正交基原子无法描述更复杂的信号，例如图像，可行的方法就是灵活设计这些原子基，使其自适应地表示信号。典型的自适应变换如基于小波变换，添加针对特定信号属性的小波包(wavelet packet)[23]。

(4) 几何不变性。几何不变性即字典的平移、旋转和尺度不变性。小波变换的劣势在于其强平移敏感性和高维信号的旋转敏感性。为获得几何不变性和超完备性，应摒弃变换的正交性。可操控小波变换(steerable wavelet transform)就是基于可操控滤波器组成的局部化 2-D 小波变换[24]；而对于 1-D 小波变换，可通过增加采样密度实现几何不变性，如静态小波变换(stationary wavelet transform)[25]，即非下采样小波变换。

然而上述概念性的变换表示，其固定的基函数仍然具有有限数目，信号的表示不稀疏，从而无法有效表达图像的复杂几何结构。拓宽基函数(原子)类型、增加原子基数量的基于字典的信号表示崭露头角。Mallat 和 Zhang[9]首次引入超完备字典的稀疏表示概念，提出了一些稀疏表示领域的核心思想，如贪婪的匹配追踪技术(逼近欠定方程的稀疏解)、字典通过相关性测度来刻画等概念。之后，Chen 和 Donoho[26]提出用 L_1 范数评测稀疏度的基追踪(basis pursuit，BP)算法，特别是求解问题的最稀疏解可看作是凸规划任务。文献[2]综述了基于超完备字典的稀疏表示的数学原理和算法实现，并确立了其在现代信号处理中的重要工具作用。信号的超完备稀疏表示是当前信号处理学科中的研究热点，且在不断地发展和完善。

最初提出的字典表示方法仅针对一维信号，研究表明对于高维(如图像的分段光滑)信号，自适应网格的线性分段逼近的效果更优于已有的字典表示法。适于高维信号的字典稀疏表示逐渐引起重视，例如 Donoho 的 Wedgelets 字典[27]，Candes 和 Donoho 的 Ridgelets 字典[28]、Curvelets 字典[29]，以及 Contourlet 字典[30]、Shearlets 字典[31-32]等。上述变换基是真正的二维变换，且针对图像局部的不同类型几何结构，具有更多方向的分辨率且各向异性，进而能够更有效地表示和分解图像的轮廓和边缘等正则性。

研究表明，前述的多尺度几何分析变换虽然较传统的一维小波变换能有效地分解复杂的二维奇异结构，但是图像是一个形态多样性的复杂信号，上述的变换系统仍不是最优的，即表示存在冗余。那么能否直接从图像样本集中获取尽可能详尽的局部几何结构，构成一个表示可能不唯一但存在最稀疏解的超完备字典？1996 年，Olshausen 与 Field[10]在 *Nature* 上发表了一篇关于稀疏编码(表示)广泛存在的奠基性论文，且表示基采用学习自然图像块集的方式来建立，训练获得的原子与哺乳动物视觉感受差表示特性有惊人的相似性。这一重大发现激起了信号稀疏表示的研究热潮，对图像的各种处理产生了极为重要的影响[2, 33]。

综上所述，信号稀疏表示的理论演化从线性变换到非线性表示，从正交的非冗余基函数到适当冗余的紧框架变换，再演变到超完备学习字典的稀疏冗余分解，印证了表示趋向稀疏简洁的态势。特别地，对于基于超完备字典的信号稀疏表示，为获得简洁而唯一的稀疏解，根据前述的定理条件字典应满足相应的特定属性。

2.超完备稀疏表示字典学习

由上节可知，基于相关样本集学习的超完备字典的基本单位——原子能尽可能地匹配图像本身固有的多种奇异特征，如轮廓、边缘及纹理等局部几何结构。基于字典的图像稀疏分解使得信号能量集中体现在极少数原子上，恰恰是那些具有非零大值系数的原子拟合了图像的本质特征。鉴于该字典的高效逼近性能，本节着重介绍较为经典的用于超完备稀疏表示的学习式字典。

1)MOD 字典学习

Engan 等[34]提出的最优方向法(method of optimal directions，MOD)的目标是基于样本集 $\boldsymbol{X}=[\boldsymbol{x}_1,\boldsymbol{x}_2,\cdots,\boldsymbol{x}_n]$，在稀疏测度约束下寻找字典 $\boldsymbol{D}$ 及稀疏表示矩阵 $\boldsymbol{\Gamma}$：

$$\{\hat{\boldsymbol{D}},\hat{\boldsymbol{\Gamma}}\}=\arg\min_{\boldsymbol{D},\boldsymbol{\Gamma}}\|\boldsymbol{X}-\boldsymbol{D}\boldsymbol{\Gamma}\|_F^2 \quad \text{s.t.} \quad \forall i,\|\boldsymbol{\gamma}_i\|_0\leqslant T \tag{3-11}$$

其中，$\boldsymbol{\gamma}_i$ 是 $\boldsymbol{\Gamma}$ 的第 i 列，$\|\bullet\|_F$ 为矩阵的 Frobenius 范数。显然，求解该模型是个组合搜索且严格非凸问题，因此只能期望获得局部最优。类似其他学习法，MOD 交替优化稀疏编码和字典更新，最小二乘法(LS)用于字典更新。经少量迭代而收敛的 MOD 总体来说是一种非常有效的方法。

2)广义 PCA

主分量分析(principal component analysis，PCA)通过低维的子空间来逼近一组样本。而在广义 PCA(generalized PCA，GPCA)[35]中，通过多个子空间的联合来建模样本集合，

GPCA 算法应用一个子空间来表示单个样本，而不能用来自不同子空间的原子来组合表示。GPCA 特有的检测字典原子数目的属性，或许在某种设计中的运算成本会变得非常高昂，尤其随着子空间的数量和维数增加而增加。GPCA 与其他稀疏表示融和是一种较为理想的选择。

3) *K*-SVD 字典学习

为设计一种通用的稀疏表示字典，Aharon 等[36]开发出了高效的字典学习算法 *K*-SVD。该算法的问题模型与 MOD 算法相同，且采用块松弛的方法。奇异值分解 SVD 构成字典更新的核心操作，字典大小 K 作为循环量，算法名称由此而来。实际上，*K*-SVD 更适于表示小尺寸的信号块，从而通用性较低。同时该问题的强非凸性使求解易陷入局部最小甚至发散；训练的结果是非结构字典，且更适于小尺寸的图像信号。

4) 参数式字典训练法

参数式字典训练法[15]在基于样本的学习字典的基础上，引入分析式字典的优势，以克服纯粹的学习式字典的劣势。通过减少自由参数维度，赋予字典各种属性，进而加速收敛、降低局部最小概率。反过来，更少的参数能改善学习处理的泛化能力，且减少必要的样本数。同时参数化方式使字典高效地实现更紧凑的分解表示。特别是该类字典适于描绘无限或任意大小的信号块。该类字典又包括移不变字典[37-40]、多尺度字典[41]及稀疏字典[42]等。

5) 在线字典学习

上述的字典学习算法是迭代的批处理过程，即在每次迭代中需要访问整个训练集，并在约束下最小化代价函数。但是整体访问式不便于甚至无法处理超大的样本集或随时间改变的样本，如视频序列。文献[43]提出了在线访问训练数据，每次处理一个样本或微型样本块；Skretting 和 Engan[44]又对 MOD 做了改进，提出了递推式最小二乘字典学习算法 RLS-DLA。在线技术相对于整体处理具有诱人的低内存消耗、低计算负荷的优势。在线式字典学习对基于超完备稀疏表示的工程应用具有重要意义[43]。

纵观字典构建方式，结构化及在线字典对于稀疏简洁地表示信号具有不可替代的优势，然而构建此类字典过程中的内存需求和运算负载往往需要折中或综合考虑。需特别注意的是，在超完备学习字典构建中的信号关于既定字典的稀疏表示操作与接下来介绍的稀疏分解算法的处理是相同的。因此，下述的稀疏表示分解算法都能被应用于字典构建。

3.1.3 稀疏表示的分解算法

有效求解信号关于超完备字典的稀疏分解直接关系稀疏表示模型在图像处理中的实际应用。信号 $\boldsymbol{b}$ 在超完备字典 $\boldsymbol{D}$ 下的稀疏表示模型为

$$P_0: \quad \min\|\boldsymbol{x}\|_0 \quad \text{s.t.} \quad \boldsymbol{Dx}=\boldsymbol{b} \tag{3-12}$$

由于 L_0 范数是非凸的，直接求解 P_0 模型是个无确定解析式的困难问题(non-determined polynomial hard，NP-hard)[45]，组合搜索的时间消耗之大。于是学者们提出了问题松弛或转化的次优逼近求解方法。总体来看，主要分为贪婪追踪和松弛优化等。

1.贪婪追踪

贪婪追踪算法的基本思想是每迭代一次获得一个最优表示，贪婪追踪局部最优的非零系数。匹配追踪(matching pursuit，MP)[9]是超完备稀疏表示概念提出时的早期算法，在每次迭代时从字典中选择最能匹配信号结构的一个原子。但是，由于信号在 MP 算法选择的原子组成的子空间上的扩展不是正交投影，或许解不是最优的。正交匹配追踪(orthogonal matching pursuit，OMP)[46]将所选原子正交投影到已选的原子张成的子空间，提高了稀疏表示系数的精度。

为了提高稀疏表示有效性，在原子选择和残差更新操作中，文献陆续提出了许多变形或改进的算法，包括正则化 OMP(regularized OMP，ROMP)[47]、梯度追踪(gradient pursuit，GP)[48]、压缩感知匹配追踪(compressive sampling MP，CoSaMP)[49]、分段匹配追踪(stagewise OMP，StOMP)[50]、子空间追踪(sub-space pursuit，SP)[51]、稀疏自适应匹配追踪(sparsity adaptive matching pursuit，SAMP)[52]等。该系列算法以稀疏测度作为最优解约束，贪婪追踪最匹配的原子实现图像稀疏表示，所以优化复杂度较低，能快速超完备稀疏分解。丰富匹配追踪原子的选择规则、弱化稀疏度先验的依赖性及提高稀疏表示的精度等是深入研究贪婪算法的重要方向。

2.松弛优化

将基于 L_0 范数的非凸稀疏表示模型松弛为凸的 L_1 范数或其他易操控的稀疏测度准则，称为松弛优化算法系列。FOCUSS 方法[53]就是利用 $L_p(\,p\in(0,1]\,)$ 范数测度，通过迭代重加权的最小二乘寻找 L_p 范数的局部最小。学者 Chen 等[26]直接用 L_1 范数代替 L_0 范数的稀疏表示方法统称为基追踪 BP 算法：

$$P_1:\quad \min\|\boldsymbol{x}\|_1 \quad \text{s.t.}\quad \boldsymbol{Dx}=\boldsymbol{b} \tag{3-13}$$

从而稀疏表示演变为线性规划 LP 问题，当解足够稀疏时，以定理形式给出 P_0 与 P_1 两种问题的最小化求解是等价的[55]。

定理 2.3(等价性)：对于线性方程组 $\boldsymbol{Dx}=\boldsymbol{b}$，$\boldsymbol{D}$ 为满秩矩阵，若有满足 $\|\boldsymbol{x}\|_0<(1/2)[1+1/\mu(\boldsymbol{D})]$ 的解 $\boldsymbol{x}$，则模型 P_0 与 P_1 均能追踪求解到 $\boldsymbol{b}$ 关于 $\boldsymbol{D}$ 的最稀疏解[13]。

该定理保证了追踪算法 MP 或 BP 的解的等价性。求解 P_1 问题的优化算法还有最小绝对值收缩选择算子(least absolute shrinkage and selection operator，LASSO)[56]、最小角回归软件(least angle regression software，LARs)[57]、梯度投影稀疏重构(gradient projection for sparse reconstruction，GPSR)[58]、基于内点法的 L1-magic[59]、基于截断内点法的 L_1 正则化最小二乘(L1-regularized least squares，L1-LS)[60]、平滑 L_0 范数测度稀疏表示(Smoothed L0 norm)[61]。避免矩阵逆计算的迭代阈值(iterative soft/hard thresholding，IST/IHT)法[62-63]和迭代收缩(iterative shrinkage algorithms)法[64]适于求解大型尺度问题。

总体来说，松弛优化算法系列的稀疏表示的精度高于贪婪系列，但是复杂度也相对较高。文献[65]的 SPARCO 和文献[66]的 SMALLbox 稀疏表示工具包对已报道的主要的稀疏分解及字典构建算法做了框架性的测试和实验，其中 SMALLbox 包括：Sparselab[67]、

Sparsify[68]、SPGL1[69]、GPSR[58]、KSVD-box 与 OMP-box[36]、KSVDS-box 与 OMPS-box[70]、SPAMS[43]等。

3.2　基于稀疏表示的图像处理应用

诸多图像处理任务在数学上是反问题(inverse problem)，如图像去噪、图像放大、图像复原、图像超分辨率等。图像处理的目的就是基于观测的图像向量 $\boldsymbol{y}$ 重构出理想的图像向量 $\boldsymbol{x}$，严格的数学模型定义为

$$\boldsymbol{y}=\boldsymbol{H}\boldsymbol{x}+\boldsymbol{v} \tag{3-14}$$

其中，$\boldsymbol{H}$ 为捕获系统的传递函数，$\boldsymbol{v}$ 为加性高斯噪声。不同的图像处理表现为 $\boldsymbol{H}$ 的特定函数形式：$\boldsymbol{H}$=$\boldsymbol{I}$ 为单位矩阵时模型为图像去噪，$\boldsymbol{H}$=$\boldsymbol{D}$ 为下采样矩阵时模型为图像放大，$\boldsymbol{H}$=$\boldsymbol{BM}$ 为模糊退化(点扩散函数 $\boldsymbol{B}$ 及运动形变 $\boldsymbol{M}$)时模型为图像复原，$\boldsymbol{H}$=$\boldsymbol{DBM}$ 为以上各种降质时模型为超分辨率重构。

3.2.1　正则化图像处理

由于成像过程的复杂性和不确定性，即退化函数 $\boldsymbol{H}$ 的奇异性和噪声干扰等，导致反问题是不适定(ill-posed)的，从而解不唯一或不稳定。在数学上求解不适定问题的主要方法是正则化(regularize)技术，即在模型中添加关于问题或数据的先验。而正则化技术在不同学科中表征为不同类型，即数值分析下的确定型和概率统计下的统计型。

数值分析中的正则化是对解空间施加某些正则性约束，使解具有某些良好的几何特性，改善反问题的不适定性，进而获得稳定的唯一解。式(3-14)的基于图像正则化几何框架的求解模型为

$$\hat{\boldsymbol{x}}=\arg\min_{\boldsymbol{x}}\frac{1}{2}\left\|\boldsymbol{y}-\boldsymbol{H}\boldsymbol{x}\right\|_2^2+\lambda\varphi(\boldsymbol{x}) \tag{3-15}$$

式(3-15)的第一部分是捕获图像与理想图像的拟合项，又称数据保真项；第二部分是关于图像能量有界或光滑等特性的先验项，又称正则项。参数 λ 控制保真项与正则项的平衡，又称正则化参数。$\varphi(\boldsymbol{x})$ 为关于理想图像先验的正则化函数。由于对可行性解做了正则性的约束，能够将反问题的不适定转换为适定。

概率统计中的正则化实质上是关于理想图像的 Bayesian 估计。在已知当前图像 $\boldsymbol{y}$ 的前提下估计理想图像 $\boldsymbol{x}$ 的最大后验概率密度函数(maximum posterior probability density function，MAP-PDF)为

$$\hat{\boldsymbol{x}}=\arg\max_{\boldsymbol{x}}P(\boldsymbol{x}\mid\boldsymbol{y}) \tag{3-16}$$

对上式条件概率密度应用 Bayesian 定理，并取对数使乘积转化为求和：

$$\hat{\boldsymbol{x}}=\arg\max_{\boldsymbol{x}}\left\{\ln P(\boldsymbol{y}\mid\boldsymbol{x})+\ln P(\boldsymbol{x})\right\} \tag{3-17}$$

为统一类似式(3-15)的最小优化求解，上式取负值的最小优化：

$$\hat{\boldsymbol{x}} = \arg\min_{\boldsymbol{x}}\{-\ln P(\boldsymbol{y} \mid \boldsymbol{x}) - \ln P(\boldsymbol{x})\} \tag{3-18}$$

其中，$P(\boldsymbol{y} \mid \boldsymbol{x})$ 为极大似然估计 ML 中的似然函数，取决于图像噪声的概率密度函数 PDF，即图像样本的噪声统计信息；$P(\boldsymbol{x})$ 为图像的统计先验模型，即理想图像的 PDF。常用的图像统计模型是马尔可夫随机场(Markov random field，MRF)模型和等效的吉布斯随机场(Gibbs random field，GRF)模型。

对比式(3-15)和式(3-18)可以发现，上述的正则化技术为改善问题的不稳定性，均是在利用观测图像的同时，内含有关于理想数据的先验信息，从而获得对理想图像的逼近。关于理想图像的正则项的设计，实际上就是图像建模或图像先验，即对图像不同结构或内容的数学表示，定量地描述和分析图像自身。图像建模是解决如何定义或表示图像这个基础问题。纵观图像先验或模型的发展历程，主要有：图像能量有限或非负边界，限定图像总能量或强制图像空间光滑，强制图像具有大小为 w 的窗口光滑，鲁棒统计先验(如 Tukey、Lorentzian、Huber[71])，图像梯度 L_1 范数测度的总变分，小波变换系数稀疏，图像关于超完备字典的稀疏表示等[72]。图 3-4 给出了上述各种正则化先验发展历程。其中 $\boldsymbol{L}$ 表示 Laplacian 算子，即抽取图像高频分量，$\boldsymbol{w}$ 表示各种小波变换。

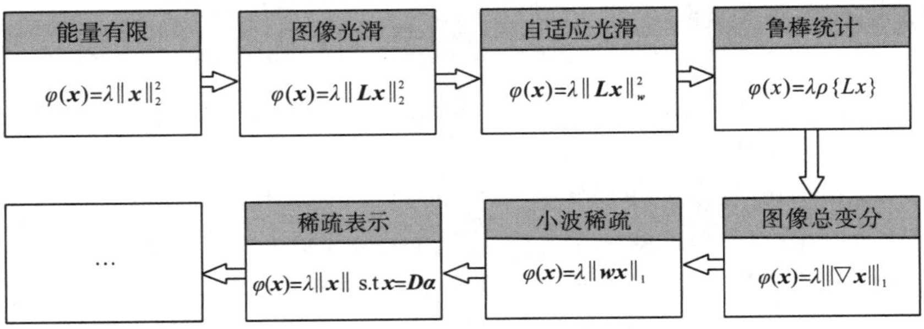

图 3-4　图像正则化先验发展历程

总的来说，从范数测度的演变来看，图像模型遵循了关于图像高频的 L_2、L_1 和 L_0 约束的总体路线；从描述图像特征数目来看，图像表示向更稀疏、更简洁的趋势发展。在信号与图像处理中，为实现高效的图像处理，首先应对数据形成有效的表示模型，从而为后续的图像处理与分析奠定良好的基础。实际上，建模工具与表示方式的研究一直是一个热点问题。在图像处理上的新突破，很大程度上取决于图像表示模型的深刻变革。

3.2.2　稀疏表示图像处理

基于超完备字典的数据稀疏分解作为一种新型的表示模型，开始表现出旺盛的生命力并得到众多研究人员的广泛关注，如小波变换领域的法国著名学者 Mallat 的《信号处理的小波导引》一书中，就以信号表示的“稀疏方式(the sparse way)”贯穿著作始终[1]。该模型能尽可能简洁稀疏地表示图像，且表示系数中的非零分量具有显式的物理意义，它们揭示了图像的主要几何结构的特征与分布。冗余的原子基提高了变换对噪声与误差的鲁棒性，图像处理系统更为稳健；冗余表示增强了信号逼近的灵活性，提高了对图像复杂几何结构的稀疏表示能力。特别地，生物视觉研究证实在哺乳动物的视觉皮层中存在稀疏编码策略，进而印证了稀疏表示模型对人类视觉感知特性的有效匹配[10-11]。

正则化技术在求解图像处理中的各种不适定的反问题时，正则项的构造与关于图像的先验是紧密相关的，不同类型的图像先验模型构成不同形式的正则项。超完备稀疏表示作为一种新型的图像模型，能简洁而稀疏地捕获图像的主要几何结构，为以高频分量作为关注点的图像降噪、去模糊、超分辨率等反问题提供了新的研究思路与方向。

考虑理想图像向量 $\boldsymbol{x}$ 的超完备稀疏表示 $\boldsymbol{x}=\boldsymbol{D\alpha}$，则式(3-14)可重新定义为

$$\boldsymbol{y}=\boldsymbol{HD\alpha}+\boldsymbol{v} \tag{3-19}$$

反问题的任务是基于图像向量 $\boldsymbol{y}$ 估计图像向量 $\boldsymbol{x}$，由于 $\boldsymbol{H}$ 的奇异性和噪声扰动造成该问题是不适定的。正则化技术为使问题适定，获得唯一的稳定解，其基本思想是利用关于理想解的先验知识对可行性的解空间进行约束和收敛。所以，不同种类的先验约束或图像模型会产生不同精度的逼近解。图像的超完备稀疏表示模型认为理想图像向量 $\boldsymbol{x}$ 关于特定字典矩阵 $\boldsymbol{D}$ 的表示向量 $\boldsymbol{\alpha}$ 是稀疏的，即 $\boldsymbol{\alpha}$ 中含有少量的非零大值系数，且这种属性能用 L_0 范数来度量。因此，为基于观测数据重构理想数据，可构建一个关于表示向量 $\boldsymbol{\alpha}$ 的变分问题，从而理想图像的先验约束对应为向量的稀疏性约束。因此，式(3-19)的超完备稀疏表示正则化求解为

$$\min \varphi(\boldsymbol{\alpha}) \ \ \text{s.t.}\ \ \|\boldsymbol{y}-\boldsymbol{HD\alpha}\|_2^2 \leqslant \varepsilon \tag{3-20}$$

其中，$\varphi(\boldsymbol{\alpha})$ 为稀疏性测度函数，上式的 Lagrange 乘子形式为

$$\hat{\boldsymbol{\alpha}}=\arg\min_{\boldsymbol{\alpha}} \frac{1}{2}\|\boldsymbol{y}-\boldsymbol{HD\alpha}\|_2^2+\lambda\varphi(\boldsymbol{\alpha}) \tag{3-21}$$

该式是基于超完备稀疏表示模型的图像重构问题的一般形式，降质算子 $\boldsymbol{H}$ 的特定形式构成了对应的图像处理任务。通过优化求解该问题得到稀疏逼近 $\hat{\boldsymbol{\alpha}}$，从而理想图像重构为

$$\hat{\boldsymbol{x}}=\boldsymbol{D}\hat{\boldsymbol{\alpha}} \tag{3-22}$$

从上述的分析可知，图像稀疏表示建模的一个直接应用是图像压缩，即用超完备字典分解给定图像，分解后的少量非零系数被存储、传输或编码。在解码重构时，稀疏系数与字典原子合成最终图像[36]。在求解图像逆问题应用中，稀疏表示作为一种图像先验表现出强有力的约束能力，使问题解能精确或高概率精确地收敛到唯一解[73]。鉴于稀疏冗余表示模型在图像处理逆问题中能取得的最新发展水平的处理效果，国内外众多专家学者们纷纷开展理论基础的学术研究、技术开发的应用研究[2, 74]。

下面简要综述基于稀疏表示建模的多种信号与图像处理中可能的核心应用。

1) 图像分析

给定信号向量 $\boldsymbol{y}$，能否搜寻到用以合成该信号的最佳向量 $\boldsymbol{\alpha}_0$？实际上，搜寻过程即为原子分解(atomic decomposition)——搜索那些生成信号 $\boldsymbol{y}$ 的原子。明显地，潜在的表示向量满足 $\|\boldsymbol{D\alpha}_0-\boldsymbol{y}\|_2 \leqslant \varepsilon$，因此可能有很多类似的向量 $\boldsymbol{\alpha}$ 也能产生良好的逼近。尽管问题 (P_0^{ε}) 的解 $\boldsymbol{\alpha}_0^{\varepsilon}$ 可能不一定是 $\boldsymbol{\alpha}_0$，但仍然是稀疏的且有 T_0 个或更少的非零值。已有证明表

明如果T_0足够小，则问题(P_0^{ε})的解至多以$O(\varepsilon)$的代价远离$\boldsymbol{\alpha}_0$[12]。

2)图像压缩

图像$\boldsymbol{y}$若未做压缩，则其空间大小为N。但是，如果能求解(P_0^{δ})，其中$\delta \geqslant \varepsilon$，则得到一个仅含有$T_0$（$T_0 \ll N$）个系数的压缩表示$\boldsymbol{\alpha}_0^{\delta}$，该表示至多以误差$\delta$产生$\boldsymbol{y}$的逼近$\hat{\boldsymbol{y}} = \boldsymbol{D}\boldsymbol{\alpha}_0^{\delta}$[36]。因此，若增加$\delta$则取得更高的压缩率，同时产生更大的误差，进而能够获得对于某种压缩系统的率失真曲线。

3)逆问题

一般地，未知的理想图像$\boldsymbol{x}$经由模型$\boldsymbol{y} = \boldsymbol{H}\boldsymbol{x} + \boldsymbol{v}$，得到观测图像$\boldsymbol{y}$。模型中$\boldsymbol{H}$为线性降质算子，如单位矩阵、点扩散函数和掩码矩阵等，模型的求解分别对应降噪、去模糊和修补等。因此，如果能求解

$$\min_{\boldsymbol{\alpha}} \|\boldsymbol{\alpha}\|_0 \quad \text{s.t.} \quad \|\boldsymbol{y} - \boldsymbol{H}\boldsymbol{D}\boldsymbol{\alpha}\|_2 \leqslant \varepsilon \tag{3-23}$$

就能够从优化计算的关于理想图像的稀疏表示来获得理想图像的逼近$\boldsymbol{D}\boldsymbol{\alpha}_0^{\varepsilon}$。

4)压缩感知

一种新的信号感知理论认为，对于那些能稀疏表示的信号或图像，能够从远少于样本维数的观测中精确重构[73]。具体来说，从传统的“感知—压缩”转变到新理论下的“压缩—感知”，即感知的数据的稀疏表示(压缩)而不是数据本身。考虑元素为高斯独立同分布的随机矩阵$\boldsymbol{\Phi}_{m\times N}$，直接用来测量得$\boldsymbol{c} = \boldsymbol{\Phi}\boldsymbol{y}$，则测量数据的维度为$m$而不是$N$。尝试重构理想图像，通过求解

$$\min_{\boldsymbol{\alpha}} \|\boldsymbol{\alpha}\|_0 \quad \text{s.t.} \quad \|\boldsymbol{c} - \boldsymbol{\Phi}\boldsymbol{D}\boldsymbol{\alpha}\|_2 \leqslant \varepsilon \tag{3-24}$$

得到稀疏表示$\boldsymbol{\alpha}_0^{\varepsilon}$，然后综合获得理想图像的逼近$\boldsymbol{D}\boldsymbol{\alpha}_0^{\varepsilon}$。

5)形态分量分析

假设观测的信号是由两种不同的分量构成的，即$\boldsymbol{y} = \boldsymbol{y}_1 + \boldsymbol{y}_2$，且每种分量信号在对应变换或字典下可稀疏表达。能否分离这两种信号？这种分离又称独立分量分析 ICA。在稀疏表示约束下，若能求解：

$$\min_{\boldsymbol{\alpha}_1,\boldsymbol{\alpha}_2} \|\boldsymbol{\alpha}_1\|_0 + \|\boldsymbol{\alpha}_2\|_0 \quad \text{s.t.} \quad \|\boldsymbol{y} - \boldsymbol{D}_1\boldsymbol{\alpha}_1 - \boldsymbol{D}_2\boldsymbol{\alpha}_2\|_2 \leqslant \varepsilon_1 + \varepsilon_2 \tag{3-25}$$

则优化的解$(\boldsymbol{\alpha}_1^{\delta}, \boldsymbol{\alpha}_2^{\delta})$构成可能的解$\hat{\boldsymbol{y}}_1 = \boldsymbol{D}\boldsymbol{\alpha}_1^{\varepsilon_1}$和$\hat{\boldsymbol{y}}_2 = \boldsymbol{D}\boldsymbol{\alpha}_2^{\varepsilon_2}$。由于图像是多形态的、几何结构复杂的二维信号，所以分离模型在图像处理中又称形态分量分析(morphological component analysis，MCA)。具体地，图像的主要成分卡通和纹理能够由 MCA 来分离开[75]。

信号与图像的稀疏表示建模在本质上是求解问题(P_0^{ε})或其变种，而(P_0^{ε})的直接计算通常是困难的。面向特定的应用，前面提及的某些实用算法包括贪婪和松弛能够获得问题的逼近解。

3.3　基于压缩感知的图像超分辨率重构

3.3.1　压缩感知基本原理

2006 年前后，一些学者基于信号的稀疏性表示提出了压缩感知 CS 理论框架[73, 76-78]，是信号与信息处理学科中的一种新兴的采样理论。具体地，假设信号是可压缩或在变换域是稀疏的，则能够利用与变换矩阵非相干的观测矩阵来测量稀疏表示系数，得到低维的线性投影。该种投影保留了重构信号所需的大部分信息。通过求解稀疏约束最优化问题，就能够从低维观测中精确或高概率精确地重构原始信号。

通常原始信号是非稀疏的。考虑可压缩信号 $\boldsymbol{x} \in \mathbb{R}^N$ 在变换基 $\boldsymbol{\Psi}$（正交基、紧框架基或超完备字典）下的表示 $\boldsymbol{\alpha}$ 是稀疏的 $\boldsymbol{x} = \boldsymbol{\Psi\alpha}$，即 $\boldsymbol{\alpha}$ 只有少数个非零大系数。设计一个观测矩阵 $\boldsymbol{\Phi}$（随机矩阵或确定矩阵），对 $\boldsymbol{x}$ 进行线性非自适应的观测 $\boldsymbol{y} = \boldsymbol{\Phi x} = \boldsymbol{\Phi\Psi\alpha} = \boldsymbol{A}^{CS}\boldsymbol{\alpha}$，$\boldsymbol{A}^{CS} = \boldsymbol{\Phi\Psi}$ 称为信息算子或感知矩阵。利用 L_0 范数下的约束，精确或高概率精确重构 $\boldsymbol{x}$：

$$\min\|\boldsymbol{\alpha}\|_0 \quad \text{s.t.} \quad \boldsymbol{\Phi\Psi\alpha} = \boldsymbol{A}^{CS}\boldsymbol{\alpha} = \boldsymbol{y} \tag{3-26}$$

明显地，上式与信号的稀疏表示问题 (P_0) 极相似，且逼近解为 $\hat{\boldsymbol{x}} = \boldsymbol{\Psi}\hat{\boldsymbol{\alpha}}$。上述过程可用图 3-5 来表示。对原始信号的稀疏表示进行观测又称为压缩式采样(compressive sampling)，即对稀疏表示(本身就是压缩)的采样或观测。

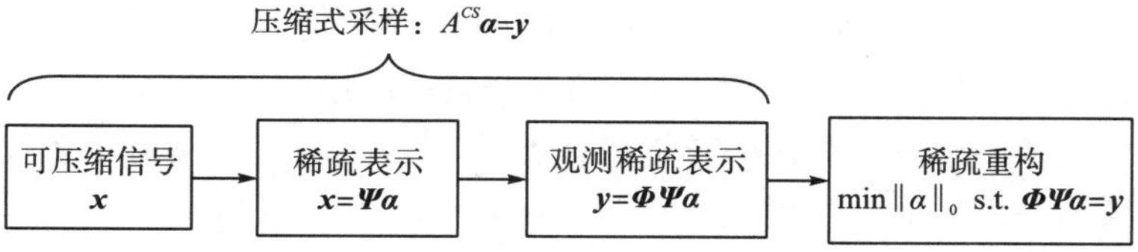

图 3-5　压缩感知理论框架

从压缩感知的理论框架可知，实现压缩感知主要包括三个部分：信号的稀疏表示、观测稀疏表示和信号稀疏重构。

信号稀疏表示即信号分解为变换基的组合表示，而表示系数是稀疏的。变换基可用传统的正交基(如 DCT、FFT、DWT)等，紧框架基(如 Ridgelet、Curvelet、Contourlet)等，超完备字典应用冗余的原子库更灵活、更稀疏地表示信号。特别地，信号的超完备字典稀疏表示，一方面需要通过必要的学习来构建超完备字典，学习的内容根据特定信号处理任务确定，如梯度或图像本身；另一方面，快速、准确地从超完备字典中选择有效原子的最优组合。

观测稀疏表示即稀疏表示的非自适应低维投影。学者们已证明若观测矩阵与变换矩阵不相干(incoherence)，则此时的观测矩阵在信号重构时可以精确或高概率精确地重构原始信号，或者更强的约束条件是观测矩阵满足约束等距性(restricted isometry property，

RIP)条件。而高斯随机矩阵可高概率保证不相干性和 RIP 性质。

信号稀疏重构即在稀疏性约束下从观测信号中重构原始信号。由于观测向量的维数远小于原始信号的维数，即方程 $\boldsymbol{y}=\boldsymbol{\Phi x}=\boldsymbol{\Phi\Psi\alpha}=\boldsymbol{A}^{CS}\boldsymbol{\alpha}$ 是欠定的。但是当 $\boldsymbol{x}$ 是稀疏的或可压缩的，则方程可解。同时，观测矩阵 $\boldsymbol{\Phi}$ 具有不相干性或 RIP 性质，也为不完备数据的精确重构提供了理论保证。信号重构的稀疏性最初是用 L_0 范数来约束，但由于该范数测度是 NP-hard 问题，于是研究人员提出贪婪和松弛等系列的优化方法。

至此已经比较清楚地知道，压缩感知是基于信号稀疏表示模型的解决不完备数据重构的理论框架，精确重构的前提是稀疏变换矩阵和观测矩阵(两者的乘积为感知矩阵)的良好设计。观测矩阵是对信号的稀疏表示(变换系数)进行采样的，而信号的稀疏表示是图像的主要结构和本质特征，是图像全局的整体表示，因此压缩感知是全局采样，而不同于 Nyquist 频率采样的局部采样。

3.3.2 压缩感知与图像超分辨率

压缩感知 CS 的信号重构处理，是根据信号表示足够稀疏和观测矩阵不相干性等条件，从随机采样的直观不完备观测数据中，精确或高概率精确恢复原始信号。CS 理论的物理过程是，随机矩阵对原始 HR 信号的线性关系(稀疏表示)进行采样或投影，得到少量的 LR 观测值，CS 理论从这些低维投影中精确地恢复出原始 HR 信号即先恢复稀疏表示，再做反变换还原出 HR 信号。或者说，高分辨率信号的线性关系(稀疏表示)可从其低维投影中精确地恢复出来，进而重构高分辨率信号。实际上，CS 重构与由 LR 图像恢复出 HR 图像的超分辨率重构处理极为类似，因为在一定程度上 LR 图像本身是不完备的。所以，图像超分辨率重构可看作是 CS 理论的一个典型应用。

学习法实现图像超分辨率重构的前提或基础是，LR 观测图像块和 HR 理想图像块之间的主要几何结构是近似的。尽管图像存在退化降质，HR 块与对应 LR 块的几何结构，或两者在变换域(字典)下的稀疏表示是近似的。因此，如果首先建立 HR 字典 $\boldsymbol{D}_h$ 和 LR 字典 $\boldsymbol{D}_l$，然后计算待重构的 LR 图像块在 $\boldsymbol{D}_l$ 下的稀疏表示，最后根据不同分辨率图像块的几何结构(或稀疏表示)不变性，由解出的稀疏表示联合 HR 字典就能重构出可能的 HR 图像块。上述的学习法图像超分辨率包括三个过程：

(1)学习训练图像集，得到超完备字典 $\boldsymbol{D}_h$ 与 $\boldsymbol{D}_l$；

(2)优化 LR 图像块 $\boldsymbol{y}$ 的稀疏表示 $\boldsymbol{\alpha}$，$\min\|\boldsymbol{\alpha}\|_0$ s.t. $\boldsymbol{D}_l\boldsymbol{\alpha}=\boldsymbol{y}$；

(3) $\boldsymbol{\alpha}$ 综合 HR 字典 $\boldsymbol{D}_h$ 得到逼近的 HR 图像块，$\boldsymbol{x}=\boldsymbol{D}_h\boldsymbol{\alpha}$。

对比 CS 理论框架与学习法的图像超分辨率重构实现过程，可联合推导互相的对应表示，即压缩感知理论在图像超分辨率重构中的物理意义：

$$\begin{aligned}&\because\ \boldsymbol{x}=\boldsymbol{D}_h\boldsymbol{\alpha}=\boldsymbol{\Psi\alpha} &&\Rightarrow\ \boldsymbol{D}_h=\boldsymbol{\Psi}\\&\therefore\ \boldsymbol{y}=\boldsymbol{D}_l\boldsymbol{\alpha}=\boldsymbol{\Phi\Psi\alpha}=\boldsymbol{\Phi D}_h\boldsymbol{\alpha} &&\Rightarrow\ \boldsymbol{D}_l=\boldsymbol{\Phi D}_h\end{aligned} \tag{3-27}$$

根据上述的推导，字典 $\boldsymbol{D}_h$ 相当于压缩感知中的变换基 $\boldsymbol{\Psi}$，字典 $\boldsymbol{D}_l$ 相当于压缩感知中的感知矩阵或信息算子 $\boldsymbol{A}^{CS}=\boldsymbol{\Phi\Psi}$。在学习法图像超分辨率重构中，$\boldsymbol{D}_h$ 是 HR 图像块(特征)构成的原子库，$\boldsymbol{D}_l$ 是与 HR 块对应的 LR 图像块(特征)构成的原子库。压缩感知的信号重构是从低维的测量值(LR 信号)恢复出高维的原始信号(HR 信号)，是典型的维数增加。而由 LR 图像重构出 HR 图像的超分辨率重构，同样是维数递增，均是不完备数据的重构或典型的数学逆问题。所以把 LR 图像看成是原始信号在观测矩阵或感知矩阵下的低维投影或感知测量，则 HR 图像的超分辨率重构就是如何从低维测量中重构出原始 HR 信号。

基于压缩感知理论实现图像的学习法超分辨率重构其关键是设计合适的观测矩阵，具体表现为超完备字典或原子特征库的设计与学习。当建立了适于图像超分辨率重构的超完备字典后，剩余的任务则是从超完备的冗余字典中，快速、有效地搜寻或查找特定的多项原子的组合，即在范数测度下使重构的超分辨率图像关于超完备字典的表示足够稀疏。

3.4　本 章 小 结

本章详细介绍了信号和图像的稀疏表示建模理论及其应用。分析了信号稀疏表示模型理论中的基于范数的稀疏测度、稀疏解唯一性定理及稀疏表示的数值模型。变换系统是实现稀疏表示的关键，变换基经历了线性到非线性、固定基变换到超完备字典的演化，并重点介绍了超完备稀疏表示的字典学习算法。鉴于直接求解 L_0 范数测度的信号稀疏表示的复杂性和困难性，贪婪匹配追踪算法和松弛的基于 L_1 范数的凸优化算法，以及对应的变种算法成为实用的求解工具。稀疏表示作为反问题求解的一种正则化先验类型，在各种图像处理的核心应用中得到了广泛关注，并取得了不凡的处理效果。以稀疏表示为基础的压缩感知理论框架能实现随机观测数据的精确重构，而图像超分辨率这一不完备数据重构可看作是该理论的一个典型应用。

参 考 文 献

[1]Mallat S. A Wavelet Tour of Signal Processing：The Sparse Way，3rd Ed.[M]. Amsterdam：Elsevier Pte. Ltd.，2009.

[2]Bruckstein A M，Donoho D L，Elad M. From sparse solutions of systems of equations to sparse modeling of signals and images[J]. SIAM Review，2009，51(1)：34-81.

[3]Candès E. Ridgelet：Theory and application[D]. Palo Alto：Stanford University，1998.

[4]Starck J，Candès E，Donoho D. The curvelet transform for image denoising[J]. IEEE Transactions on Image Processing，2002，11(6)：670-684.

[5]Do M N，Vertterli M. The contourlet transform：An efficient directional multiresilution image representation[J]. IEEE Transactions on Image Processing，2005，14(12)：2091-2106.

[6]Pennec E，Mallat S. Sparse geometric image representations with bandelets[J]. IEEE Transactions on Image Processing，2005，14(4)：423-438.

[7]闫敬文，屈小波. 超小波分析及应用[M]. 北京：国防工业出版社，2008.

[8]焦李成，谭山. 图像的多尺度几何分析：回顾和展望[J]. 电子学报，2003，31(12A)：1975-1981.

[9]Mallat S，Zhang Z. Matching pursuits with time-frequency dictionaries[J]. IEEE Transactions on Signal Processing，1993，41(12)：3397-3415.

[10]Olshausen B A，Field D J. Emergence of simple-cell receptive field properties by learning a sparse code for natural images[J]. Nature，1996，381(6583)：607-609.

[11]Olshausen B A，Field D J. Sparse coding with an overcomplete basis set：a strategy employed by V1[J]. Vision Research，1997，37(23)：3311-3325.

[12]Elad M. Sparse and Redundant Representations - from Theory to Applications in Signal and Image Processing[M]. New York：Springer，2010.

[13]Donoho D L，Elad M. Optimally sparse representation in general(non-orthogonal)dictionaries via l1 minimization[J]. Proceedings of the National Academy of Sciences USA(PNAS)，2003，100(5)：2197-2202.

[14]Candes E，Romberg J. Sparsity and incoherence in compressive sampling[J]. Inverse Problems，2007，23(3)：969-985.

[15]Rubinstein R，Bruckstein A M，Elad M. Dictionaries for sparse representation modelding[J]. Proceedings of the IEEE，2010，98(6)：1045-1057.

[16]Cooley J W，Tukey J W. An algorithm for the machine calculation of complex Fourier series[J]. Mathematics of Computation，1965(19)：297-301.

[17]Allen J B，Rabiner L R. A unified approach to short-time Fourier analysis and synthesis[J]. Proceedings of the IEEE，1977，65(11)：1558-1564.

[18]Gabor D. Theory of communication[J]. Journal of Institute Electrical Engineers，1986，93(3)：429-457.

[19]Janssen A. Gabor representation of generalized functions[J]. Journal of Mathematical Analysis and Applications，1981，83(2)：377-394.

[20]Meyer Y，Salinger D. Wavelets and operators[M]. Cambridge：Cambridge University Press，1995.

[21]Daubechies I. Orthonormal bases of compactly supported wavelets[J]. Communications on Pure and Applied Mathematics，1988，41(7)：909-996.

[22]Mallat S，Hwang W L. Singularity detection and processing with wavelets[J]. IEEE Transactions on Information Theory，1992，38(2)：617-643.

[23]Coifman R R，Meyer Y，Wickerhauser V. Wavelet analysis and signal processing[J]. Wavelets and Their Applications，1992：153-178.

[24]Simoncelli E P，Freeman W T，Adelson E H，et al. Shiftable multiscale transforms[J]. IEEE Transactions on Information Theory，1992，38(2)：587-607.

[25]Beylkin G. On the representation of operators in bases of compactly supported wavelets[J]. SIAM Journal on Numerical Analysis，1992，29(6)：1716-1740.

[26]Chen S S，Donoho D L，Saunders M A. Atomic decomposition by basis pursuit[J]. SIAM Journal on Scientific Computing，1998，20(1)：33-61.

[27]Donoho D L. Wedgelets：Nearly minimax estimation of edges[J]. Annals of Statistics，1999，27(3)：859-897.

[28]Candes E J，Donoho D L. Ridgelets：A key to higher-dimensional intermittency[J]. Philosophical Transactions A：Mathematical，Physical and Engineering Sciences，1999，357(1760)：2495-2509.

[29]Candes E J，Donoho D L. Curvelets-a Surprisingly Effective Nonadaptive Representation for Objects with Edges[M]. Tennessee：Vanderbilt University Press，1999.

[30]Do M N, Vetterli M. The contourlet transform: An efficient directional multiresolution image representation[J]. IEEE Transactions on Image Processing, 2005, 14(12): 2091-2106.

[31]Labate D, Lim W, Kutyniok G, et al. Sparse multidimensional representation using shearlets[C]. Proceedings of the SPIE on Wavelets XI, San Diego, CA, 2005: 254-262.

[32]Easley G, Labate D, Lim W. Sparse directional image representations using the discrete shearlet transform[J]. Applied and Computational Harmonic Analysis, 2008, 25(1): 25-46.

[33]孙玉宝. 图像稀疏表示模型及其在图像处理反问题中的应用[D]. 南京：南京理工大学，2010.

[34]Engan K, Aase S O, Husoy J H. Method of optimal directions for frame design[C]. Proceedings of IEEE International Conference on Acoustic, Speech, and Signal Processing, Phoenix, AZ, 1999: 2443-2446.

[35]Vidal R, Ma Y, Sastry S. Generalized principal component analysis (GPCA) [J]. IEEE Transactions on Pattern Analysis and Machine Intelligence, 2005, 27(12): 1945-1959.

[36]Aharon M, Elad M, Bruckstein A M. The K-SVD: An algorithm for designing of overcomplete dictionaries for sparse representation[J]. IEEE Transactions on Signal Processing, 2006, 54(11): 4311-4322.

[37]Blumensath T, Davies M. Sparse and shift-invariant representations of music[J]. IEEE Transactions on Audio, Speech, and Language Processing, 2006, 14(1): 50-57.

[38]Jost P, Vandergheynst P, Lesage S, et al. MoTIF: An efficient algorithm for learning translation invariant dictionaries[C]. Proceedings of IEEE International Conference on Acoustics, Speech, and Signal Processing, Toulouse, (14-19), 2006.

[39]Engan K, Skretting K, Husøy J H. Family of iterative LS-based dictionary learning algorithms, ILS-DLA, for sparse signal representation[J]. Digital Signal Processing, 2007, 17(1): 32-49.

[40]Aharon M, Elad M. Sparse and redundant modeling of image content using an image-signature-dictionary[J]. SIAM Journal on Imaging Sciences, 2008, 1(3): 228-247.

[41]Mairal J, Sapiro G, Elad M. Learning multiscale sparse representations for image and video restoration[J]. SIAM Multiscale Modeling and Simulation, 2008, 7(1): 214-241.

[42]Rubinstein R, Zibulevsky M, Elad M. Learning sparse dictionaries for sparse signal approximation[R]. Technical Report - CS Technion, June, 2009.

[43]Mairal J, Bach F, Ponce J, et al. Online learning for matrix factorization and sparse coding[J]. Journal of Machine Learning Research, 2010, 11(1): 19-60.

[44]Skretting K, Engan K. Recursive least squares dictionary learning algorithm[J]. IEEE Transactions on Signal Processing, 2010, 58(4): 2121-2130.

[45]Natarajan B K. Sparse approximate solutions to linear systems[J]. SIAM Journal on Computing, 1995, 24(2): 227-234.

[46]Pati Y C, Rezaiifar R, Krishnaprasad P S. Orthogonal matching pursuits: Recursive function approximation with applications to wavelet decomposition[C]. Proceedings of the 27th Asilomar Conference in Signals, Systems, and Computers, Pacific Grove, CA, 1993(11): 40-44.

[47]Needell D. Topics in compressed sensing[D]. Davis: University of California, 2009.

[48]Blumensath T, Davies M. Gradient pursuits[J]. IEEE Transactions on Signal Processing, 2008, 56(6): 2370-2382.

[49]Needell D, Tropp J. Cosamp: Iterative signal recovery from incomplete and inaccurate samples[J]. Applied and Computational Harmonic Analysis, 2009, 26(3): 301-321.

[50]Donoho D, Tsaig Y, Drori I, et al. Sparse solution of underdetermined linear equations by stagewise orthogonal matching

pursuit[R]. Technical Report, Mar, 2006.

[51] Dai W, Milenkovic O. Subspace pursuit for compressive sensing: closing the gap between performance and complexity[J]. IEEE Transactions on Information Theory, 2009, 55(5): 2230-2249.

[52] Do T T, Lu G, Nguyen N, et al. Sparsity adaptive matching pursuit algorithm for practical compressed sensing[C]. Proceedings of the 42nd Asilomar Conference on Signals, Systems, and Computers, Pacific Grove, CA, Oct 2008: 581-587.

[53] Gorodnitski I F, Rao B D. Sparse signal reconstruction from limited data using focuss: A re-weighted norm minimization algorithm[J]. IEEE Transactions on Signal Processing, 1997, 45(3): 600-616.

[54] Chen S S, Donoho D L, Saunders M A. Atomic decomposition by basis pursuit[J]. SIAM Journal on Scientific Computing, 1998, 20(1): 40-61.

[55] Donoho D L. For most large underdetermined systems of linear equations, the minimal l1-norm solution is also the sparsest solution[J]. Communications on Pure and Applied Mathematics, 2006, 59(6): 797-829.

[56] Tibshirani R. Regression shrinkage and selection via the LASSO[J]. Journal of the Royal Statistical Society, 1996, 58(1): 267-288.

[57] Efron B, Hastie T. Least angle regression[J]. The Annals of Statistics, 2004, 32(2): 407-499.

[58] Figueiredo M, Nowak R, Wright S. Gradient projection for sparse reconstruction: Application to compressed sensing and other inverse problems[J]. Journal of Selected Topics in Signal Processing: Special Issue on Convex Optimization Methods for Signal Processing, 2007, 1(4): 586-598.

[59] Candes E, Romberg J. l1-magic: recovery of sparse signals via convex programming[OL]. [2010-08-04]. http: //users. ece. gatech. edu/～justin/l1magic/.

[60] Kim S J, Koh K, Lustig M, et al. A method for large-scale l1-regularized least squares[J]. IEEE Journal on Selected Topics in Signal Processing, 2007, 1(4): 606-617.

[61] Mohimani G H, Massoud B Z, Jutten C. A fast approach for over-complete sparse decomposition based on smoothed l0 norm[J]. IEEE Transactions on Signal Processing, 2009, 57(1): 289-301.

[62] Daubechies I. An iterative thresholding algorithm for linear inverse problems with a sparsity constraint[J]. Communications on Pure and Applied Mathematics, 2004, 57(11): 1413-1457.

[63] Fornasier M, Rauhut H. Iterative thresholding algorithms[J]. Applied and Computational Harmonic Analysis, 2008, 25(2): 187-208.

[64] Beck A, Teboulle M. A fast iterative shrinkage-threshold algorithm for linear inverse problems[J]. SIAM Journal on Imaging Sciences, 2009, 2(1): 183-202.

[65] Berg E v, Friedlander M P, Hennenfent. SPARCO: A testing framework for sparse reconstruction[J]. ACM Transactions on Mathematical Software, 2009, 35(4): 1-16.

[66] Damnjanovic I, Davies M E, Plumbley M D. SMALLbox - An evaluation framework for sparse representations and dictionary learning algorithms[C]. Proceedings of the 9th International Conference on Latent Variable Analysis and Signal Separation, Berlin, Germany. Springer-Verlag, Sep, 2010: 418-425.

[67] Donoho D, Stodden V, Tsaig Y. Sparselab[OL]. http: //sparselab. stanford. edu/, 2007-05-26.

[68] Blumensath T, Davies M E. Gradient pursuits[J]. IEEE Transactions on Signal Processing, 2008, 56(6): 2370-2382.

[69] Berg E v, Friedlander M P. Probing the pareto frontier for basis pursuit solutions[J]. SIAM Journal on Scientific Computing, 2008, 31(2): 890-912.

[70] Rubinstein R，Zibulevsky M，Elad M. Double sparsity：learning sparse dictionaries for sparse signal approximation[J]. IEEE Transactions on Signal Processing，2010，58(3)：1553-1564.

[71] Panagiotopoulou A，Anastassopoulos V. Regularized super-resolution image reconstruction employing robust error norms[J]. Optical Engineering，2009，48(11)：1-14.

[72] Elad M. Sparse & redundant representation modeling of images：Theory and applications[C]. Seventh International Conference on Curves and Surfaces，Avignon，France，June，2010.

[73] Candes E，Romberg J，Tao T. Robust uncertainty principles：exact signal reconstruction from highly incomplete frequency information[J]. IEEE Transactions on Information Theory，2006，52(2)：489-509.

[74] Elad M，Figueiredo M，Ma Y. On the role of sparse and redundant representations in image processing[J]. Proceedings of the IEEE - Special Issue on Applications of Sparse Representation and Compressive Sensing，2010，98(6)：1-9.

[75] Elad M，Starck J L，Querre P，et al. Simultaneous cartoon and texture image inpainting using morphological component analysis (MCA) [J]. Applied and Computational Harmonic Analysis，2005，19(3)：340-358.

[76] Donoho D. Compressed sensing[J]. IEEE Transactions on Information Theory，2006，52(4)：1289-1306.

[77] Donoho D，Tsaig Y. Extensions of compressed sensing[J]. Signal Processing，2006，86(3)：533-548.

[78] Candes E，Romberg J，Tao T. Stable signal recovery from incomplete and inaccurate measurements[J]. International Journal of Pure and Applied Mathematics，2006，59(8)：1207-1223.

第 4 章　基于插值技术的超分辨率重构方法

插值技术在人口普查、音视频处理、生物医学、遥感成像以及天文学等领域有着极其广泛的应用，它的出现与发展经历了漫长的历史过程。图像插值是插值技术在数字图像处理中的应用之一。虽然将图像插值应用于图像 SR 处理看起来比较老套，但它是许多其他数字图像处理(如图像重采样、尺度变换与几何校准等)的基础操作，目前大多数操作系统、数字图像处理软件在改变图像尺寸时都采用传统插值技术。因此，尽管插值技术的相关理论目前已经相当完善，在现实生活中也被广泛应用，但将其运用于图像 SR 处理时仍然存在诸多问题，而且插值技术本身在理论体系上也还有一些未完成的工作。

第 1 章简要介绍了插值技术本身的发展历程和研究现状，本章将详述现有大多数插值算法的理论基础，讨论当前插值技术理论体系自身的主要问题和将其运用于图像 SR 处理时存在的主要问题。最后，本章提出了一个基于密切多项式近似理论(osculating polynomial approximation theory，OPAT)的理论框架对传统插值技术进行归纳，从理论的角度说明了传统多项式插值技术之间的内在联系和本质规律。理论上讲，这一框架既可用于分析现有的多项式插值技术，又可用于开发新的插值技术[1]。

4.1　常见的图像插值算法

本节从理论上介绍插值技术的一些常见算法，特别是多项式插值算法。随着科学技术的不断进步和社会的不断发展，关于插值算法的相关文献也如雨后春笋般涌现。虽然各种新兴理论和技术不断出现，但经过对效率和效果的综合权衡后发现能用于实践的理论和技术并不多。目前应用得最为广泛、理论体系最为完善的仍然是传统多项式插值技术，所以这里的重点研究对象是传统多项式插值技术。

4.1.1　传统多项式插值技术

图像插值通常是在离散图像数据集上拟合一条曲线，然后根据这条曲线求解亚像素点位置的未知灰度值。假设原始图像数据对应的采样函数为 $f(x)$，拟合的曲线为 $g(x)$(也称为插值函数)，插值核函数为 $h(x)$。显然，插值函数 $g(x)$ 越接近采样函数 $f(x)$，插值效果就越好。

1.最近邻域插值

最近邻域(nearest neighbor，NN)插值算法是最简单的一种线性插值技术，它是取距插值点最近的邻域采样点的值作为插值点的值，其核函数为

$$ {}^{\mathrm{NN}}h_1(x)=\begin{cases}1, & 0\leqslant |x|<0.5\\ 0, & |x|\geqslant 0.5\end{cases} \tag{4-1}$$

其中，左上标 NN 表示插值算法名称，右下标表示采样点个数(后面的核函数公式也是如此)为 1 个。值得注意的是，最近邻域插值算法的核函数也是 B-样条插值算法的基函数，该函数通过自身卷积可以生成不同的 B-样条插值算法的核函数。最近邻域算法核函数在空间域和频率域中的图像如图 4-1 所示。为了方便对比，图中还用 Ideal 显示了理想插值算法核函数对应的图形。

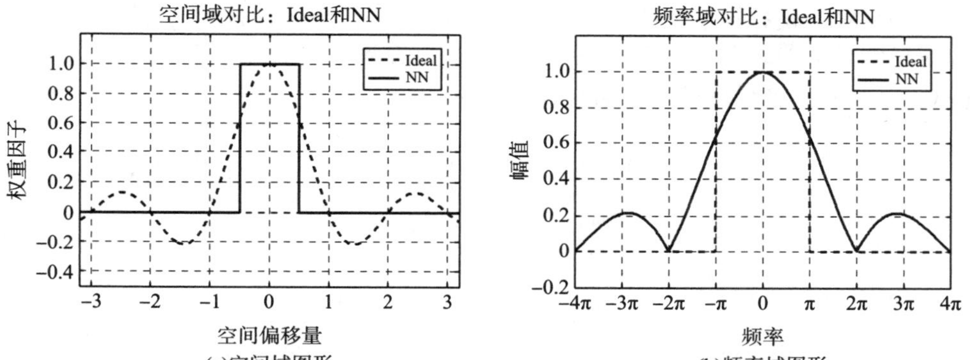

(a)空间域图形　　(b)频率域图形

图 4-1　最近邻域插值算法核函数

2.双线性插值

双线性(bilinear)插值的核函数是最近邻域插值的核函数 ${}^{\mathrm{NN}}h_1(x)$ 经过一次自身卷积得到的，它也称为一阶 B-样条冲击响应函数。双线性插值的基本思想是距插值点最近的两个采样点中，每个采样点对应的权重与采样点到插值点之间的采样距离成反比，其插值核函数如式(4-2)所示：

$$ {}^{\mathrm{bilinear}}h_2(x)=\begin{cases}1-|x|, & 0\leqslant |x|<1\\ 0, & 1\leqslant |x|\end{cases} \tag{4-2}$$

双线性插值算法的核函数在空间域和频率域中的图形如图 4-2 所示。从图中可以看出，双线性插值算法的核函数无论在空间域上还是在频率域上都比最近邻域插值算法更接近理想插值算法。

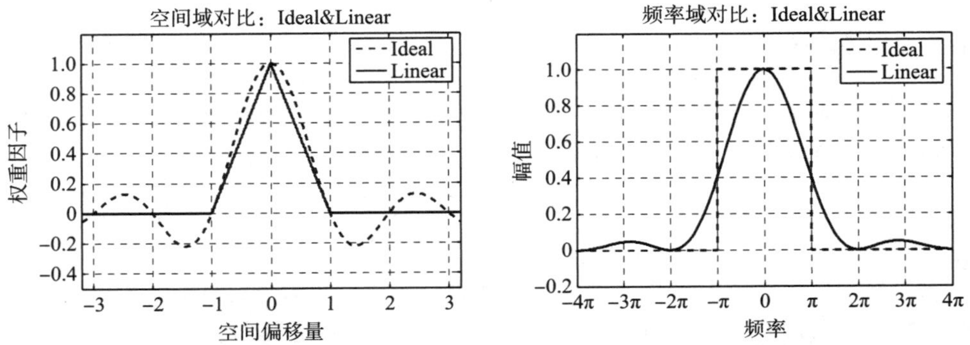

(a) 空间域图形 (b) 频率域图形

图 4-2 双线性插值算法核函数

3.四点拉格朗日插值

四点插值算法是指插值过程中利用了四个采样点进行估值的插值算法。拉格朗日插值是以拉格朗日多项式近似为理论基础，要求插值函数 $g(x)$ 在这四个采样点上与采样函数 $f(x)$ 保持一致，其插值核函数如式(4-3)所示：

$$
{}^{\text{Lagra}}h_4(x)=\begin{cases}\dfrac{1}{2}|x|^3-|x|^2-\dfrac{1}{2}|x|+1, & 0\leqslant|x|<1\\ -\dfrac{1}{6}|x|^3+|x|^2-\dfrac{11}{6}|x|+1, & 1\leqslant|x|<2\\ 0, & 2\leqslant|x|\end{cases} \tag{4-3}
$$

四点拉格朗日插值(4-point Lagrangian interpolation，4-point LPI)算法核函数对应的空间域和频率域图形如图 4-3 所示。从图中可以看出四点拉格朗日插值算法比双线性插值算法更接近理想插值，当然也比最近邻域插值更接近理想插值。实际上，从后面的实验数据可以看出，当插值核函数越接近理想插值时，对应的插值算法得到的结果越精确。当然，从核函数的表达式中也可以看出，四点拉格朗日插值算法的计算量明显比前面两个算法要大一些。

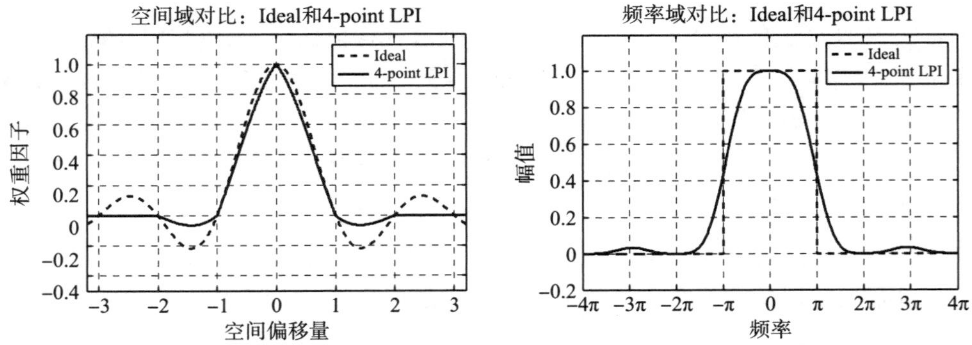

(a)空间域图形 (b)频率域图形

图 4-3 四点拉格朗日插值算法核函数

4.六点拉格朗日插值

六点拉格朗日插值(6-point Lagrangian interpolation，6-point LPI)与四点拉格朗日插值一样，都是基于拉格朗日多项式近似理论来估值，不同的是这里采用六个采样点进行估值。直觉上可以感觉到，该算法比四点拉格朗日插值更加精确，但计算量会有所增加。事实上也正是如此，式(4-4)是六点拉格朗日插值算法的插值核函数，图 4-4 是对应核函数在空间域和频率域的图形。

$$
{}^{\text{Lagra}}h_6(x)=\begin{cases}-\dfrac{1}{12}|x|^5+\dfrac{1}{4}|x|^4+\dfrac{5}{12}|x|^3-\dfrac{5}{4}|x|^2-\dfrac{1}{3}|x|+1, & 0\leqslant|x|<1\\ \dfrac{1}{24}|x|^5-\dfrac{3}{8}|x|^4+\dfrac{25}{24}|x|^3-\dfrac{5}{8}|x|^2-\dfrac{13}{12}|x|+1, & 1\leqslant|x|<2\\ -\dfrac{1}{120}|x|^5+\dfrac{1}{8}|x|^4-\dfrac{17}{24}|x|^3+\dfrac{15}{8}|x|^2-\dfrac{137}{60}|x|+1, & 2\leqslant|x|<3\\ 0, & 3\leqslant|x|\end{cases} \tag{4-4}
$$

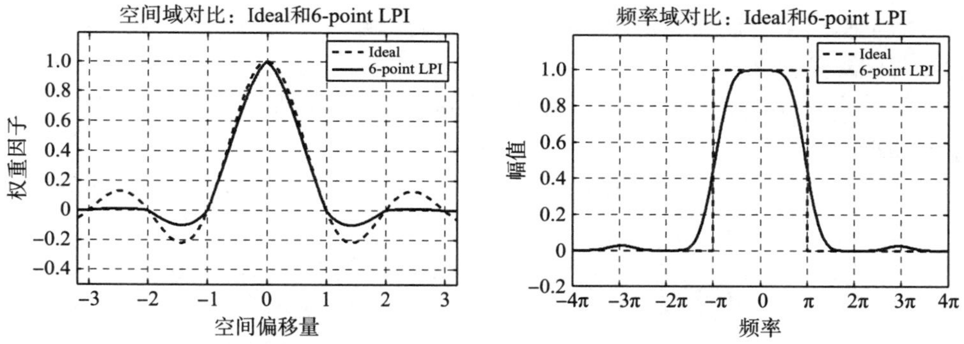

(a)空间域图形　　(b)频率域图形

图 4-4　六点拉格朗日插值算法核函数

5.四点双三次插值

四点双三次(4-point cubic)插值算法[2]是目前应用最为广泛的插值技术，许多操作系统和应用软件，如 Windows、Linux 操作系统和 Adobe 公司著名的图像处理软件 Photoshop，都采用这个算法进行图像基本缩放。该算法实际上是一种四点一阶密切多项式插值技术，插值函数 $g(x)$ 不仅在中间的两个采样点处的取值与采样函数 $f(x)$ 保持一致，而且其一阶导数近似取值也要与其保持一致。式(4-5)是四点双三次插值算法的核函数，图 4-5 是对应核函数在空间域和频率域中的图形。

$$
{}^{\text{Cubic}}h_4(x)=\begin{cases}|x|^3-2|x|^2+1, & 0\leqslant|x|<1\\ -|x|^3+5|x|^2-8|x|+4, & 1\leqslant|x|<2\\ 0, & 2\leqslant|x|\end{cases} \tag{4-5}
$$

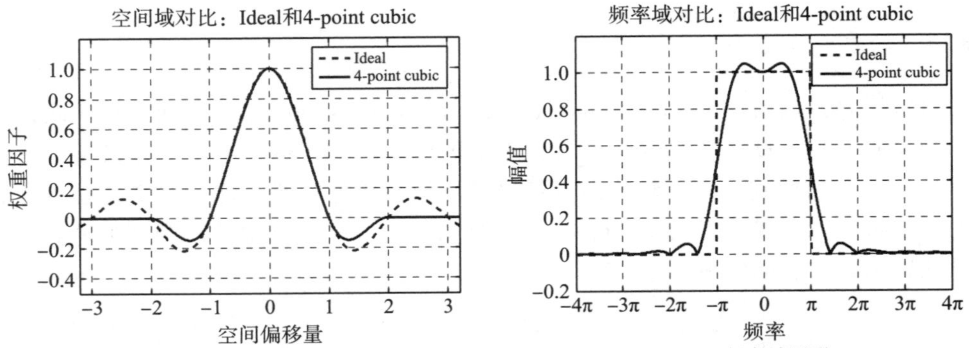

(a)空间域图形　(b)频率域图形

图 4-5　四点双三次插值算法核函数

6.六点双三次插值

六点双三次(6-point cubic)插值算法[2]是四点双三次插值算法在采样点上的扩展，只是一阶导数近似规则有所变化。它与四点双三次插值算法之间的关系，和六点拉格朗日插值算法与四点拉格朗日插值算法之间的关系相似，在增加了估值精度的同时增加了相应的计算量。式(4-6)是该插值算法核函数的表达式，图 4-6 是对应核函数在空间域和频率域中的图形。

$$
{}^{\mathrm{Cubic}}h_6(x)=\begin{cases}\dfrac{6}{5}|x|^3-\dfrac{11}{5}|x|^2+1, & 0\leqslant|x|<1\\[2mm] -\dfrac{3}{4}|x|^3+\dfrac{16}{5}|x|^2-\dfrac{27}{5}|x|+\dfrac{14}{5}, & 1\leqslant|x|<2\\[2mm] \dfrac{1}{5}|x|^3-\dfrac{8}{5}|x|^2+\dfrac{21}{5}|x|-\dfrac{18}{5}, & 2\leqslant|x|<3\\[2mm] 0, & 3\leqslant|x|\end{cases}\tag{4-6}
$$

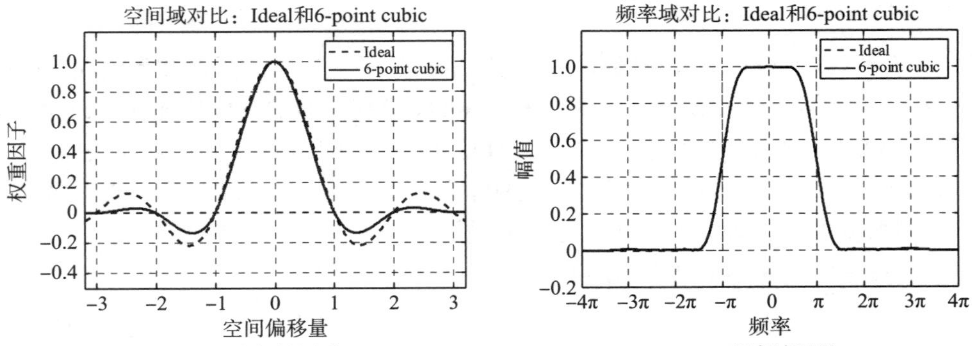

(a)空间域图形　(b)频率域图形

图 4-6　六点双三次插值算法核函数

7.四点立方卷积插值

四点立方卷积(4-point cubic convolution，4-point convo)插值算法最先是由 Keys 提出的[3]，其插值精度在双线性插值和立方样条插值之间。然而，在研究过程中发现，该算法的插值精度实际上还要高于双三次插值，但计算量略大于双三次插值算法，后面的讨论将进一步说明这一问题。式(4-7)是立方卷积插值算法的核函数，图 4-7 是其对应核函数在空间域和频率域中的图形。

$$
{}^{\text{Convo}}h_4(x)=\begin{cases}\dfrac{3}{2}|x|^3-\dfrac{5}{2}|x|^2+1, & 0\leqslant|x|<1\\ -\dfrac{1}{2}|x|^3+\dfrac{5}{2}|x|^2-4|x|+2, & 1\leqslant|x|<2\\ 0, & 2\leqslant|x|\end{cases} \tag{4-7}
$$

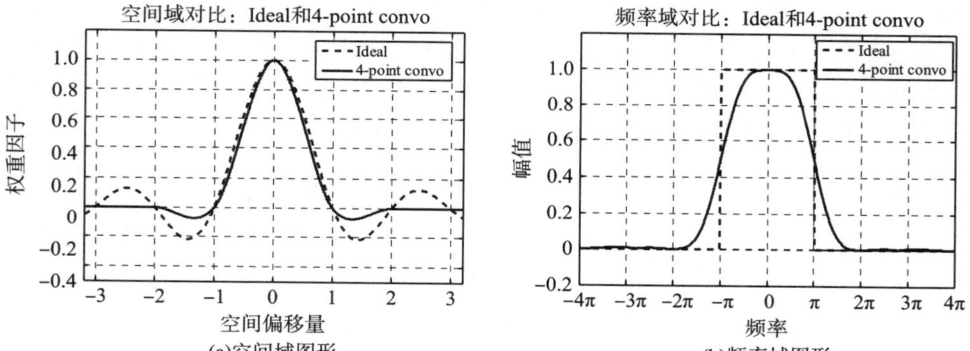

(a)空间域图形　(b)频率域图形

图 4-7　四点立方卷积插值算法核函数

8.六点立方卷积插值

六点立方卷积(6-point cubic convolution，6-point convo)插值算法在文献[3]中有介绍，它实际上也是四点立方卷积插值算法在采样点数目上的扩展，增加了算法的估值精度却降低了效率。然而，至于为什么六点立方卷积插值算法的精度比四点立方卷积插值算法的精度更高，文献[3]仅仅从采样点数目上进行了说明，没有考虑精度提升的根本原因。文献[1]从密切多项式近似理论的角度对这一根本原因进行了详细说明。式(4-8)是六点立方卷积插值算法的核函数，图 4-8 是对应核函数在空间域和频率域中的图形。

$$
{}^{\text{Convo}}h_6(x)=\begin{cases}\dfrac{4}{3}|x|^3-\dfrac{7}{3}|x|^2+1, & 0\leqslant|x|<1\\ -\dfrac{7}{12}|x|^3+3|x|^2-\dfrac{59}{12}|x|+\dfrac{5}{2}, & 1\leqslant|x|<2\\ \dfrac{1}{12}|x|^3-\dfrac{2}{3}|x|^2+\dfrac{7}{4}|x|-\dfrac{3}{2}, & 2\leqslant|x|<3\\ 0, & 3\leqslant|x|\end{cases} \tag{4-8}
$$

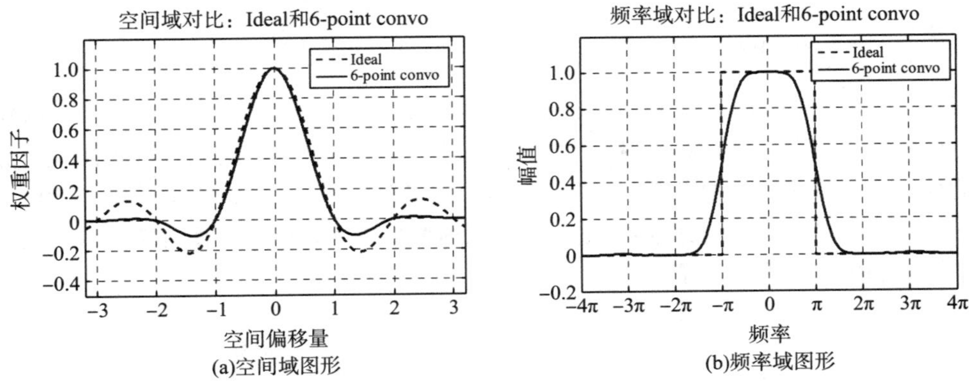

(a)空间域图形 (b)频率域图形

图 4-8 六点立方卷积插值算法核函数

9.四点 Watte Tri-linear 插值

Watte Tri-linear 插值算法是目前能够利用较少计算量获得较好估值精度的算法[4]。与其他四点插值算法不同的是，该算法是一个 2 度(自变量指数最高为 2)插值算法，而它的核函数图形又与四点拉格朗日插值算法非常相似。式(4-9)是 Watte Tri-linear 插值算法的核函数，图 4-9 是对应核函数在空间域和频率域中的图形。

$$
{}^{\text{Watte}}h_4(x)=\begin{cases}-\dfrac{1}{2}|x|^2-\dfrac{1}{2}|x|+1, & 0\leqslant|x|<1\\ \dfrac{1}{2}|x|^2-\dfrac{1}{2}|x|+1, & 1\leqslant|x|<2\\ 0, & 2\leqslant|x|\end{cases} \tag{4-9}
$$

值得说明的是，该算法的开发思路是首先在两个相间隔的采样点之间构建一个线性函数，然后将两个线性函数同时往右移动，在移动的过程中对两个函数进行加权求和，而权重因子与移动的距离有关[1]。虽然 Watte Tri-linear 算法的开发思路比较复杂，但它本质上仍然属于密切多项式近似的理论框架。

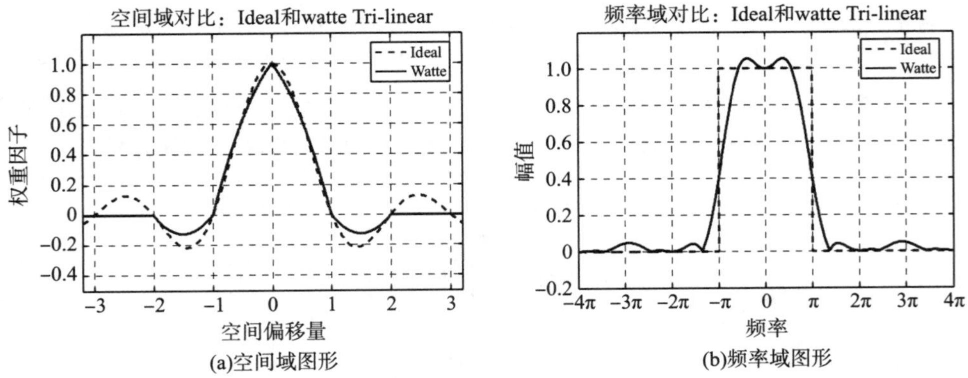

(a)空间域图形 (b)频率域图形

图 4-9 四点 Watte Tri-linear 插值算法核函数

10.六点五度艾尔米特插值

六点五度艾尔米特插值(6-point-5th HPI)算法[4]是指一共利用了六个采样点，自变量最高度数为 5 的艾尔米特多项式插值算法，其开发思路就是基于艾尔米特多项式近似理论求解插值核函数。稍后会说明，它仍然属于所提的密切多项式插值理论框架的一部分。式(4-10)是该插值算法的核函数，图 4-10 是其核函数在空间域和频率域中的图形。

$$
{}^{\mathrm{HPI}}h_6(x)=\begin{cases}
-\dfrac{5}{12}|x|^5+\dfrac{13}{12}|x|^4+\dfrac{5}{12}|x|^3-\dfrac{25}{12}|x|^2+1, & 0\leqslant|x|<1\\
\dfrac{5}{24}|x|^5-\dfrac{13}{8}|x|^4+\dfrac{35}{8}|x|^3-\dfrac{35}{8}|x|^2+\dfrac{5}{12}|x|+1, & 1\leqslant|x|<2\\
-\dfrac{1}{24}|x|^5+\dfrac{13}{24}|x|^4-\dfrac{65}{24}|x|^3+\dfrac{155}{24}|x|^2-\dfrac{29}{4}|x|+3, & 2\leqslant|x|<3\\
0, & 3\leqslant|x|
\end{cases}
\tag{4-10}
$$

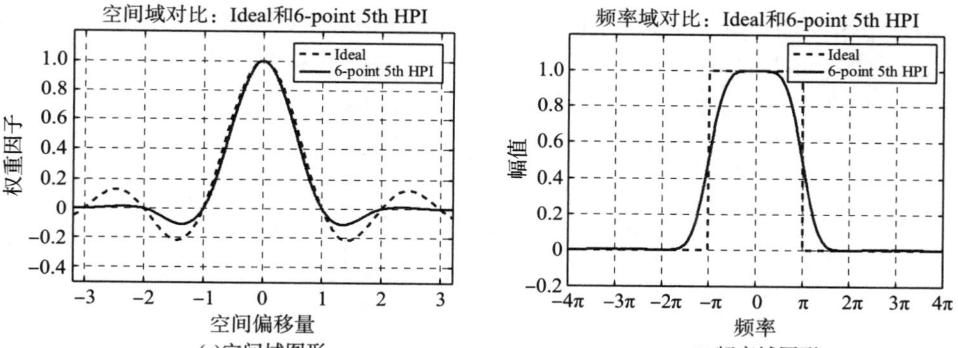

(a)空间域图形　(b)频率域图形

图 4-10　六点五度艾尔米特插值算法核函数

11.四点五度二阶密切多项式插值

四点五度二阶密切多项式插值(4-point-5th-2nd OPI)[4]是指采用了四个采样点，自变量最高度数为 5 的多项式插值技术。二阶是从密切多项式近似的角度，指四个采样点中近似度最高的导数为 2 阶导数。式(4-11)为其核函数表达式，图 4-11 为对应核函数在空间域和频率域中的图形。

$$
{}^{\mathrm{OPI}}h_4(x)=\begin{cases}
-3|x|^5+\dfrac{15}{2}|x|^4-\dfrac{9}{2}|x|^3-|x|^2+1, & 0\leqslant|x|<1\\
|x|^5-\dfrac{15}{2}|x|^4+\dfrac{43}{2}|x|^3-29|x|^2+18|x|-4, & 1\leqslant|x|<2\\
0, & 2\leqslant|x|
\end{cases}
\tag{4-11}
$$

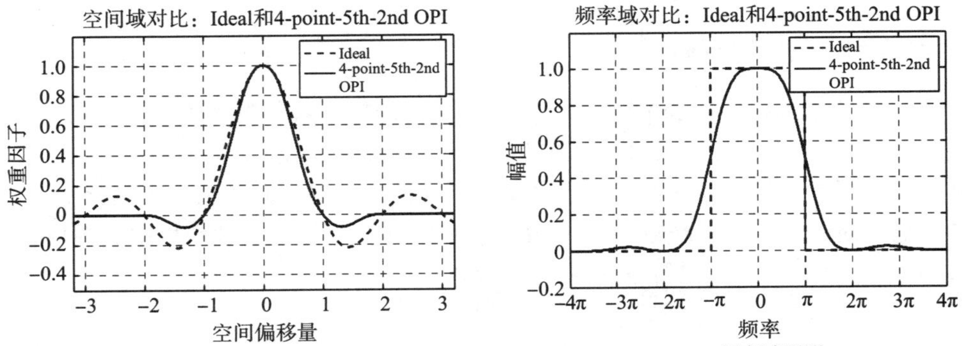

(a)空间域图形 (b)频率域图形

图 4-11 四点五度二阶密切多项式插值算法核函数

12.六点五度二阶密切多项式插值

六点五度二阶密切多项式插值(6-point-5th-2nd OPI)[4]是指采用了六个采样点进行估值，核函数自变量的最高度数为 5 的多项式插值技术，且六个采样点中最高近似导数的阶数为 2。同样，该算法也属于密切多项式插值算法的理论框架。式(4-12)为该算法插值核函数，图 4-12 为对应核函数在空间域和频率域中的图形。

$$
{}^{\mathrm{OPI}}h(x)_6=\begin{cases}-\dfrac{25}{12}|x|^5+\dfrac{21}{4}|x|^4-\dfrac{35}{12}|x|^3-\dfrac{5}{4}|x|^2+1, & 0\leqslant|x|<1\\ \dfrac{25}{24}|x|^5-\dfrac{63}{8}|x|^4+\dfrac{545}{24}|x|^3-\dfrac{245}{8}|x|^2+\dfrac{75}{4}|x|-4, & 1\leqslant|x|<2\\ -\dfrac{5}{24}|x|^5+\dfrac{21}{8}|x|^4-\dfrac{313}{24}|x|^3+\dfrac{255}{8}|x|^2-\dfrac{153}{4}|x|+18, & 2\leqslant|x|<3\\ 0, & 3\leqslant|x|\end{cases} \tag{4-12}
$$

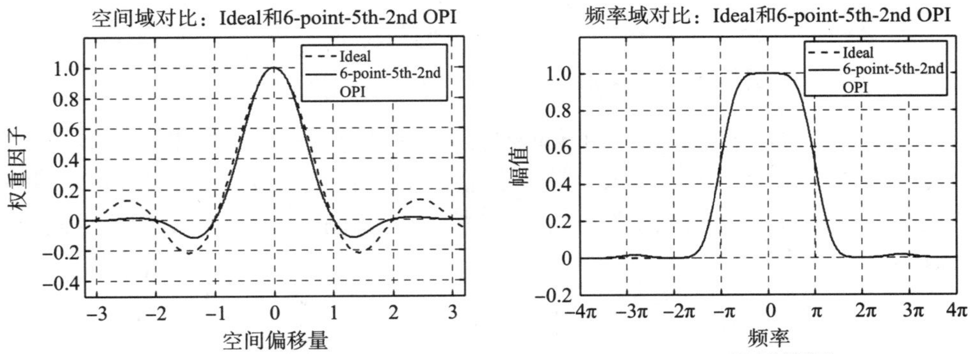

(a)空间域图形 (b)频率域图形

图 4-12 六点五度二阶密切多项式插值算法核函数

事实上，现有大多数多项式插值算法(包括上述所有算法)几乎都能用特定数量的采样点和某种形式的导数近似规则来构建。在插值区间内有相同形式的插值算法都可以归纳为密切多项式插值(注意，B-样条插值算法的插值函数是分段多项式，在不同的插值区间有不同的形式)。从理论上讲，可以根据密切多项式的构建过程，利用不同的采样点数目、导数近似规则和不同的密切阶数来构建各种各样的插值技术，最终得到的插值算法数量是无穷的。

4.1.2　面向边缘的插值技术

对图像边缘进行有针对性的插值处理，是插值技术运用于图像缩放和超分辨率处理的最初尝试。这类算法通常将图像区域分为两类：同质区(homogenous areas)和边缘区(edge areas)。同质区内的像素值被假设为平滑数据(线性的)，采用一般传统插值技术处理即可；边缘区内的像素值则需要特别对待(非线性的)。最通常的策略是沿着边缘方向进行插值，这就引入了边缘方向的估计与插值的具体操作问题，不同类型的边缘插值技术几乎都在这里做文章。这里简单地介绍几种常见的、面向边缘的图像插值技术。

1.边缘导向插值

最早的边缘导向插值技术是由 Allebach 和 Wong[5]提出的，它主要包括渲染和数据校正两个阶段。渲染阶段主要是为了生成高分辨率图像的边缘映射(edge map)，用于指导下一阶段 HR 图像的边缘生成处理。该阶段基于一种受限的双线性插值算法以保证插值操作不越过边缘。数据校正阶段以传感器生成数据为模型，使用误差反馈机制修正第一阶段双线性插值的网格值。设渲染过程用 S 表示，传感器的平均化操作用 A 表示，m 和 n 分别表示 LR 图像和 HR 图像的网格索引，真实传感器数据由 $x[m]$表示，校正的传感器数据由 $\tilde{x}[m]$ 表示，估计的传感器数据用 $\hat{x}[m]$ 表示，插值图像用 $y[n]$ 表示，k 表示迭代索引，则数据校正阶段可以用以下几个公式表示：

$$y_k[n]=A\left(\tilde{x}_k[m]\right) \tag{4-13}$$

$$\hat{x}_k[m]=S\left(y_k[n]\right) \tag{4-14}$$

$$\tilde{x}_{k+1}[m]=\tilde{x}_k[m]+\lambda\left(\hat{x}_k[m]-x[m]\right) \tag{4-15}$$

其中，λ 是误差传递平衡参数，这一过程类似于迭代反向投影算法 IBP。整个边缘导向算法的处理框架如图 4-13 所示，关于该算法的详细细节可以参见文献[5]。

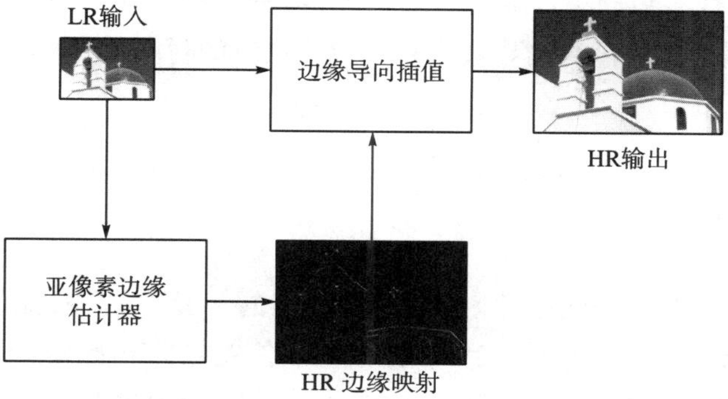

图 4-13　边缘导向插值整体处理框架

2.新边缘导向插值

新边缘导向插值(new edge directive interpolation，NEDI)[6]利用了 LR 图像和 HR 图像局部协方差系数之间的几何对偶性来指导插值，该算法能够自适应地处理任意面向阶梯状边缘的插值操作。为了减少整体计算量，它也结合了双线性插值，即在同质区采用双线性插值而在边缘区采用局部协方差之间的结合对偶性来指导插值。

这里对 NEDI 的基本原理进行简要介绍。在 NEDI 算法中，四阶线性估计模型由下列等式给定：

$$Y_i = \sum_{k=1}^{4} A_k \cdot Y_{ij} + \varepsilon_i, \quad (i = 1, 2, \cdots, P) \tag{4-16}$$

其中，ε_i 是估计误差，P 是数据点样本的总数，A_k 为模型参数。对每一个数据样本 Y_i 来说都有四个邻域数据点 $Y_{ij}\left(j = 1,2,3,4\right)$，如图 4-14 所示。模型参数 A_k 通过最小二乘法获得：

$$\left\{\widehat{A}_k\right\} = \underset{\left\{\widehat{A}_k\right\}}{\operatorname{argmin}} \sum_{i=1}^{P} \left\| Y_i - \sum_{k=1}^{4} A_k \cdot Y_{ij} \right\|^2 \tag{4-17}$$

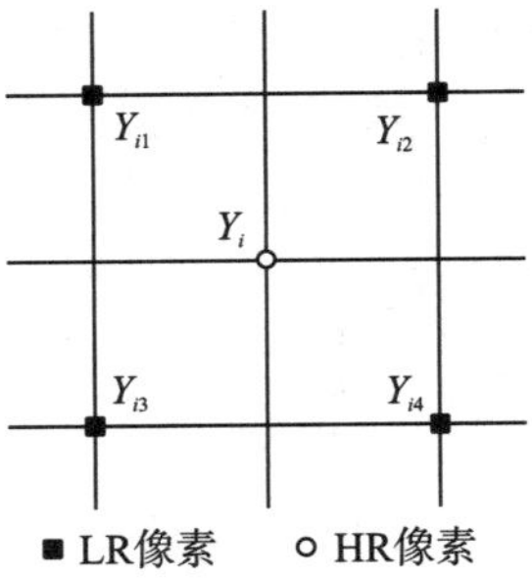

图 4-14 像素的相对空间位置

现在将式(4-17)转换成矩阵形式，即

$$\widehat{\boldsymbol{A}} = \underset{\widehat{\boldsymbol{A}}}{\operatorname{argmin}} \left\| \boldsymbol{Y} - \boldsymbol{Y}_{\boldsymbol{A}} \boldsymbol{A} \right\|_2^2 \tag{4-18}$$

其中，$\boldsymbol{Y}$ 是 $P\times1$ 的样本点向量，$\boldsymbol{Y}_{\boldsymbol{A}}$ 是 $P\times4$ 的邻域点矩阵，$\boldsymbol{A}$ 是 4×1 的参数向量。根据最小二乘规则(设置其目标函数的导数为 0)，式(4-18)的封闭解为

$$\widehat{\boldsymbol{A}} = \left(\boldsymbol{Y}_{\boldsymbol{A}}^{\mathrm{T}} \boldsymbol{Y}_{\boldsymbol{A}}\right)^{-1} \boldsymbol{Y}_{\boldsymbol{A}}^{\mathrm{T}} \boldsymbol{Y} \tag{4-19}$$

得到模型参数 $\boldsymbol{A}$ 后，便可以直接将其运用于 HR 图像的插值，即

$$X = \sum_{k=1}^{4} \widehat{A}_k \cdot X_k \tag{4-20}$$

上述过程是 NEDI 算法处理对角线上待插值点的一般过程，如果待插值点处于原始网格上(水平或垂直)，则还需要旋转邻域点的空间位置并将缩放因子设为$1/\sqrt{2}$。若需了解更多细节，可参见文献[6]和文献[7]。需要说明的是，NEDI 算法虽然能够取得较好的视觉效果，但它存在两个缺点：一是计算量较大，这主要是由大量的矩阵乘法引起的，

如计算协方差矩阵，求封闭解等；二是精确度不高。这一点看起来与视觉效果相互矛盾，实际上并非如此。NEDI 关注对图像边缘的处理，特别是理想的阶梯状边缘，但真实自然图像中的许多非线性结构并非都是理想的阶梯边缘结构。

3.基于自适应梯度幅度的边缘保护插值

Wang 等[8]提出了一种新的面向边缘的插值技术，该算法也是从 LR 输入图像估计 HR 输出图像的边缘分布情况。与之前的方法不同的是，这种算法利用了一种自适应自插值算法(adaptive self-interpolation algorithm)来估计 HR 图像的梯度分布，获得的 HR 梯度分布作为一种边缘保护约束条件，应用于 HR 图像的重建过程中。值得注意的是，第二部分的 HR 重建阶段应该属于基于模型重建的超分辨率处理，而不是简单的插值技术。这里的插值，实际上是在 HR 图像的梯度域进行的，与传统插值技术区别较大。

该算法的整体思路如图 4-15 所示。首先根据低分辨率输入图像计算高分辨率图像的梯度分布情况，这主要包括两部分工作：①计算梯度方向，这里假设 HR 图像的梯度方向与 LR 图像的梯度方向保持不变；②计算梯度幅度，这里需要采用自适应自插值算法估计 HR 图像的梯度幅度。计算出 HR 图像梯度分布情况后，作为边缘保护约束添加到传统的基于模型重建的单幅图像 SR 算法中。

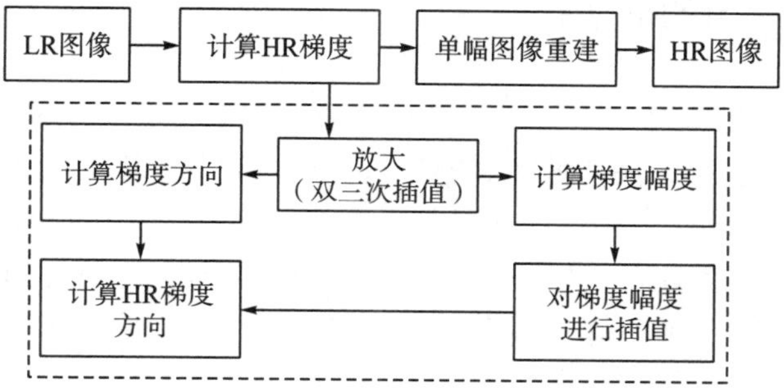

图 4-15　基于自适应梯度幅度自插值的边缘保护插值整体处理框架

4.基于对比度导向的分向图像插值技术

对比度导向插值[9]实质上也是一种以图像边缘信息为基础的插值技术，但它对图像的边缘信息进行了进一步提炼，即对比度。原始的“边缘”概念，通常只包含图像边缘的位置信息，而这里的对比度则既包含位置信息，又包含图像灰度值的相对强度信息。该算法结合这里的对比度信息首先生成一个二值化的决策表，该决策表用于指示图像中哪些像素属于同质区，哪些像素属于边缘区。在同质区，算法在 2-D 方向上都执行双三次插值(即各向同性滤波)；在边缘区，沿着 1-D 方向执行双三次插值(即各向异性滤波)。

该算法的整体思路很简单，最关键的问题在于如何结合对比度信息生成精确的二值化决策表并将其用于指导插值操作。基于对比度导向的分向图像插值技术采用了一个扩散处理来估计决策带的宽度，决策带的宽度与局部对比度或局部边缘强度成正比。这样，对比度越强的边缘有更宽的决策带，那么该边缘位置上的像素更多地由 1-D 分向滤波处理。图 4-16 表示了对比度(或边缘强度)与可变带宽、决策带之间的关系。

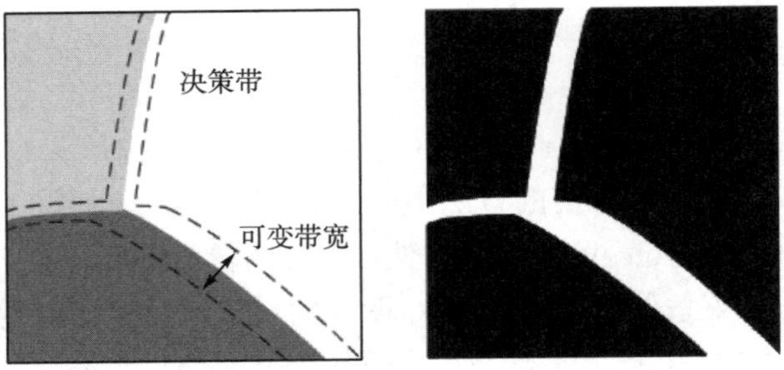

图 4-16　对比度(或边缘强度)与可变带宽、决策带之间的关系

这种插值技术利用了输入图像在边缘附近的对比度信息来指导插值处理。其本质上是学习了输入图像的对比度信息并通过插值将其反映到了高分辨率输出图像中，这个过程中也融合了机器学习的思想。

4.1.3　基于机器学习的插值技术

基于机器学习的插值技术的初衷是希望结合插值算法的高效性和机器学习算法对非线性结构优良的表达能力来从效率和精度上同时提升 SR 算法的执行效果。这类算法的核心问题在于：①需要学习图像的哪些信息以及如何学习；②信息的提取与表达方式；③如何用所学的知识高效地指导插值？采用学习的思想来执行图像插值几乎都围绕着这三个基本问题而展开。目前，这类技术还处于起步阶段，相关研究工作也相对较少，取得的成果也还不太明显。这里简要介绍一个最近提出的结合机器学习的图像插值算法：基于误差反馈机制的两阶段图像插值算法[10]。

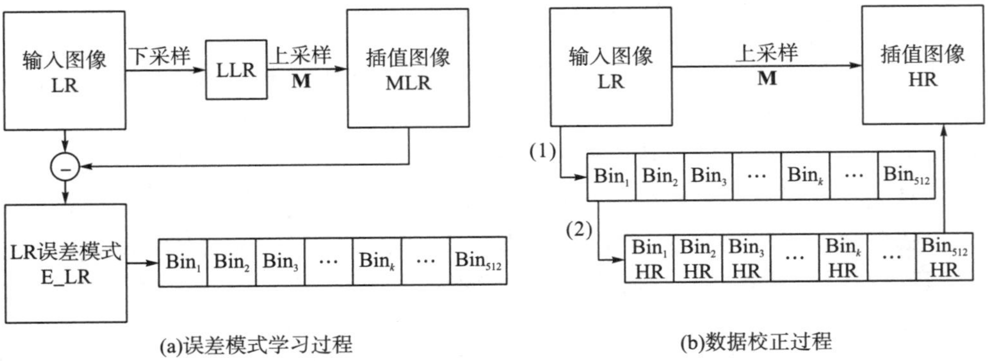

图 4-17　基于误差反馈机制插值的两个主要处理阶段

该算法最明显的机器学习思想是，通过对输入图像进行下采样学习 LR 图像的误差模式，并将这样的误差模式应用于 HR 图像被下采样为 LR 图像的过程中。如图 4-17(a)所示，假设 LR 输入图像用 LR 表示，经过下采样后得到 LLR 图像，采用传统插值技术 **M** 对 LLR 插值得到 MLR，LR-LLR 便得到 LR 图像的误差模式 E_LR，最后对 E_LR 进行统计划分。在数据校正阶段，首先对输入图像 LR 采用相同的方法 **M** 放大为指定维度 HR，根据第一阶段得到的误差模式求解 HR 的误差模式，其结果用于校正插值图像 HR，如图 4-17(b)所示。图 4-17(b)中的(1)表示从 LR 学习误差模式的过程，(2)表示在 HR 误差模式的对应统计 Bin 上执行 $+\alpha\cdot\text{mean}\left(\text{Bin}_k\right)$ 的操作，将 LR 误差模式处理成 HR 误差模式的过程。

上述基于误差反馈机制的图像插值技术有点类似于迭代反向投影的处理方式，通过假设高分辨率输出图像下采样过程中产生的误差模式就是低分辨率输入图像在下采样过程中产生的误差模式来指导对高分辨率图像插值，实际上是以插值过程中产生的误差为学习数据，进而纠正对 HR 图像的插值。

4.2 插值算法的主要问题

尽管插值算法经历了非常漫长的发展和演变过程，在图像 SR 处理领域出现了面向边缘的插值技术和基于机器学习的插值技术等方法，但这些方法在基本的插值过程中仍然以传统的插值技术为基础，依然存在很大的局限性。

传统的多项式插值技术常常容易引起明显的人工痕迹，最根本的原因在于传统多项式插值技术是基于 LR 图像数据是连续的、带宽受限的平滑信号的假设，这种假设在自然图像中一般是不成立的，也就是说自然图像中除了包含大量的连续数据，同时也包含许多非连续性数据。这就使得插值算法的处理结果会在非连续性数据上出现严重的锯齿、振铃和混叠效应。从上面的介绍可以看出，传统多项式插值算法种类繁多，插值精度和执行效率各不相同。这也引起了这类算法的另一个重要问题，即没有统一的理论描述和规律性的解决方案。

面向边缘的插值技术虽然针对图像中的典型非线性结构进行处理，超分辨率效果取得了一定提升，但这类方法仍然存在两个主要的缺陷。第一，“边缘”这一概念并没有明确的定义。如何在离散的图像数据中精确定位“边缘”是这类技术面临的主要问题。第二，自然图像中除了边缘，还有许多其他非线性结构，如角点、纹理等，利用处理边缘的方法来处理这些非线性结构事实上并不合理。

基于机器学习的插值技术是一个开放性的研究课题，也是很有研究价值和发展前景的一类方法，但目前还处于探索阶段，所取得的效果非常有限。由于自然图像是线性结构和非线性结构的共存体，机器学习方法有良好的非线性结构表达能力，但它存在着较为严重的效率问题。

4.3 基于密切多项式近似的多项式插值理论

本节针对传统多项式插值技术应用广泛、种类繁多而没有统一理论描述和规律性解决方案的问题，提出一种基于密切多项式近似理论的多项式插值算法框架。该框架在理论上涵盖了所有的主流多项式插值算法，包括简单的最近邻域插值到复杂的六点五度密切多项式插值。有些插值算法从开发思路或表现形式上看起来不是多项式插值，但本质上却属于密切多项式插值算法框架。本节将详细介绍密切多项式插值框架的组成部分和其两个最重要的应用，最后会从数值实验和理论上分析各种插值基础处理效果之间的相对关系。

4.3.1 密切多项式近似理论

多项式插值算法的基本思想就是在采样点集合上拟合一条连续曲线，通过该连续曲线来估计插入点的值。该曲线对应的函数就称为插值函数，而提供离散采样点的函数称为采样函数。插值函数越接近采样函数，插值效果也就越好。对于普通连续函数，插值函数接近采样函数的程度可以用二者在采样点处的导数近似程度来描述。这里沿用前面几个符号：$f(x)$为采样函数，拟合的插值函数表示为$g(x)$，$h(x)$为对应的插值核函数。假设在区间$[a,b]$内有等采样间距的采样点$x_0,x_1,\cdots,x_n$，每一个采样点都有一个与之关联的非负整数m_j，且

$$m=\max_{0\leqslant j\leqslant n}\left(m_j\right) \tag{4-21}$$

假设$f(x)\in C^m[a,b]$，所有插值函数所组成的集合为$G(x)$，则$G(x)$可以表示为m阶密切多项式的集合：

$$G(x)=\left\{g(x)\left|\frac{d^k g(x_j)}{dx_j^k}=\frac{d^k f(x_j)}{dx_j^k}\right.\right\} \quad \text{s.t. } 0\leqslant j\leqslant n,\ 0\leqslant k\leqslant m_j \tag{4-22}$$

式(4-22)就是密切多项式插值函数的基本定义。但是，各个采样点处采样函数的实际导数往往是未知的，从而导致不能精确求解插值函数的具体表达式。密切多项式近似理论的思路是，利用已有的采样点数据对插值函数在各采样点上的导数进行近似处理，再利用这些近似的导数来求解插值函数的表达式。然而，利用离散采样点近似导数具有任意性[1]，这包含两层含义：①任意采样点处导数的阶数是任意的；②最高阶导数对应的采样点是任意的。假设所有多项式插值算法核函数组成的集合为$H(x)$，导数近似规则的集合为$\Re$，密切多项式插值算法的理论框架可用式(4-23)描述：

$$H(x)=\{h(x)\mid h(x)=\aleph[g(x)]\} \tag{4-23}$$

其中，插值函数$g(x)$满足$d^k g(x_j)/dx_j^k\in\Re$且$g(x)\in G(x)$，$\aleph[\cdot]$表示根据插值函数求解插值核函数的规范化操作。所以，基于密切多项式近似理论的插值算法框架取决于各个

采样点的导数近似情况，而导数近似又取决于采样点数目、密切阶数和导数近似规则三个因素。显然，理论上采样点数目和密切阶数都具有无穷性，在不限制近似精度的情况下，导数近似规则也具有无穷性，所以理论上存在无穷多个密切多项式插值算法。另外，密切多项式近似理论之所以能够涵盖所有的多项式插值算法，是因为：如果 $n=0$，则插值函数 $g(x)$ 表示在 x_0 处的 m_0 阶泰勒展开式；如果 $m=0$，则插值函数 $g(x)$ 表示 $n+1$ 个采样点上的 n 阶拉格朗日多项式；如果 $m=1$，则插值函数表示 $n+1$ 个采样点上的艾尔米特多项式；如果 $m>1$，则插值函数表示高阶密切多项式[11]。

4.3.2　导数近似规则

在一定数量采样点的情况下，对指定采样点处的导数以特定方式进行近似的规则就称为导数近似规则(derivative approximation rules，DAR)。采样点数量一定时，对某个采样点指定阶导数的近似有多种方式，不同的导数近似规则有不同的近似精度。一般将给定数量的采样点能够近似的最高精度的导数近似规则称为标准导数近似规则(standard derivative approximation rules，SDAR)，不能达到最高精度的导数近似规则称为非标准导数近似规则(non-standard derivative approximation rules，NSDAR)。导数近似规则的具体求解过程会占用大量篇幅，这里不打算详细介绍。导数近似规则的具体推导过程可以参照文献[11]中的相关内容，这里只提供求解时需要用到的主要理论工具。首先需要引入两个定理。

定理 4.1：若 $x_0,x_1,\cdots,x_n$ 是 $n+1$ 个互不相同的采样点，$f(x)$ 是一个函数值，由这 $n+1$ 个采样点处的值给定的函数，那么存在一个唯一的 n 阶多项式 $P(x)$ 使得

$$f(x_k)=P(x_k),\quad (k=0,1,\cdots,n) \tag{4-24}$$

其中，

$$P(x)=\sum_{k=0}^{n}\prod_{\substack{i=0\\ i\neq k}}^{n}\frac{x-x_i}{(x_k-x_i)} \tag{4-25}$$

定理 4.2：设 $x_0,x_1,\cdots,x_n$ 是区间 $[a,\ b]$ 内 $n+1$ 个互不相同的采样点，且函数 $f\in C^{n+1}[\mathrm{a,b}]$。那么对任意 $x\in[\mathrm{a,b}]$，存在某个数 $\delta(x)\in(a,b)$，使得

$$f(x)=P(x)+\frac{f^{(n+1)}\left[\delta(x)\right]}{(n+1)!}(x-x_0)(x-x_1)\cdots(x-x_n) \tag{4-26}$$

其中，$P(x)$ 是式(4-25)中的拉格朗日插值多项式。

上述两个定理就是 n 阶拉格朗日插值多项式定理和拉格朗日多项式近似误差定理，其详细证明过程也可参见文献[11]。引入这两个定理的目的是为了说明如下两个问题：①在采样点数量和导数阶数一定的情况下，对特定采样点的标准导数近似规则是唯一的；②对特定导数近似规则的求解都可以通过拉格朗日多项式进行(实际上也可以通过泰勒展开式求解)。

下面给出常见的几种导数近似规则，目前主流的多项式插值技术都采用了这些导数近似规则。假设采样点都是等间距采样，采样间距为 Δ，近似误差项的自变量用 ε 表示，

导数近似规则用采样函数的导数表示。执行导数近似的采样点为 x_0 且处于采样点集合中间。注意这里“x_0 处于采样点集合中间”的含义是采样点序号变为有序集合 $\{-n/2, -n/2+1, \cdots, 0, \cdots, n/2-1, n/2\}$，以便 x_0 处于该集合的中间部分，这样可以使采样点集合两边的数据点对近似 x_0 的导数具有相同的贡献，从而得到更标准的、精确的导数近似规则。

1.一阶导数近似规则

1) 两点近似规则

$$f'(x_0)=\frac{1}{\varDelta}\left[f(x_0+\varDelta)-f(x_0)\right]-\frac{\varDelta}{2}f''(\varepsilon),\quad x_0<\varepsilon<x_0+\varDelta \tag{4-27}$$

2) 三点近似规则

$$f'(x_0)=\frac{1}{2\varDelta}\left[f(x_0+\varDelta)-f(x_0-\varDelta)\right]-\frac{\varDelta^2}{6}f^{(3)}(\varepsilon),\quad x_0-\varDelta<\varepsilon<x_0+\varDelta \tag{4-28}$$

3) 五点近似规则

$$\begin{aligned}f'(x_0)=&\frac{1}{12\varDelta}\left[f(x_0-2\varDelta)-8f(x_0-\varDelta)+8f(x_0+\varDelta)-f(x_0+2\varDelta)\right]\\&+\frac{\varDelta^4}{30}f^{(5)}(\varepsilon),\qquad x_0-2\varDelta<\varepsilon<x_0+2\varDelta\end{aligned} \tag{4-29}$$

2.二阶导数近似规则

1) 三点近似规则

$$\begin{aligned}f''(x_0)=&\frac{1}{\varDelta^2}\left[f(x_0-\varDelta)-2f(x_0)+f(x_0+\varDelta)\right]\\&-\frac{\varDelta^2}{3}f^{(4)}(\varepsilon),\quad x_0-\varDelta<\varepsilon<x_0+\varDelta\end{aligned} \tag{4-30}$$

2) 五点近似规则

$$\begin{aligned}f''(x_0)=&\frac{-1}{12\varDelta^2}\left[f(x_0-2\varDelta)-16f(x_0-\varDelta)+30f(x_0)-16f(x_0+\varDelta)+f(x_0+2\varDelta)\right]\\&+\frac{\varDelta^4}{15}f^{(6)}(\varepsilon),\qquad x_0-2\varDelta<\varepsilon<x_0+2\varDelta\end{aligned} \tag{4-31}$$

4.3.3 导数近似边界条件

如前所述，式(4-27)～式(4-31)的导数近似规则都是针对采样点集合中间采样点的近似规则。例如三点情况下是针对第二个点的近似，五点的情况下是针对第三个点的近似。为了得到某种算法的插值函数，还需要对采样点集合两边采样点的导数进行近似，这与中间采样点是不同的，特别是当要求边界点的近似精度与中间采样点保持一致时，更需要特别考虑。

对边界点导数近似规则的求解思路与中间点一样，但表达式却有所不同，此处直接给出常见情况下的几种边界条件，主流多项式插值算法也只使用了这几个边界条件。注意这里省略了近似精度，因为它们与中间点是一致的。为了更一般地说明边界点导数近似情况，采用 x_0 表示下边界点，且 $x_k = x_0 + k \cdot \varDelta (k = 1, 2, \cdots, n)$ ， x_n 表示上边界点，如图 4-18 所示。

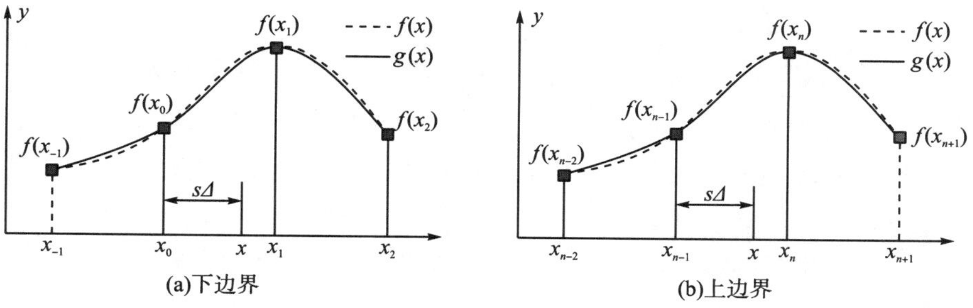

图 4-18　边界点的导数近似情况

1.一阶导数边界条件

1）三点边界条件

$$\begin{cases} f'(x_0) = \dfrac{-1}{2\varDelta}\left[3f(x_0) - 4f(x_0 + \varDelta) + f(x_0 + 2\varDelta)\right] \\ f'(x_n) = \dfrac{1}{2\varDelta}\left[f(x_n - 2\varDelta) - 4f(x_n - \varDelta) + 3f(x_n)\right] \end{cases} \tag{4-32}$$

2）五点边界条件

$$\begin{cases} f'(x_0) = \dfrac{1}{12\varDelta}\left[-25f(x_0) + 48f(x_1) - 36(x_2) + 16f(x_3) - 3f(x_4)\right] \\ f'(x_1) = \dfrac{1}{12\varDelta}\left[-3f(x_0) - 10f(x_1) + 18f(x_2) - 6f(x_3) + f(x_4)\right] \\ f'(x_{n-1}) = \dfrac{1}{12\varDelta}\left[-f(x_{n-4}) + 6f(x_{n-3}) - 18f(x_{n-2}) + 10f(x_{n-1}) + 3f(x_n)\right] \\ f'(x_n) = \dfrac{1}{12\varDelta}\left[3f(x_{n-4}) - 16f(x_{n-3}) + 36f(x_{n-2}) - 48f(x_{n-1}) + 25f(x_n)\right] \end{cases} \tag{4-33}$$

2.二阶导数边界条件

1）三点边界条件

$$\begin{cases} f''(x_0) = \dfrac{1}{\varDelta^2}\left[f(x_0) - 2f(x_1) + f(x_2)\right] \\ f''(x_n) = \dfrac{1}{\varDelta^2}\left[f(x_{n-2}) - 2f(x_{n-1}) + f(x_n)\right] \end{cases} \tag{4-34}$$

2）五点边界条件

$$\begin{cases} f''(x_0)=\dfrac{1}{12\varDelta^2}\left[35f(x_0)-104f(x_1)+114f(x_2)-56f(x_3)+11f(x_4)\right] \\ f''(x_1)=\dfrac{1}{12\varDelta^2}\left[11f(x_0)-20f(x_1)+6f(x_2)+4f(x_3)-f(x_4)\right] \\ f''(x_{n-1})=\dfrac{1}{12\varDelta^2}\left[-f(x_{n-4})+4f(x_{n-3})+6f(x_{n-2})-20f(x_{n-1})+11f(x_n)\right] \\ f''(x_n)=\dfrac{1}{12\varDelta^2}\left[11f(x_{n-4})-56f(x_{n-3})+114f(x_{n-2})-104f(x_{n-1})+35f(x_n)\right] \end{cases} \tag{4-35}$$

现有的插值技术虽然都有各自的开发思路和历程，出发点也不尽相同，但都可以用密切多项式插值来解释。具体来说，就是可以通过组合一定的导数近似规则构建密切多项式插值函数得到。另外，可能是由于开发思路不同的原因，许多文献都没有特别提到在采样点集合边界进行插值的情况。但是，要使边界点的插值精度与中间点一致，必须考虑边界条件。

文献[3]中的立方卷积插值算法就是一种典型的密切多项式插值算法，且它的边界条件与本节的边界条件是一致的。该算法能够使插值函数达到采样函数的$O\left(\varDelta^3\right)$近似，为了使边界点的插值也满足这一近似精度，Keys 的处理是在采样区间增加两个采样点x_{-1}和x_{n+1}，它们要满足：

$$\begin{cases} f(x_{-1})=f(x_2)-3f(x_1)+3f(x_0) \\ f(x_{n+1})=3f(x_n)-3f(x_{n-1})+f(x_{n-2}) \end{cases} \tag{4-36}$$

然后采用中间点的近似规则得到边界点的近似规则。由于文献[3]采用的是一阶导数的三点近似规则[式(4-28)]，所以有

$$\begin{cases} f'(x_0)=\dfrac{1}{2\varDelta}\left[f(x_1)-f(x_{-1})\right] \\ f'(x_n)=\dfrac{1}{2\varDelta}\left[f(x_{n+1})-f(x_{n-1})\right] \end{cases} \tag{4-37}$$

将式(4-36)代入式(4-37)可得式(4-32)的一阶导数三点近似规则的边界条件。因此，Keys 的处理方式实际上与本节的边界条件是一致的。由于 Keys 使用的导数近似规则是标准的导数近似规则，这也说明了标准导数近似规则的唯一性。

4.3.4 密切多项式插值框架的作用

基于密切多项式近似的插值算法框架，理论上几乎涵盖了所有的主流多项式插值算法，它既可以用于分析现有的多项式插值算法，如对比插值精度和执行效率，理论上又可以用来开发新的插值算法。另外，从导数近似规则的角度来解释各种插值技术为实现这些算法提供了统一的解决方案。需要说明的是，由于自然图像同时存在连续性结构和非连续性结构，导致多项式插值算法在进行图像 SR 处理时取得的效果并不好，但处理的数据对象本身具有连续性特征时，这些插值算法能够以很高的效率取得令人满意的近似精度，如天体运动、人口统计和流体力学等。

1.现有插值技术分析

由于传统的主流多项式插值算法都是密切多项式插值算法的特殊情况，所以这些算法都有特定的导数近似规则，而导数近似规则的精度本质上反映了插值算法的近似精度，所以可以从导数近似精度的角度来分析现有插值算法。例如，四点立方卷积插值算法采用的是标准一阶导数的三点近似规则[式(4-28)]，边界条件为式(4-32)；文献[4]中的四点二阶密切多项式插值算法分别采用了一阶和二阶导数近似规则[式(4-28)]和[式(4-34)]，边界条件分别为式(4-32)和式(4-34)；六点二阶密切多项式插值算法分别采用了一阶和二阶导数近似规则[式(4-29)和式(4-31)]，边界条件为式(4-33)和式(4-35)。试验结果表明，在采样点数目和密切阶数相同的情况下，六点双三次插值算法的近似精度明显比六点立方卷积插值算法低。通过逆向求解可以得到六点双三次插值算法的一阶导数近似规则为如下非标准导数近似规则：

$$f'(x_0)=\frac{1}{5\varDelta}\left[f(x_0-2\varDelta)-4f(x_0-\varDelta)+4f(x_0+\varDelta)-f(x_0+2\varDelta)\right] \tag{4-38}$$

而六点立方卷积插值算法的导数近似规则为式(4-29)，从导数近似规则的角度就可以看出它们之间插值精度的大小关系，这也从理论上说明了二者之间近似精度的大小关系。

2.开发新的插值技术

由于导数近似规则的任意性，即使用于构建多项式插值算法的采样点数目和密切阶数相同，也可以开发出多种不同的插值技术。例如，可以适当降低插值精度来提高处理效率而采用精度较低的导数近似规则。理论上，利用所提理论框架可以开发出无数种插值算法，如文献[12]中新开发的一种插值算法的核函数为

$$h(x)=\begin{cases}10|x|^7-35|x|^6+42|x|^5-\dfrac{35}{2}|x|^4+\dfrac{1}{2}|x|^3-|x|^2+1, & 0\leqslant|x|<1\\ -\dfrac{10}{3}|x|^7+35|x|^6-154|x|^5+\dfrac{735}{2}|x|^4-\dfrac{1027}{2}|x|^3+421|x|^2-\dfrac{566}{3}|x|+36, & 1\leqslant|x|<2\\ 0, & 2\leqslant|x|\end{cases} \tag{4-39}$$

该算法用到了如下标准三阶导数的四点近似规则：

$$f'''(x_0)=\frac{-1}{\varDelta^3}\left[f(x_0-\varDelta)-3f(x_0)+3f(x_0+\varDelta)-f(x_0+\varDelta)\right] \tag{4-40}$$

3.规律性的解决方案

为了说明利用导数近似规则可以规律性地实现各种多项式插值算法，这里给出了四点双三次插值算法的 C 语言实现方式，包括一维、二维、三维以及 n 维情况下的四点双三次插值算法。注意函数 Cubic Interpolate 是根据四点双三次插值函数的导数近似规则实现的，四点双三次插值算法使用如下非标准一阶导数三点近似规则构建：

$$f'(x_0)=\frac{1}{\Delta}\left[f(x_0+\Delta)-f(x_0-\Delta)\right] \tag{4-41}$$

可以看到，使用导数近似规则可以很方便地实现 1-D 四点双三次插值算法，也可以很方便地将其扩展到 2-D、3-D 以及 n-D 情况。

```
// 1-D Cubic Interpolator
double cubicInterpolate(double p[4], double x) {
    return p[1]+ 0.5*x*(p[2]- p[0]+ x*(2.0*p[0]- 5.0*p[1]+ 4.0*p[2]- p[3]+ x*(3.0*(p[1]- p[2])+
p[3]- p[0])));
}

// 2-D BiCubic Interpolator
double bicubicInterpolate(double p[4][4], double x, double y) {
        double arr[4];
        arr[0]= cubicInterpolate(p[0], y);
        arr[1]= cubicInterpolate(p[1], y);
        arr[2]= cubicInterpolate(p[2], y);
        arr[3]= cubicInterpolate(p[3], y);
        return cubicInterpolate(arr, x);
}

// 3-D TriCubic Interpolator
double tricubicInterpolate(double p[4][4][4], double x, double y, double z) {
        double arr[4];
        arr[0]= bicubicInterpolate(p[0], y, z);
        arr[1]= bicubicInterpolate(p[1], y, z);
        arr[2]= bicubicInterpolate(p[2], y, z);
        arr[3]= bicubicInterpolate(p[3], y, z);
        return cubicInterpolate(arr, x);
}

// n-D nCubic Interpolator
double nCubicInterpolate(int n, double* p, double coordinates[]) {
        assert(n > 0);
        if(n == 1) {
                return cubicInterpolate(p, *coordinates);
        } else {
                double arr[4];
                int skip = 1 << (n - 1) * 2;
                arr[0]= nCubicInterpolate(n - 1, p, coordinates + 1);
                arr[1]= nCubicInterpolate(n - 1, p + skip, coordinates + 1);
                arr[2]= nCubicInterpolate(n - 1, p + 2*skip, coordinates + 1);
                arr[3]= nCubicInterpolate(n - 1, p + 3*skip, coordinates + 1);
                return cubicInterpolate(arr, *coordinates);
        }
}
```

4.4　数值试验与理论分析

由于传统多项式插值算法是在给定离散采样点上拟合连续曲线(插值函数)来拟合采样函数。所以近似或插值精度是比较传统多项式插值算法需要考虑的主要问题之一。显然，插值算法的估值精度与插值函数对采样函数的近似程度直接相关。除了对精度的考虑之外，算法的执行效率也是在实际运用中需要特别关心的一项指标。通常情况下，可以从插值核函数的表达式上很容易看出算法需要的计算量。因此，本节不对算法执行效率进行过多讨论。此外，频谱特征反映了一种算法在频域中的滤波特性，也是对插值算法进行比较和分析需要考察的对象之一。

4.4.1　空间域分析

从定理 4-2 可以看出，采样点数目和每个采样点处的密切阶数，是影响密切多项式插值算法近似精度的两个主要因素。在拟合采样函数的过程中，使用的采样点越多，每一点处的密切阶数越高，插值函数越接近采样函数。理论上，当采样点数目和对应的密切阶数无限增大时，插值函数无限接近采样函数：

$$\underset{\substack{n\to+\infty\\ m\to+\infty}}{g(x)\to f(x)} \tag{4-42}$$

例如 Watte Tri-linear 插值算法、四点双三次插值算法和四点立方卷积插值算法都是四点一阶密切多项式插值算法，它们唯一的区别在于使用了不同的导数近似规则。根据拉格朗日多项式或泰勒展开式可得其一阶导数近似误差：

$$\frac{1}{2\varDelta}\left[f\left(x_0+\varDelta\right)-f\left(x_0-\varDelta\right)\right]=f'\left(x_0\right)+O\left(\varDelta^2\right) \tag{4-43}$$

$$\frac{1}{\varDelta}\left[f\left(x_0+\varDelta\right)-f\left(x_0-\varDelta\right)\right]=2f'\left(x_0\right)+O\left(\varDelta^2\right) \tag{4-44}$$

$$\begin{cases}\dfrac{1}{2\varDelta}\left[f\left(x_0-\varDelta\right)-f\left(x_0\right)+3f\left(x_0+\varDelta\right)-f\left(x_0+2\varDelta\right)\right]=f'\left(x_0\right)+O\left(\varDelta\right)\\ \dfrac{1}{2\varDelta}\left[f\left(x_0-\varDelta\right)-3f\left(x_0\right)+f\left(x_0+\varDelta\right)-f\left(x_0+2\varDelta\right)\right]=f'\left(x_0\right)+O\left(\varDelta\right)\end{cases} \tag{4-45}$$

可以看出，Watte Tri-linear 插值算法的近似精度低于四点双三次插值算法，而后者又低于四点立方卷积插值算法，这一结论也符合许多数值试验的结果。

与上述情况相似，六点立方卷积插值和六点双三次插值都采用了一阶导数五点近似规则，但前者采用的是标准一阶导数五点近似规则[式(4-29)]，近似误差为 $f'\left(x_0\right)+O\left(\varDelta^4\right)$，而后者采用的是如下非标准一阶导数五点近似规则：

$$
\begin{aligned}
&\frac{1}{5\varDelta}\left[f\left(x_0-2\varDelta\right)-4f\left(x_0-\varDelta\right)+4f\left(x_0+\varDelta\right)-f\left(x_0+2\varDelta\right)\right] \\
&=\frac{4}{5}f'\left(x_0\right)+O\left(\varDelta^2\right)
\end{aligned}
\tag{4-46}
$$

显然六点立方卷积插值算法的精度高于六点双三次插值算法。所以无论是在四个采样点还是六个采样点的情况下，立方卷积插值算法都比双三次插值算法具有更高的估值精度。这主要是因为它们所采样的导数近似规定的近似精度不同，这也是在同等条件下，立方卷积插值算法优于双三次插值算法(或 Watte Tri-linear 插值算法)的原因。

图 4-19 给出了几种采样点数目不同的零阶密切多项式插值算法的核函数空间域图形，图 4-20 给出了几种密切阶数不同的四点多项式插值算法的核函数空间域图形。从图 4-19 可以看出，在密切多项式阶数相同时，核函数的空间域特征随着采样点的增加而越来越接近理想插值器。图 4-20 说明在采样点个数相同时，密切阶数越高，核函数变化越剧烈。这表明密切阶数的增加导致各采样点的权重系数变化更剧烈，这在一定程度上能

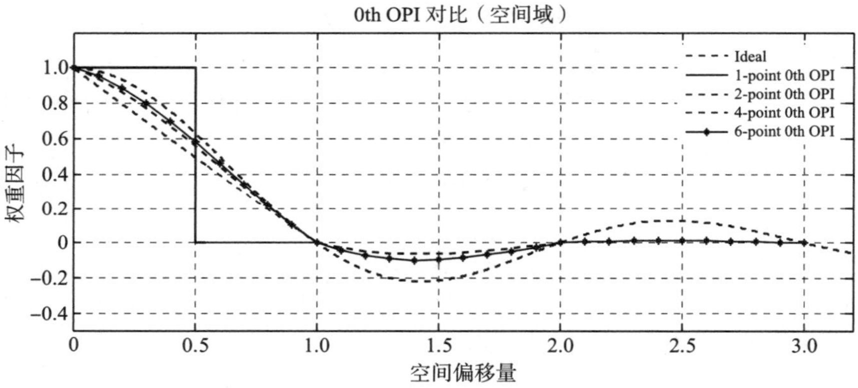

图 4-19 几种典型的零阶密切多项式插值算法核函数空间域图形

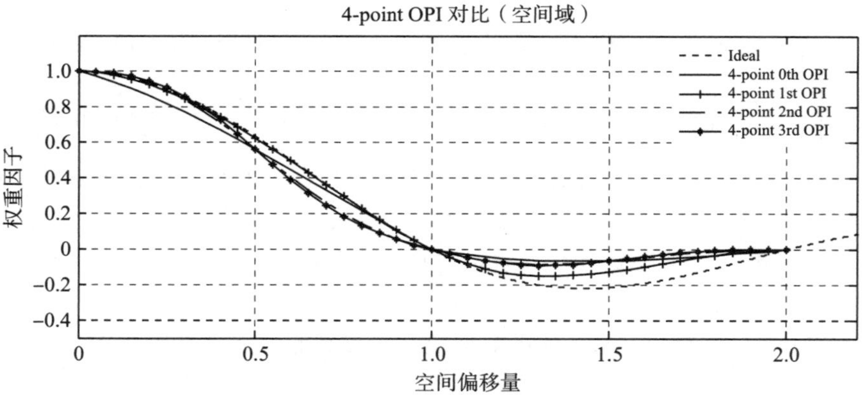

图 4-20 几种典型的四点密切多项式插值算法核函数空间域图形

够提高插值算法对边缘信息的保护能力。但从图 4-20 中还可以看到，采样点数目相同时，密切阶数越高的核函数似乎越偏离理想插值器。出现这种情况的原因是，理论上密切多项式插值所需的导数值是精确的，但实际上密切多项式插值算法采用的是导数近似值。

4.4.2　频率域分析

频谱特征是分析传统插值算法需要考虑的另一个重要特征，它反映了插值算法在频率域中的滤波特性。频谱分析需要对插值核函数进行傅里叶变换，根据傅里叶变换的定义：

$$F(\mu)=\int_{-\infty}^{\infty} f(x)\mathrm{e}^{-\mathrm{i}\mu x}\mathrm{d}x \tag{4-47}$$

可以求出各种密切多项式插值算法的插值核函数在频率域中的表达式。由卷积定理，可得插值函数的傅里叶变换：

$$G(\mu)=\mathfrak{I}\left[f(x)*h(x)\right]=F(\mu)\cdot H(\mu) \tag{4-48}$$

其中，$\mathfrak{I}[\cdot]$表示傅里叶变换，$G(\mu)$、$F(\mu)$和$H(\mu)$分别表示插值函数$g(x)$、采样函数$f(x)$和插值核函数$h(x)$的傅里叶变换，μ为频率域变量。对于一幅给定的图像，采样函数$f(x)$是固定不变的，所以插值函数的频谱特征由插值核函数的频谱特征来反映，即可只对插值核函数进行频谱分析。

如果某个插值核函数的傅里叶变换为$H(\mu)=1$，从而使得$G(\mu)=F(\mu)$，那么这样的插值算法具有最理想的滤波特性。满足这一条件的核函数就称为理想插值器。理想插值器的核函数为

$$^{\text{Ideal}}h_{\infty}(x)=\operatorname{sinc}(x)=\frac{\sin(\pi x)}{\pi x},\qquad x\in(-\infty,\ +\infty) \tag{4-49}$$

根据理想插值器的频谱图像可以将整个频率范围分为三个部分：通频带(passband)、截断点(cutoff point)和阻频带(stopband)[2]。通频带表示$(-\pi, +\pi)$的频谱范围，对应了图像数据的低频部分。$\pm\pi$位置的两点称为截断点，主要考虑截断点位置频谱幅度和斜率的大小。截断点位置的频谱幅度越大，斜率越小，越容易引起混叠效应。反之，则容易造成图像模糊。阻频带对应了图像数据的高频信息，对应了$(-\infty,-\pi)\cup(\pi,+\infty)$的频谱范围[1]。

图 4-21 给出了部分零阶密切多项式插值算法核函数的频谱图像，图 4-22 给出了部分四点密切多项式插值算法核函数的频谱图像。由于频谱函数关于纵坐标对称，图中只显示了$[0, 4\pi]$范围内的频谱图像。如图 4-21 所示，在密切阶数为零(即拉格朗日多项式)的情况下，采样点越多，通频带和阻频带的形态特征都呈现出越来越接近理想插值器的趋势。除了理想插值器，最近邻插值算法在截断点的频谱幅度最大，斜率最小。因此，最近邻插值算法会导致严重的混叠效应。从图 4-22 可以看出，随着密切阶数的增加，四点密切多项式插值算法在通频带区域的带通性能更好；为了避免混叠效应，阻频带内不应过于放大高频成分，但阻频带内高频分量的增大会增加图像清晰度；另外，截断点处的频谱幅度的斜率随着密切阶数的增加也逐渐增大。上述频谱特征表明，密切多项式插值算法随着密切阶数的增加而具有更好的带通性能，图像的高频分量会被适当放大而增加

清晰度，但又不造成混叠效应。因此，处理后的图像会丢失一定的近似精度，这与空间域中的结论是一致的。

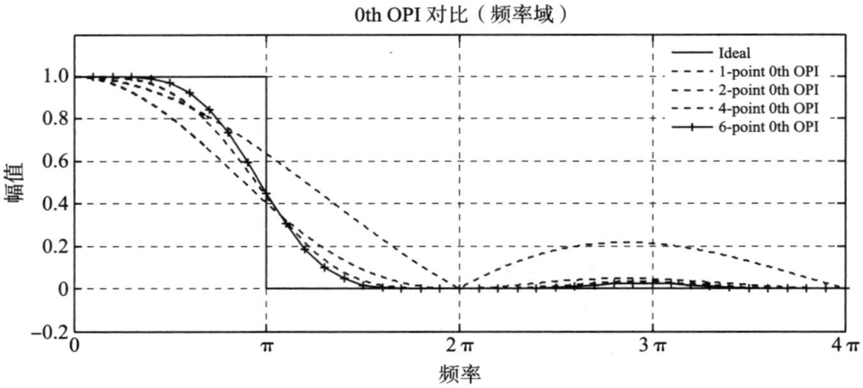

图 4-21　几种典型零阶密切多项式插值算法核函数频率域图形

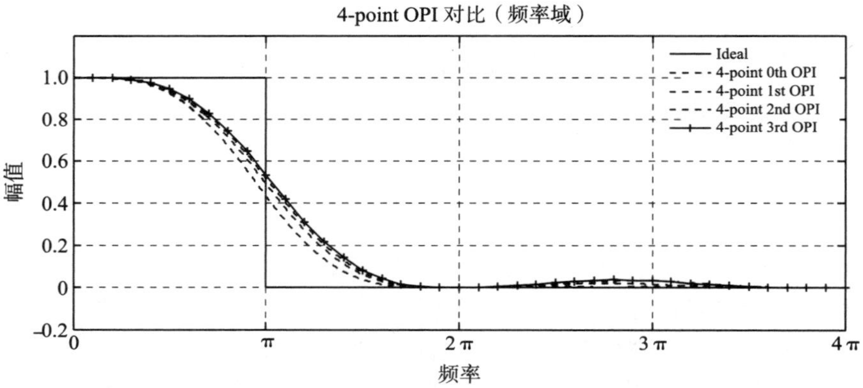

图 4-22　几种典型四点密切多项式插值算法核函数频率域图形

图 4-23 给出了几种四点一阶密切多项式插值算法：Watte Tri-linear 插值算法、四点双三次插值算法和四点立方卷积插值算法的频谱图像。注意前两者的频谱图像在通频带上出现了较小的“凸起”，这表明这两种算法会在一定程度上放大图像中的低频分量。在阻频带中，双三次插值算法和 Watte Tri-linear 插值算法的频谱曲线在较大的频率范围内反复波动，而立方卷积插值算法开始时有较大的频谱幅度，然后迅速减小为零。

从频率域和空间域分析的结果来看，在其他条件相同的情况下，可以得到如下三个结论：①密切多项式插值算法的近似精度会随着采样点数目的增加而增加；②密切阶数越高的插值算法对图像边缘细节和纹理特征的保护能力越强，但可能会降低近似精度；③导数近似规则近似精度越高的密切多项式插值算法具有更好的近似精度和频谱特性[1]。

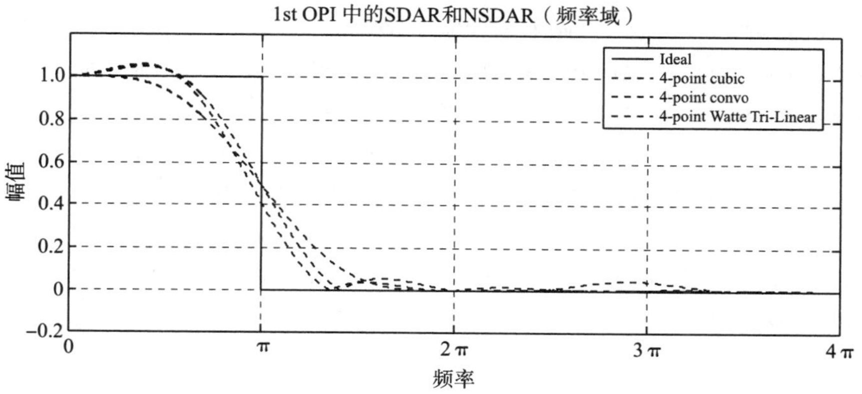

图 4-23　导数近似规则不同时不同插值算法核函数的频率域对比

4.5　本 章 小 结

本章介绍了图像超分辨率处理中的几类插值技术，包括插值算法运用于图像超分辨率处理的发展过程和各种插值算法的基本思路，总结了插值技术在解决图像超分辨率时存在的主要问题。另外，针对传统多项式插值算法种类繁多，以及没有统一的理论描述和规律性解决方案的问题提出了基于密切多项式近似理论的插值算法框架。该框架涵盖了几乎所有的多项式插值算法，它既可以用于分析现有多项式插值算法，又可以用于开发新的插值算法，从理论上统一了现有多项式插值算法的同时还为实现传统多项式插值技术提供了统一的解决方案。

参 考 文 献

[1]赵小乐，吴亚东，张红英，等. 基于密切多项式近似的多项式插值算法框架[J]. 计算机应用，2015，35(8)：2266-2273.

[2]Lehmann T M，Gönner C，Spitzer K. Survey：Interpolation methods in medical image processing[J]. IEEE Transactions on Medical Imaging，1999，18(11)：1049-1075.

[3]Keys R G. Cubic convolution interpolation for digital image processing[J]. IEEE Transactions on Acoustics Speech & Signal Processing，1981，29(6)：1153-1160.

[4]Niemitalo O. Polynomial interpolators for high-quality resampling of oversampled audio[OL]. [2013-12-24]. http: //yehar.com/blog/wp- content/uploads/2009/08/deip. pdf.

[5]Allebach J，Wong P W. Edge-directed interpolation[C]//IEEE International Conference on Image Processing. Lausanne：IEEE，1996：707-710.

[6]Li X，Orchard M T. New edge-directed interpolation[J]. IEEE Transactions on Image Processing，2001，10(10)：1521-1527.

[7]Siu W C，Hung K W. Review of image interpolation and super-resolution[C]//2012 Asia-Pacific Signal & Information Processing Association Annual Summit and Conference(APSIPA ASC). New York：IEEE，2012：1-10.

[8]Wang L，Xiang S，Meng G，et al. Edge-directed single-image super-resolution via adaptive gradient magnitude

self-interpolation[J]. IEEE Transactions on Circuits & Systems for Video Technology，2013，23(8)：1289-1299.

[9] Wei Z，Ma K K. Contrast-guided image interpolation[J]. IEEE Transactions on Image Processing A Publication of the IEEE Signal Processing Society，2013，22(11)：4271-4285.

[10] Jaiswal S P，Au O C，Bhadviya J，et al. An efficient two phase image interpolation algorithm based upon error feedback mechanism[C]//Signal Processing Systems (SiPS). New York：IEEE，2013：251-255.

[11] Burden R L，Faires J D. Numerical Analysis[M]. Beijing：Higher Education Press，2001.

[12] Zhu X，Lei W，Zhang S，et al. Image enlargement based on Curvature-Driven combined with Edge-stopping[J]. Computer Science，2011，38(3)：290-291.

第 5 章　基于模型/重构的超分辨率重构方法

图像插值技术在一定程度上提升了输入图像的分辨率，并且具有较高的执行效率。然而，插值技术对图像分辨率的提升十分有限，在很多实际场景中不能满足人们对分辨率的要求。人们希望能够更大限度地提高图像分辨率，于是出现了基于模型/重构的超分辨率处理技术。起初，研究者们认为传统插值技术不能更多地提高图像分辨率，是因为单幅 LR 输入图像所提供的有效信息过少。恰好某些应用场景可以提供同一场景的多幅 LR 图像，如普通视频、医学成像等。如果能充分利用每一幅 LR 图像所包含的信息，明显可以进一步提高图像分辨率，于是出现了基于重构的超分辨率技术。然而，并非任何时候都能提供数量充足的 LR 图像，这时人们就通过观察并假设图像符合某种数学模型，通过对模型求解来获得 HR 图像，这就产生了基于模型的超分辨率技术。偏微分方程方法是一类典型的基于模型的超分辨率处理方法，也可以看成是基于重构的方法，它通过添加时间变量来建立偏微分方程，进而构建图像的时变模型。

本章主要讨论基于模型/重构的超分辨率处理技术，首先介绍一些典型的基于模型/重构的超分辨率技术并讨论这类方法的主要问题；然后，针对模型/重构方法存在的主要问题提出一种基于偏微分方程的超分辨率处理方法[1]；最后，通过分析地表曲面模型与图像灰度空间的对应相似关系，提出一种基于图像曲率信息驱动的类双线性快速插值方法[2]。

5.1　常见的模型/重构算法

由于实际应用中通常很难获得足够多的有效的 LR 输入图像，如大气观测中气候瞬息万变，对场景某一时刻的状态进行重现几乎是不可能的，所以基于多帧图像的重构超分辨率算法目前已经不是该领域的研究重点，也不是本章的主要研究内容。本章将从原理上简单介绍一些典型的模型/重构算法，这些算法代表了一段时期内超分辨率重构领域的典型技术，不仅在图像超分辨率领域有较多的应用，还被用在了许多其他领域，如科学计算可视化、数值分析、人机交互等领域。

5.1.1 基于先验模型的图像超分辨率

1.凸集投影算法

凸集投影(projection onto convex sets，POCS)算法也是一种基于先验知识的重构算法，它在开发过程中实际上结合了许多先验知识，如幅度约束、能量约束、参考图像约束和有界性约束等[3]。凸集投影算法的基本思想是：对于任意具有 m 个属性 $\pi_1,\pi_2,\cdots,\pi_m$ 的未知信号 $\mathrm{sig}(x)$，其中的每一个属性 π_i 都有一个与之关联的集合 C_i，该集合中的每一个信号都具有属性 π_i。另外，要求这些集合既是凸集又是闭集。所谓闭凸集，就是若 $\mathrm{sig}_1(x),\mathrm{sig}_2(x)\in C_i$，则二者的加权求和信号 $\lambda\mathrm{sig}_1(x)+(1-\lambda)\mathrm{sig}_2(x)\in C_i$ 对任意的 $0\leqslant\lambda\leqslant1$ 都成立。若约束集有一个非空的闭凸交集 $C_s=\bigcap_{i=1}^{m}C_i\neq\varnothing$，那么在这些凸集上通过迭代投影可以找到一个解信号 $\mathrm{sig}_s(x)\in C_s$。由于交集中的任何一个解都对应了一个先验约束，因此求得的解是一个可行解[4]。设迭代初始点为 x_0，每一个约束集被定义为一个凸集投影操作算子 $\mathcal{P}_k(k=1,2,\cdots,m)$，那么 POCS 的交替迭代处理过程可以描述为

$$x^{n+1}=\mathcal{P}_m\cdot\mathcal{P}_{m-1}\cdots\mathcal{P}_2\cdot\mathcal{P}_1\cdot x^n \tag{5-1}$$

凸集投影算法的思想最初由 Stark 和 Oskoui[3]提出，后来又被许多其他学者扩展，比如考虑了摄像机运动和成像光学元件的模糊因子的凸集投影算法、引入梯度信息进行迭代处理的凸集投影算法、小波域中的凸集投影算法等[5-8]。

2.全变分模型

由于实际应用中观测到的 LR 图像通常不能提供充足的有效信息，所以多帧图像 SR 问题一般是一个严重病态的逆向问题。为了稳定病态问题使其具有适定性，统计学和代数学建议的做法是给 SR 问题添加正则项。全变分(total variation，TV)作为一种鲁棒约束条件，最初是由 Rudin 等[9]提出并用于图像去噪，随后被广泛用于其他图像处理领域，如图像超分辨率[10-13]、图像恢复[14]、盲去卷积[15]等。假设 HR 图像用 $\boldsymbol{u}(x,y)$ 表示，则标准 TV 模型可以表示为

$$\varGamma(\boldsymbol{u})=\int_{\varOmega}|\nabla\boldsymbol{u}|\mathrm{d}x\mathrm{d}y=\int_{\varOmega}\sqrt{|\nabla\boldsymbol{u}|^2}\,\mathrm{d}x\mathrm{d}y \tag{5-2}$$

其中，$\varOmega$ 表示图像的 2-D 空间平面。注意当 $\nabla\boldsymbol{u}=0$ 时 $\varGamma(\boldsymbol{u})$ 是不可微的，所以实际使用中一般要对标准 TV 模型进行如下修正：

$$\varGamma(u)=\int_{\varOmega}\sqrt{|\nabla\boldsymbol{u}|^2+\varepsilon}\,\mathrm{d}x\mathrm{d}y \tag{5-3}$$

式中，ε 是一个很小的整数，用来确保 TV 正则项的可微性。假设离散情况下水平和垂直方向上的邻域差分分别为

$$\nabla^h\boldsymbol{u}(x,y)=\boldsymbol{u}(x+1,y)-\boldsymbol{u}(x,y) \tag{5-4}$$

$$\nabla^v\boldsymbol{u}(x,y)=\boldsymbol{u}(\mathrm{x},y+1)-\boldsymbol{u}(x,y) \tag{5-5}$$

那么离散 TV 正则项可表示为

$$\Gamma(\boldsymbol{u})=\|\nabla \boldsymbol{u}\|_{\mathrm{TV}}=\sum_{x}\sum_{y}\sqrt{\left|\nabla^{h}\boldsymbol{u}(x,y)\right|^{2}+\left|\nabla^{v}\boldsymbol{u}(x,y)\right|^{2}+\varepsilon} \tag{5-6}$$

以上是 L_2 范式的 TV 正则项，有些技术也使用 L_1 范式形式的 TV 正则项，离散情况下 L_1 范式的 TV 正则项表示如下：

$$\Gamma(\boldsymbol{u})=|\nabla \boldsymbol{u}|_{\mathrm{TV}}=\sum_{x}\sum_{y}\left[\left|\nabla^{h}\boldsymbol{u}(x,y)\right|+\left|\nabla^{v}\boldsymbol{u}(x,y)\right|\right] \tag{5-7}$$

在多帧图像的 SR 任务中，TV 模型通常以正则项的形式出现在最优化问题中，但在处理其他问题(如图像恢复、去卷积等)时，它也可以用作图像的一种先验观测模型。在 SR 任务中，有两种典型的基于 TV 先验的 SR 处理模型。一种是如下将 TV 作为正则项使用[10，12]：

$$\underset{\boldsymbol{u}}{\operatorname{argmin}}\left\{\sum_{k=1}^{P}\left\|z_{k}-\boldsymbol{D}\boldsymbol{B}_{k}\boldsymbol{M}_{k}\boldsymbol{u}\right\|^{2}+\lambda\Gamma(\boldsymbol{u})\right\} \tag{5-8}$$

其中，z_k 表示第 k 帧 LR 观测图像，$\boldsymbol{D}$ 表示下采样矩阵，$\boldsymbol{B}_k$ 表示与 z_k 对应的模糊矩阵，$\boldsymbol{M}_k$ 表示与 z_k 对应的运动偏移矩阵。式(5-8)中的第一项表示数据保真项，λ 是在保真项与正则项之间起平衡作用的误差参数。另一种是将 TV 作为 HR 图像的成像模型使用：

$$p(\boldsymbol{u}\mid\alpha)\propto\alpha^{s_1 s_2 N_1 N_2/2}\cdot\exp\left[-\frac{1}{2}\alpha\Gamma(\boldsymbol{u})\right] \tag{5-9}$$

式中，s_1 和 s_2 是 x 方向和 y 方向上的缩放因子，N_1N_2 是 LR 图像的大小，α 是服从均匀分布的超参数(hyper-parameter)，即 $p(\alpha)\propto\text{const}$，这类技术实质上是结合了最大似然估计的思想，从概率角度执行 HR 重构任务。关于使用 TV 模型进行 SR 处理的其他细节，可参见文献[11]和文献[13]。

3.迭代反向投影算法

迭代反向投影算法(iterative back projection algorithm，IBP)最先是由 Irani 和 Peleg[16]提出的。设观测到的 LR 输入图像为 $\boldsymbol{y}_k(k=1,2,\cdots,P)$，IBP 算法基于如下观测模型：

$$\boldsymbol{y}_{k}^{0}=\boldsymbol{D}\boldsymbol{B}_{k}\boldsymbol{M}_{k}\boldsymbol{x}^{0}+\boldsymbol{n}_{k}=\boldsymbol{W}_{k}\boldsymbol{x}^{0}+\boldsymbol{n}_{k} \tag{5-10}$$

其中，$\boldsymbol{y}_k^0$ 表示初始状态的 LR 观测图像，$\boldsymbol{x}^0$ 表示潜在的 HR 图像，$\boldsymbol{D}$、$\boldsymbol{B}_k$ 和 $\boldsymbol{M}_k$ 分别表示与 $\boldsymbol{y}_k^0$ 对应的下采样矩阵、模糊矩阵和运动偏移矩阵，$\boldsymbol{n}_k$ 为退化过程中对应的附加噪声。若 $\boldsymbol{x}^0$ 与潜在的 HR 图像精确相等，那么 $\boldsymbol{y}_k^0$ 应该与对应的 LR 输入图像 $\boldsymbol{y}_k$ 精确相等。但事实上 $\boldsymbol{y}_k^0$ 与 $\boldsymbol{y}_k$ 是存在误差的，IBP 的做法就是将误差项 $\boldsymbol{y}_k-\boldsymbol{y}_k^0$ 反向投影到 $\boldsymbol{x}^0$ 来纠正 HR 图像，直到 $\boldsymbol{y}_k^0$ 与 $\boldsymbol{y}_k$ 之间的误差最小，即

$$\boldsymbol{x}^{n+1}=\boldsymbol{x}^{n}+\boldsymbol{K}_{\mathrm{BP}}\left(\boldsymbol{y}_{k}-\boldsymbol{y}_{k}^{0}\right) \tag{5-11}$$

式中，$\boldsymbol{K}_{\mathrm{BP}}$ 是一个反向投影核函数，一般用高斯核函数代替，n 为迭代索引。Irani 和 Peleg 对 IBP 算法进行了收敛性证明，并对该算法进行了修改，提升算法执行效率。值得注意的是，虽然模型中涉及多帧输入 LR 图像，但 IBP 算法实际上是针对单幅图像的 SR 任务的。另外，该算法实质上也是一种误差反馈机制，这种机制可用于很多其他情况。

5.1.2 基于概率模型的图像超分辨率重构

Tom 和 Katsaggelos[17]开发了最大似然估计(maximum likelihood estimation，ML)算法，该算法采用期望最大(expectation maximization，EM)算法求解，能够同时处理多帧图像 SR 任务中的三个子任务：配准(registration)、恢复(restoration)和插值(interpolation)。通过矩阵表达方式，该算法可以估计多帧 LR 图像之间的亚像素偏移、每一幅 LR 图像的噪声方差以及 HR 图像能量谱(包括 HR 图像自身)。Schultz 和 Stevenson[18]提出了另一种典型的基于概率模型的超分辨率重构技术，即最大后验估计算法(maximum posterior estimation，MAP)。该算法实际上是 ML 算法在概率论基础上的变体。Elad 和 Feuer[19]结合 POCS 和 MAP 提出了一种混合超分辨率处理技术。除了将概率模型与 POCS 结合，还有一些结合其他模型的方法，如文献[11]和文献[13]。

假设图像退化模型如式(2-1)所示，将所有的 LR 图像的退化过程整合成一个统一的表达式，则有

$$
\begin{bmatrix} \boldsymbol{y}_1 \\ \boldsymbol{y}_2 \\ \vdots \\ \boldsymbol{y}_K \end{bmatrix} = \begin{bmatrix} \boldsymbol{DB}_1\boldsymbol{M}_1 \\ \boldsymbol{DB}_2\boldsymbol{M}_2 \\ \vdots \\ \boldsymbol{DB}_K\boldsymbol{M}_K \end{bmatrix} \boldsymbol{X} + \begin{bmatrix} \boldsymbol{n}_1 \\ \boldsymbol{n}_2 \\ \vdots \\ \boldsymbol{n}_K \end{bmatrix} = \begin{bmatrix} \boldsymbol{W}_1 \\ \boldsymbol{W}_2 \\ \vdots \\ \boldsymbol{W}_K \end{bmatrix} \boldsymbol{X} + \begin{bmatrix} \boldsymbol{n}_1 \\ \boldsymbol{n}_2 \\ \vdots \\ \boldsymbol{n}_K \end{bmatrix} \tag{5-12}
$$

将其改写成矩阵形式，即

$$
\boldsymbol{Y} = \boldsymbol{WX} + \boldsymbol{N} \tag{5-13}
$$

其中，噪声矩阵 $\boldsymbol{N}$ 通常被假设为高斯随机噪声(零均值)，其自相关函数是一个对角矩阵：

$$
\boldsymbol{EE}^{\mathrm{T}} = \begin{bmatrix} U_1 & & & \\ & U_2 & & \\ & & \ddots & \\ & & & U_K \end{bmatrix}^{-1} = \boldsymbol{U}^{-1} \tag{5-14}
$$

式(5-13)是一个经典的 SR 等式[19]。下面分别介绍 ML 算法和 MAP 算法的基本思想。

1.最大似然估计算法(ML)

最大似然估计算法的基本思想是最大化给定未知 HR 图像 $\boldsymbol{X}$ 的情况下，观测图像序列 $\boldsymbol{y}_k\left(k=1,2,\cdots,K\right)$ 的条件概率分布函数 $p\left(\boldsymbol{Y}\mid\boldsymbol{X}\right)$。根据式(5-13)可知 $\boldsymbol{N}=\boldsymbol{Y}-\boldsymbol{WX}$ 是自相关矩阵为 $\boldsymbol{U}^{-1}$ 的零均值高斯随机噪声，所以求解 HR 图像的最优化问题可以描述为

$$
\begin{aligned}
\widehat{\boldsymbol{X}}_{\mathrm{ML}} &= \underset{\boldsymbol{X}}{\operatorname{argmax}}\, p\left(\boldsymbol{Y}\mid\boldsymbol{X}\right) \\
&= \underset{\boldsymbol{X}}{\operatorname{argmax}}\left\{\frac{1}{\left(2\pi\right)^{K/2}\left|\boldsymbol{U}^{-1}\right|^{1/2}}\exp\left[-\frac{1}{2}\left(\boldsymbol{Y}-\boldsymbol{WX}\right)^{\mathrm{T}}\boldsymbol{U}\left(\boldsymbol{Y}-\boldsymbol{WX}\right)\right]\right\} \\
&= \underset{\boldsymbol{X}}{\operatorname{argmax}}\left[\left(\boldsymbol{Y}-\boldsymbol{WX}\right)^{\mathrm{T}}\boldsymbol{U}\left(\boldsymbol{Y}-\boldsymbol{WX}\right)\right]
\end{aligned} \tag{5-15}
$$

式(5-15)中目标函数对 $\boldsymbol{X}$ 求差分并令其导数为 0，便可得 HR 图像。为了使求解结果

更加平滑，可以在目标函数中添加一些平滑先验，这里不再详细介绍。

2.最大后验估计算法(MAP)

在最大后验估计算法中，未知 HR 图像 $\boldsymbol{X}$ 也被假设为随机信号，其基本思想是最大化在给定观测图像序列 $\boldsymbol{y}_k\left(k=1,2,\cdots,K\right)$ 的情况下，HR 图像的条件概率密度函数 $p\left(\boldsymbol{X}\mid\boldsymbol{Y}\right)$。根据贝叶斯公式(Bayes rule)：

$$p\left(\boldsymbol{X}\mid\boldsymbol{Y}\right)=\frac{p\left(\boldsymbol{Y}\mid\boldsymbol{X}\right)\cdot p\left(\boldsymbol{X}\right)}{p\left(\boldsymbol{Y}\right)} \tag{5-16}$$

目标函数可以表示为

$$\widehat{\boldsymbol{X}}_{\mathrm{MAP}}=\underset{\boldsymbol{X}}{\operatorname{argmax}}\,p\left(\boldsymbol{X}\mid\boldsymbol{Y}\right)=\underset{\boldsymbol{X}}{\operatorname{argmax}}\left[p\left(\boldsymbol{Y}\mid\boldsymbol{X}\right)\cdot p\left(\boldsymbol{X}\right)\right] \tag{5-17}$$

这里的推导主要是因为假设 $p\left(\boldsymbol{Y}\right)$ 为已知的。从式(5-17)中可以看出，当 $\boldsymbol{X}$ 服从均匀概率分布时，MAP 算法与 ML 算法是等价的。假设 $\boldsymbol{X}$ 服从自相关矩阵为 $\boldsymbol{V}^{-1}$ 的零均值高斯随机分布，那么很容易得到 MAP 算法的目标函数：

$$\begin{aligned}\widehat{\boldsymbol{X}}_{\mathrm{MAP}}&=\underset{\boldsymbol{X}}{\operatorname{argmax}}\left[p\left(\boldsymbol{Y}\mid\boldsymbol{X}\right)\cdot p\left(\boldsymbol{X}\right)\right]\\&=\underset{\boldsymbol{X}}{\operatorname{argmax}}\left[\left(\boldsymbol{Y}-\boldsymbol{W}\boldsymbol{X}\right)^{\mathrm{T}}\boldsymbol{U}\left(\boldsymbol{Y}-\boldsymbol{W}\boldsymbol{X}\right)+\boldsymbol{X}^{\mathrm{T}}\boldsymbol{V}\boldsymbol{X}\right]\end{aligned} \tag{5-18}$$

随后的求解过程就与 ML 算法基本一致。文献[11]、文献[13]和文献[14]等在基本的概率模型上添加了一些参数，通过对这些参数的估计来进一步提高 SR 效果，这些调整概率模型的参数就是所谓的超参数。

5.1.3 基于偏微分方程的图像超分辨率重构

基于偏微分方程(partial differential equations，PDE)的图像 SR 方法，是以图像数据构建的几何曲线(或曲面)按照指定 PDE 进行扩散演化，这样扩散演化的结果就是期望得到的 SR 结果，这也是 PDE 在某个时刻的解。所以，基于 PDE 的图像 SR 处理的关键在于如何设计一个合理有效的偏微分方程数学模型。由于图像数据的离散特性，PDE 模型的离散计算方式在这类 SR 方式中也起着非常重要的作用。

假设 $\boldsymbol{y}:\boldsymbol{R}\times\boldsymbol{R}\rightarrow\boldsymbol{R}$ 灰度级图像，$\boldsymbol{y}(u,v)$ 表示图像中的某个灰度值，u、v 分别为图像水平和垂直方向上的自变量。为图像引入一个随机事件变量 t，那么图像演化就可以描述为

$$\frac{\partial \boldsymbol{y}}{\partial t}=F\left[\boldsymbol{y}\left(u,v,t\right)\right] \tag{5-19}$$

其中，$\boldsymbol{y}\left(u,v,t\right):\boldsymbol{R}^2\times\left[0,\tau\right)\rightarrow\boldsymbol{R}$ 表示随时间变化的图像，$F:\boldsymbol{R}\rightarrow\boldsymbol{R}$ 表示依赖不同 PDE 模型的演化函数。式(5-19)的解通常就是期望的 SR 结果。下面介绍几种典型的基于 PDE 的 SR 方法。

1.热传导模型

Zhu[20]提出的热传导模型(heat conduction model，HCM)利用了热传导的原理，将图像的灰度值看成平面物体的温度，根据热传导的物理模型进行 PDE 修整得到最终结果。由于 HCM 模型没有考虑图像自身的特点，在扩散过程中各部分的演化方式相同，所以这种方法也称为各向同性扩散(isotropic diffusion)。对于任意的待处理图像 $\boldsymbol{y}(u,v)$，$1 \leqslant u \leqslant N_1$，$1 \leqslant v \leqslant N_2$，HCM 模型可以表示为

$$\frac{\partial \boldsymbol{y}(u,v,t)}{\partial t} = \Delta \boldsymbol{y}(u,v,t), \quad t>0 \tag{5-20}$$

其中，t 是添加到模型中的时间变量，且

$$\Delta \boldsymbol{y}(u,v,t) = \frac{\partial^2 \boldsymbol{y}(u,v,t)}{\partial u^2} + \frac{\partial^2 \boldsymbol{y}(u,v,t)}{\partial v^2} \tag{5-21}$$

HCM 在边界处的绝热条件为

$$\frac{\partial \boldsymbol{y}(u,v,t)}{\partial n} = 0, \quad t>0 \tag{5-22}$$

式(5-20)～式(5-22)就是典型热传递模型。由于式(5-20)表达的扩散方式本质上是一种高斯热扩散方式，即各个方向上的扩散粒度不随图像自身结构影响，所以 HCM 也称为线性扩散模型。

2.P-M 模型

如果考虑自然图像自身的结构特点，在图像的非线性结构(边缘区)附近 PDE 的扩散强度应尽量小，而在线性结构(同质区)附近的扩散强度应尽可能大。这样既可以起到保护边缘的作用，又可以提高算法的时间效率。Perona 和 Malik[21]考虑到图像边缘结构提出了一种各向异性的偏微分方程扩散模型，即 Perona-Malik 方程(简称为 P-M 方程)：

$$\frac{\partial \boldsymbol{y}(u,v,t)}{\partial t} = \operatorname{div}\left[\omega(|\nabla \boldsymbol{y}|) \cdot \nabla \boldsymbol{y}\right], \quad t>0 \tag{5-23}$$

其中，div 表示散度算子，$\nabla \boldsymbol{y} = \sqrt{(\partial \boldsymbol{y}/\partial u)^2 + (\partial \boldsymbol{y}/\partial v)^2}$ 表示对图像 $\boldsymbol{y}$ 的梯度。函数 $\omega(x)$ 是根据图像梯度来调整扩散强度的边缘停止函数，原则上可以是任何满足 $\omega(+\infty) \to 0$ 的单调递减函数且与图像梯度幅度值呈负相关关系。Perona 和 Malik 建议使用的两种典型形式为

$$\begin{cases} \omega(x) = \exp\left[-(x/C_{\mathrm{e}})^2\right] \\ \omega(x) = \left[1 + (x/C_{\mathrm{e}})^2\right]^{-1} \end{cases}, \quad x \geqslant 0 \tag{5-24}$$

其中，C_{e} 是控制 $\omega(x)$ 衰减速率的参数。由式(5-23)可以看出，P-M 方程的扩散强度是受图像自身结构影响的。当图像梯度幅度较大时，边缘停止函数 $\omega(x)$ 会适当减小扩散强度以保护边缘结构；当图像梯度幅度较小时，边缘停止函数 $\omega(x)$ 会适当增大扩散强度以加块扩散速度。所以 P-M 方程是一种非线性的各向同性扩散模型。

3.C&E(curvature &edge)模型

文献[22]和文献[23]认为自然图像中的形状信息应该由以图像灰度值为基准的等照度线的形态学特征来描述，并以此提出了保持图像形态特征的 PDE 模型。王蕾[24]将祝轩等[25]提出的曲率驱动与边缘停止相结合的非线性扩散 PDE 模型用于图像放大处理，即 C&E 模型，其表达式为

$$\begin{cases}\dfrac{\partial \boldsymbol{y}(u,v,t)}{\partial t}=\operatorname{div}\left[\upsilon(|\kappa|)\cdot\omega(|\nabla \boldsymbol{y}|)\cdot\nabla \boldsymbol{y}\right]\\ \boldsymbol{y}(u,v,0)=\boldsymbol{y}_0(u,v)\end{cases} \tag{5-25}$$

其中，$\boldsymbol{y}_0(u,\mathrm{v})$ 是初始输入图像，κ 是当前位置的等照度线的曲率，后续内容中将详细推导其在二维空间内的表达式，$\upsilon(x)$ 是曲率驱动函数，它可以是任何满足 $\upsilon(0)=0$ 的单调递增函数，一般采用如下两种表达式：

$$\begin{cases}\upsilon(x)=1-\exp\left[-|x/C_{\mathrm{v}}|^p\right]\\ \upsilon(x)=|x|^p\end{cases},\quad p=1,2 \tag{5-26}$$

式中，C_{v} 是控制曲率驱动强度的参数。从式(5-25)可以看出，C&E 模型的传导系数中既考虑了图像在某一点上的梯度幅度值 $|\nabla \boldsymbol{y}|$，又考虑了该点处等照度线曲率的绝对值 $|\kappa|$。这样，PDE 在某一点的扩散强度同时取决于该点的梯度幅度值和等照度线曲率值。由 $\omega(x)$ 和 $\upsilon(x)$ 的单调性可知，梯度幅值越大的地方，扩散强度越小；等照度线曲率越大的地方，扩散强度越强。所以该模型既可以起到保护边缘的作用，又可以起到保持图像形态特征的作用。

4.Self-Snake 模型

Kass 等[26]首先提出 Snake 活动轮廓模型，并将其用于图像分割(image segmentation)。Snake 模型实际上就是一个能量最小化的样条曲线，该样条曲线受外部约束引导，并受图像内部特征影响。由于该模型能够锁定并精确定位图像边缘，因此它提供了较好的图像分割效果。文献[24]从保护边缘的角度，提出了非线性平滑去噪 Snake 模型的图像 SR 算法，该模型可以描述为

$$\begin{aligned}\frac{\partial \boldsymbol{y}(u,v,t)}{\partial t}&=|\nabla \boldsymbol{y}|\operatorname{div}\left[\omega(|\nabla \boldsymbol{y}|)\cdot\frac{\nabla \boldsymbol{y}}{|\nabla \boldsymbol{y}|}\right]\\ &=\operatorname{div}\left[\omega(|\nabla \boldsymbol{y}|)\cdot|\nabla \boldsymbol{y}|\right]+\omega(|\nabla \boldsymbol{y}|)\cdot\kappa\cdot|\nabla \boldsymbol{y}|\\ &=F_{\mathrm{s}}+F_{\mathrm{d}}\end{aligned} \tag{5-27}$$

其中，$F_{\mathrm{d}}=\omega(|\nabla \boldsymbol{y}|)\cdot\kappa\cdot|\nabla \boldsymbol{y}|$ 称为扩散项，$F_{\mathrm{s}}=\operatorname{div}\left[\omega(|\nabla \boldsymbol{y}|)\cdot|\nabla \boldsymbol{y}|\right]$ 称为冲击项，可以看出扩散项同时受梯度幅值和等照度线曲率约束，冲击项是 F_{d}/κ 的散度。冲击项 F_{s} 实际上是 Rudin 和 Osher[9]提出的一种图像增强方法，也被称为冲击滤波器(shock filter，SF)，其

作用是将图像边缘邻域内的水平集向$|\nabla \boldsymbol{y}|$的峰顶推动[24]，以产生逆向扩散效应从而加强边缘。

后面将会指出这里的等照度线曲率实际上是带方向的(有正负号)，这样可以表示不同的扩散方向。对上述几种典型的PDE模型方法，在实现时还要考虑特定的数值实现方案，特别是对导数、散度、曲率等数学概念的离散实现方式，这些数值的实现方案可以参见文献[24]。

5.2 重构算法的主要问题

多帧图像的模型/重构类SR技术属于典型的基于重构的超分辨率处理技术，它们模拟图像形成规则来为多幅LR图像和HR图像建立联系；单幅图像的模型/重构类SR技术在单幅输入图像上假设某个带参或无参的模型，通过对模型求解来获得HR图像。虽然这些技术的开发思路和基本原理各不相同，但它们都存在一些共同的问题。基于模型/重构的超分辨率处理技术存在的问题体现在三个方面。

(1)附加操作影响重构质量：对于多帧图像SR处理，整个重构操作还包括校准、恢复和插值等附加操作，这些非常耗时的附加操作既降低了算法效率，又是非常不精确的。这是因为在多幅严重退化的LR图像之间执行精确的校准、对齐等操作本身就是非常困难的。单帧图像的模型/重构算法虽不需要这些对齐等附加操作，但根据成像系统进行逆向重构得到的效果很差，像PDE这类算法的时间效率也是非常低的。

(2)重构效果差：特别是对多帧图像的SR重构技术，使用了较多的输入信息却不能得到令人满意的结果。

(3)对缩放因子极为敏感：针对基于重构的SR技术，Lin等[27]指出：①在存在噪声和校准操作执行得不够好时，重建SR算法的实际缩放倍率限制为1.6，若要尝试更大的缩放倍率，那么应该首选2.5的缩放倍率；②重构算法缩放倍率的理论限制为5.7，且有效缩放因子只分布在一些并不相交的区间内。

另外，关于基于PDE的SR模型也存在一些重要的问题。目前基于PDE的SR处理一般首先将LR图像的像素点复制到HR图像的对应网格中，然后以这些像素点为扩散“源点”执行PDE迭代，这类方法实际上非常耗时。从人眼视觉的角度来看，这类方法重构结果的人工痕迹十分明显，失真比较严重。

5.3 基于泰勒展开式与曲率逆向驱动的超分辨率算法

本节提出一种基于PDE模型的单幅图像超分辨率重构算法，此处将其称为泰勒展开式与曲率逆向驱动(Taylor formula & reverse curvature driven，TFRCD)超分辨率算法。该算法首先利用泰勒展开式对图像进行预处理，使待处理图像处于一种过处理的状态，以达到有效提高图像的对比度和边缘锐利度的效果。但由于泰勒展开式是一种粗略的近似过程，这会造成图像出现严重的锯齿和振铃的现象。因此，算法第二个阶段是利用基于等照度线曲率的 PDE 方法对图像局部结构特征进行修正。由于 PDE 的迭代起点是第一阶段处理的结果，这使得 PDE 的迭代过程能快速达到收敛状态，加快了算法的处理效率。下面将详细介绍所提算法的具体细节。

5.3.1　基于泰勒展开式的预处理

在自然图像中，全局范围内像素灰度值往往是随机分布的。然而，Glasner 等[28]的研究结果表明图像结构在局部范围内存在一定的联系，这种联系在 Zontak 和 Irani 的研究[29]中进一步量化。这里用泰勒展开式将这种局部联系反映在第一阶段的处理结果中。

在一维情况下，假设 $f(x)$ 为一维采样函数，在某个采样点处的函数值为 $f(i)=f_i$，采样增量(采样点间距)为 $\varDelta$ (通常取 1)。如图 5-1 所示，f_i 对应于点 A，在 f_i 的某个邻域内有一个待插入点 P，且 $|AP|=x\varDelta(0\leqslant x<1)$。

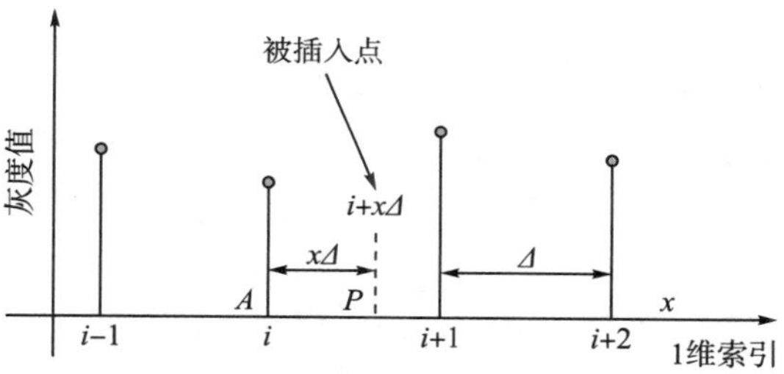

图 5-1　图像的泰勒公式展开(1 维)

利用如下泰勒展开式可以估计待插入点 P 的灰度值，其中下标表示采样点在一维方向上的索引：

$$f(i+x\varDelta)=f_i+f_i'(x\varDelta)+\cdots+\frac{1}{n!}(f_i)^{(n)}(x\varDelta)^n+R_n(x,\varepsilon) \tag{5-28}$$

其中，$R_n(x,\varepsilon)$ 为泰勒展开式的拉格朗日余项，表示 n 阶泰勒展开式的近似误差。在所提的算法中，采用如下二阶泰勒展开式来执行插值：

$$f(i+x\varDelta)=f_i+f_i'(x\varDelta)+\frac{1}{2}f_i''(x\varDelta)^2+R_2(x,\varepsilon) \tag{5-29}$$

误差项参数取 $\varepsilon=0.5$ 近似，对 f_i 处的各阶导数采用如下中心差分格式进行近似。为了减少插值误差，这里也对误差项 $R_2(x,\varepsilon)$ 进行近似：

$$f_i'=\frac{f_{i+1}-f_i}{2\varDelta} \tag{5-30}$$

$$f_i''=\frac{f_{i-1}+f_{i+1}-2f_i}{2\varDelta} \tag{5-31}$$

$$f_{i+x\varDelta/2}^{(3)}=\frac{1}{4}(f_{i+2}-3f_{i+1}+3f_i-f_{i-1}) \tag{5-32}$$

将上述三个等式代入式(5-29)，并按采样点的灰度值整理可得

$$f(i+x\Delta)=\left[-\frac{(x\Delta)}{2}+\frac{(x\Delta)^2}{4}-\frac{(x\Delta)^3}{24}\right]f_{i-1}+\left[1-\frac{(x\Delta)^2}{2}+\frac{(x\Delta)^3}{8}\right]f_i$$
$$+\left[\frac{(x\Delta)}{2}+\frac{(x\Delta)^2}{4}-\frac{1}{8}(x\Delta)^3\right]f_{i+1}+\frac{1}{24}(x\Delta)^3 f_{i+2} \tag{5-33}$$

利用泰勒展开式对图像进行展开是各向同性滤波过程，将 1-D 情况直接扩展到 2-D 情况就可以直接进行插值。假设待插入点 P 在水平方向和垂直方向上相对于采样点 $f(i,j)$ 的偏移量分别为 u 和 v，两个方向上的泰勒展开式近似误差参数 $\varepsilon_x=\varepsilon_y=0.5$，则待插入点的灰度值可近似表达为

$$f(i+u,j+v)=\boldsymbol{L}(u)\cdot\left[\boldsymbol{F}(i,j)\right]^{\mathrm{T}}\cdot\boldsymbol{L}^{\mathrm{T}}(v) \tag{5-34}$$

其中，$\boldsymbol{L}(x)$ 为如下向量函数：

$$\boldsymbol{L}(x)=\left[\left(-\frac{x\Delta}{2}+\frac{(x\Delta)^2}{4}-\frac{(x\Delta)^3}{24}\right),\left(1-\frac{(x\Delta)^2}{2}+\frac{(x\Delta)^3}{8}\right),\left(\frac{x\Delta}{2}+\frac{(x\Delta)^2}{4}-\frac{(x\Delta)^3}{8}\right),\frac{(x\Delta)^3}{24}\right] \tag{5-35}$$

$\boldsymbol{F}(i,j)$ 表示图像在 (i,j) 位置的一个 4×4 的矩阵，即

$$\boldsymbol{F}(i,j)=\begin{bmatrix} f(i-1,j-1) & f(i,j-1) & f(i+1,j-1) & f(i+2,j-1) \\ f(i-1,j) & f(i,j) & f(i+1,j) & f(i+2,j) \\ f(i-1,j+1) & f(i,j+1) & f(i+1,j+1) & f(i+2,j+1) \\ f(i-1,j+2) & f(i,j+2) & f(i+1,j+2) & f(i+2,j+2) \end{bmatrix} \tag{5-36}$$

采用上述二阶泰勒展开式进行估值是一种非常粗略的近似，展开得到的结果存在比较严重的锯齿和振铃现象，但是，这样一种预处理操作能够较好地维持图像原有对比度。Sapiro 和 Caselles 指出[23]，图像中物体的形状信息和形态特征体现在像素灰度之间的相对大小中。所以从这个角度来讲，用泰勒展开式对图像进行粗略的预处理能够在不影响图像形态特征的前提下反映灰度值的变化趋势。图 5-2 给出了几种典型超分辨率算法的处理结果与直接使用泰勒展开式处理的结果，可以看到图 5-2(d) 中的边缘出现了比较严重的锯齿现象，但对比度明显高于其他算法的处理结果。

(a)四点双三次插值

(b)S-spline样条插值

(c)2D-2PCC [30,31]　　(d)泰勒展开式

图 5-2　泰勒展开式预处理结果与几种算法之间的对比

5.3.2　基于曲率逆向驱动的后处理

由图 5-2 可以看出，直接采用泰勒展开式得到的图像有较高的对比度，却出现了严重的锯齿和振铃等现象，这些现象属于图像平面上的形态特征问题，可以用 PDE 模型进行解决。这里综合考虑了 P-M 方程和 Self-Snake 模型，采用了如下一种 PDE 模型来对图像形态特征进行处理：

$$\frac{\partial f}{\partial t}=\omega\left(\left|\nabla f\right|\right)\mathrm{div}\left(\frac{\nabla f}{\left|\nabla f\right|}\right),\qquad t>0 \tag{5-37}$$

这里使用了相同的符号 f 来表示二维图像，$\omega(x)$ 是边缘停止函数。根据前面的介绍可知，为了保证在图像边缘区域有较小的扩散强度，在同质区有较大的扩散强度，要求 $\omega(x)$ 边缘停止函数是关于自变量的非递增函数。然而，应注意 TFRCD 算法与前面的 P-M 模型、C&E 模型或 Snake 模型的区别。它们的处理首先是将 LR 图像对应像素复制到 HR 图像的对应网格中，得到的图像就是 PDE 迭代的初始状态，如图 5-3(a)所示，整个网格为 HR 图像的网格，暗色网格处放置了 LR 图像的原始像素数据，迭代时就以这些暗色点为“源点”开始向外扩散，白色网格上是没有任何数据的。TFRCD 算法开始也将 LR 图像的像素数据复制到 HR 图像对应网格，但经过了泰勒展开式的预处理操作，得到的迭代初始状态如图 5-3(b)所示，即在迭代开始时每一个 HR 网格上都已经存在数据。

实际上，也有基于 PDE 模型的算法首先采用传统插值技术对 LR 图像进行插值，再在此基础上进行迭代扩散，但是传统插值技术本身就具有平滑图像边缘的效应，其处理结果仍然需要正向扩散处理，而且在此基础上进行 PDE 处理的效果并不明显。所提的 TFRCD 算法采用逆向迭代处理的方式，即边缘停止函数 $\omega(x)$ 是关于自变量的单调递增函数，正向和逆向扩散控制函数的图形如图 5-4 所示。TFRCD 算法采用如下形式的边缘停止函数：

$$\omega(x)=1-\exp\left(-\frac{x}{C}\right),\qquad x>0 \tag{5-38}$$

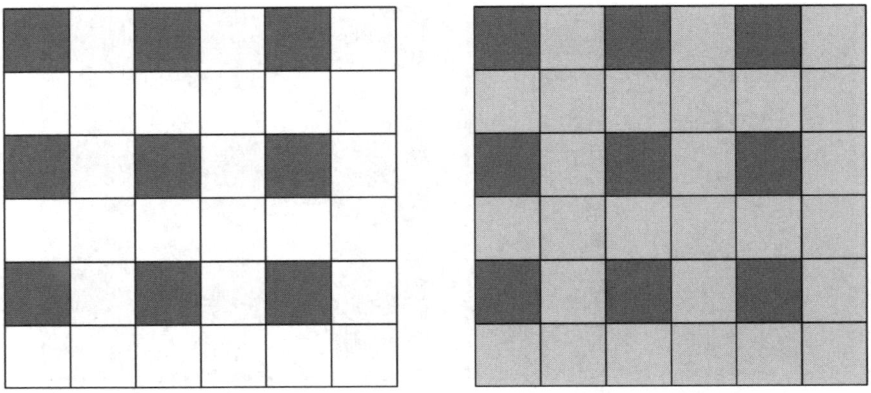

(a)像素点直接复制到对应网格 (b)泰勒展开式预处理示意图

图 5-3 两种不同的初始状态

注：“×2”为放大两倍，后同。

其中，C 是用于调节控制力度的调节参数。为了更明确地说明所提算法在迭代过程上与传统做法的区别，图 5-5 显示了图像灰度值在两种情况下的演化情况。如图 5-5(a)所示的灰度方向上，在传统 P-M 模型、Snake 等模型中，待处理图像的灰度值是从原始状态直接向终点状态演化，而 TFRCD 算法则是先到达一种过处理状态，再经过 PDE 修正演化到最终状态；在图 5-5(b)所示的 xoy 坐标平面上，在同一条等照度线上的亮点 A、B 会

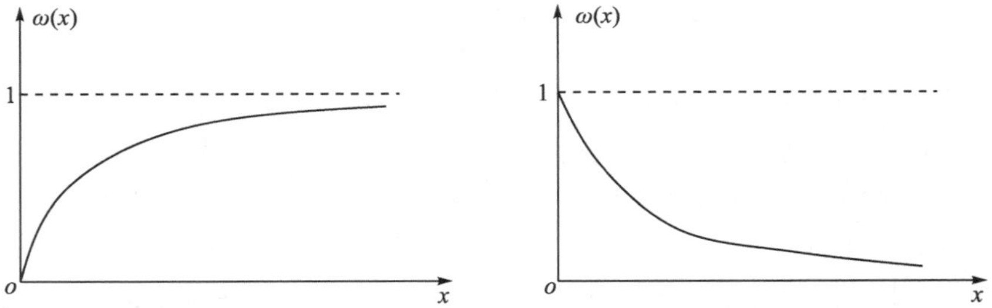

(a)逆向扩散控制函数 (b)正向扩散控制函数

图 5-4 两种不同的扩散控制函数

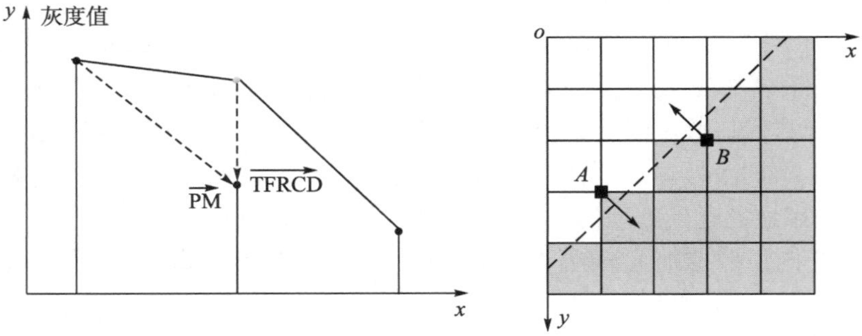

(a)灰度值方向的逆向扩散过程 (b)坐标平面内的逆向扩散过程

图 5-5 灰度方向坐标平面方向的逆向扩散过程

由于曲率方向的不同沿着不同的方向扩散，使得曲率在扩散过程中逐渐变小，这也是经过泰勒展开式处理后图像中锯齿和振铃被消除的方式。

5.3.3　等照度线曲率的计算

关于二维曲面上某条等照度线的曲率，虽然有些文献中给出了具体的计算公式，但并没有给出具体的推导过程，这里将详细推导这一计算公式。假设连续图像 $f(x,y)$ 在某一点处有一条灰度值为 const（const 为常数）的等值线（或等照度线），该等值线上像素点的纵坐标 y 可以看成是关于横坐标 x 的函数，等式 $f(x,y)=\text{const}$ 两边同时对 x 求导可得

$$f_x + f_y \cdot y'_x = 0 \tag{5-39}$$

所以

$$y'_x = -\frac{f_x}{f_y} \tag{5-40}$$

上式两边再对 x 求导可得

$$y''_x = -\left(\frac{f_x}{f_y}\right)' = -\frac{f_x^2 f_{yy} - 2 f_x f_y f_{xy} + f_y^2 f_{xx}}{f_y^3} \tag{5-41}$$

将式(5-40)和式(5-41)代入曲率公式：

$$\kappa = \frac{|y''_x|}{\left(1+y'^2_x\right)^{3/2}} \tag{5-42}$$

可得任意二元连续函数在任意点处等照度线的曲率计算公式：

$$\kappa = \frac{f_x^2 f_{yy} - 2 f_x f_y f_{xy} + f_y^2 f_{xx}}{\left(f_x^2 + f_y^2\right)^{3/2}} \tag{5-43}$$

式(5-43)就是 TFRCD 算法所采用的曲率计算公式。值得注意的是，在数学上，曲率表示等照度线在该点处内切圆半径的倒数，其值是一个非负数，而根据应用需求，用曲率进行扩散是有方向的，参见图 5-5(b)。因此，这里取消了式(5-42)中的绝对值符号。

5.3.4　数值实验与理论分析

图像模糊程度、清晰度以及原始信息的保留度是评价图像重构质量的几个重要评价标准。图像模糊程度和清晰程度与人眼视觉特征紧密相关，是评价图像视觉效果的重要指标之一。信息保留程度则表征了图像在处理过程中的信息量丢失情况，能够很好地反映图像失真程度。本节针对这三种因素分别采用平均梯度[32]，信息熵[33]和模糊系数[34]三种图像质量评价指标，用于进行对比的算法包括双线性插值算法、双三次插值算法，S-spline 算法等传统插值技术，以及基于 P-M 模型的 PDE 方法和 2D-2PCC，2D-3PCC 和 2D-5PCC[30-31]等各向异性的二维插值技术。

实验中基于 P-M 方程的超分辨率算法的迭代次数为 100，迭代的时间步长为 0.15，TFRCD 算法迭代次数为 4，时间步长为 0.2，逆向扩散控制参数 $C=2.5$ 。图 5-6(a)给出

了 Lena 灰度图像的待处理样本，它是原始 Lena 图像经下采样 2 倍操作所得到的，大小为 256×256 。图 5-6(b)是 Lena 原始灰度图中的一部分，大小也为 256×256 ，试验结果只展示各个算法处理结果与图 5-6(b)对应的部分。从图 5-6 的对比中可以看出，双三次插值算法和 TFRCD 的处理结果纹理细节最丰富，但 TFRCD 算法在平滑区域更接近原始图像。S-spline 算法对边缘的处理效果较好，但 S-spline 算法存在严重的亮度偏移现象，且通常还会出现明显的水印效果。所提的 TFRCD 算法通常只需少量迭代就能取得比较理想的效果，因此其处理速度与传统插值类算法接近，这主要是由于 TFRCD 算法在泰勒展开的预处理基础上，进行基于曲率的逆向扩散。

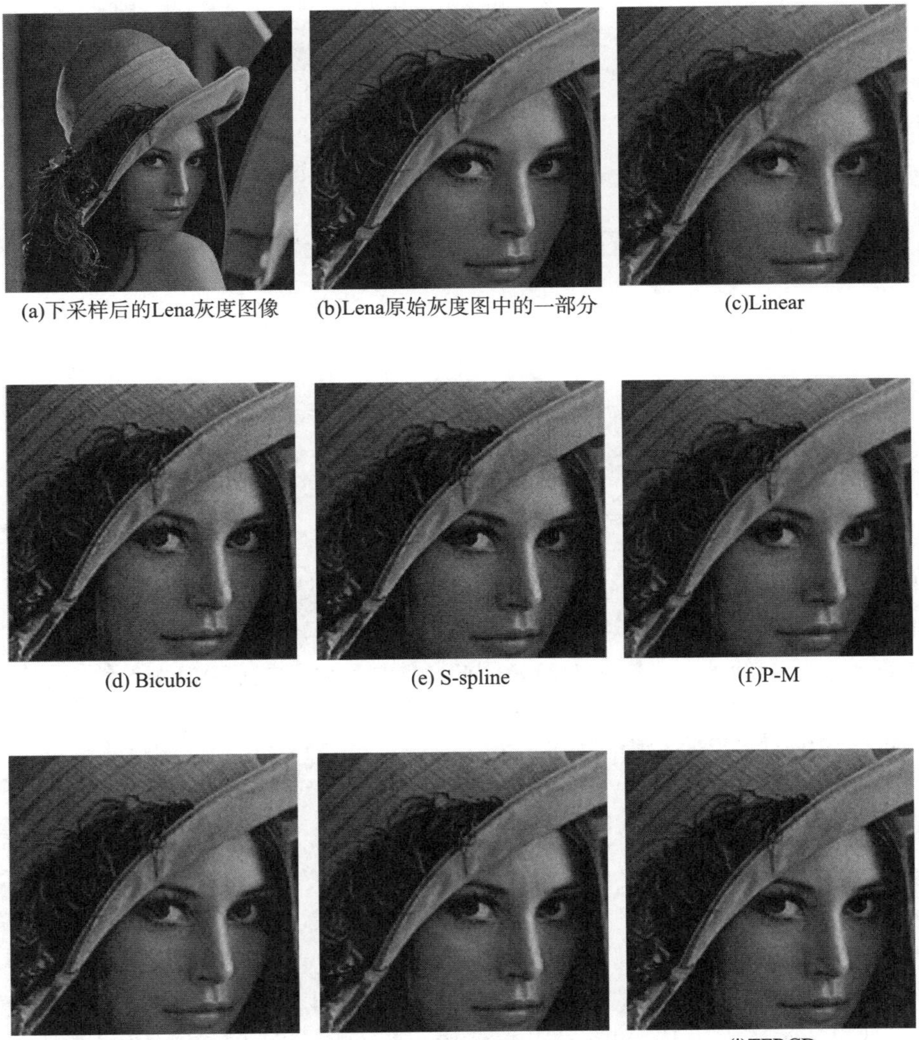

(a)下采样后的Lena灰度图像　(b)Lena原始灰度图中的一部分　(c)Linear

(d) Bicubic　(e) S-spline　(f)P-M

(g)2D-2PCC　(h)2D-5PCC　(i)TFRCD

图 5-6　几种典型 SR 方法对 Lena 灰度图像的处理效果对比

图 5-7 给出了 Monarch 彩色图像经过双三次插值算法、S-spline、基于 P-M 模型的 PDE 方法、2D-5PCC 和 TFRCD 算法处理后的结果，其中双三次插值算法和 S-spline 算法是各向同性的一维插值算法，基于 P-M 模型的 PDE 方法属于模型/重构方法，2D-5PCC 属于各向异性的二维插值算法。可以看到 S-spline 算法的视觉效果较好，但同时出现了严重的水印效果，这是由于过度平滑造成的。另一个像素偏移现象不容易被肉眼察觉，但实际上是存在的，这导致图像失真很严重，这一点可以从客观评价指标上观察到。双三次插值算法的处理结果中，边缘锯齿现象已经十分严重。基于 P-M 方程的方法和 2D-5PCC 算法能够较好地保护图像的边缘结构，但对比度和清晰度有明显下降。可以看到，在边缘区域和平滑区域的处理、对比度和清晰度的提高方面，TFRCD 算法取得了更好的综合处理效果。

(a) 原图

(b) Bicubic

(c) S-spline

(d) P-M

(e) 2D-5PCC

(f)TFRCD

图 5-7　几种典型 SR 方法对 Monarch 彩色图像的处理效果对比

表 5-1 给出了上述两幅图像放大 2 倍时的几种客观评价指标值，各项指标的最大值用粗体标出，SrcImg 表示原始图像。从中可以看出所提算法在平均梯度、信息熵和模糊系数的测评上都表现得比其他算法好。此外，试验还采用了其他 18 幅测试图像，包括 9 幅灰度图像和 9 幅彩色图像。表 5-2 给出了所有这些图像关于这三个指标值的统计平均值，可以看出 TFRCD 算法比双三次插值算法、S-spline 算法、P-M 方程方法以及 2D-2PCC 等算法更能保持图像的清晰度和信息量。从模糊系数的测试结果可以看出，TFRCD 算法的处理结果最接近原图的模糊特征，这一点与视觉观察结果是吻合的。

表 5-1 灰度 Lena 图像与彩色 Monarch 图像处理结果的几种客观评价指标值对比（×2）

灰度图像		AG	EN	K_{blur}	彩色图像		AG	EN	K_{blur}
Lena	SrcImg	7.0177	7.2404	—	Monarch	SrcImg	7.2633	7.5956	—
	linear	4.8431	7.2161	0.6616		linear	5.9350	7.5019	0.7098
	bicubic	5.5675	7.2712	0.8635		bicubic	6.6639	7.6093	0.9269
	S-spline	4.6960	7.2329	0.7023		S-spline	5.9713	7.5883	0.8420
	P-M	4.6845	7.1381	0.6295		P-M	4.9728	7.4264	0.6523
	2D-2PCC	4.8904	7.2249	0.7009		2D-2PCC	5.2413	7.5228	0.7372
	2D-5PCC	4.7126	7.2177	0.6087		2D-5PCC	5.1932	7.5214	0.6682
	TFRCD	6.0187	7.3087	0.9102		TFRCD	7.1289	7.6210	0.9783

表 5-2 9 幅灰度图像与 9 幅彩色图像客观评价指标平均值对比（×2）

灰度图像		AG	EN	K_{blur}	彩色图像		AG	EN	K_{blur}
9 幅灰度图像	SrcImg	11.0516	6.8818	—	9 幅彩色图像	SrcImg	8.3523	7.5699	—
	linear	7.2688	7.0313	0.6351		linear	6.1236	7.4914	0.6612
	bicubic	8.3637	7.2537	0.8503		bicubic	7.0951	7.5882	0.8808
	S-spline	7.2474	7.2515	0.7117		S-spline	6.1747	7.5728	0.7638
	P-M	5.0124	7.0947	0.6479		P-M	5.1038	7.4337	0.6683
	2D-2PCC	4.9716	7.2012	0.7281		2D-2PCC	5.3483	7.5462	0.7549
	2D-5PCC	4.7518	7.1045	0.6485		2D-5PCC	5.1429	7.5408	0.7014
	TFRCD	8.7592	7.3171	0.8961		TFRCD	7.5171	7.5994	0.9472

5.3.5 算法小结

基于模型或 PDE 的超分辨率算法重构效果实质上并不比传统插值技术好多少，特别是在对比度和清晰度上更没有明显的优势，但这类算法效率极低且对缩放因子非常敏感。针对这一问题，本书提出了一种在泰勒展开式基础上进行曲率逆向扩散调整的 PDE 方法，该算法通过泰勒展开式对输入图像进行预处理，使输入图像处于一种过度处理状态，再利用曲率逆向扩散对其进行调整。这种改变迭代初始状态的处理既可以有效缩短处理时间，又可以提高结果图像的对比度和清晰度。

5.4　曲率驱动的类双线性快速图像插值

本节在分析地表曲面模型与图像灰度空间的对应相似关系中，提出一种基于图像曲率信息驱动的类双线性快速插值方法。该方法基于常用双线性插值的分析，在插值位置空间中嵌入像点的插值权重，进而形成一种类双线性插值模型。用像点灰度值来模拟地表曲面的高程，用坡度变率即曲率来表征曲面的陡峭程度，从而以指定方向的曲面曲率作为设置像点插值权重的依据。整体上，对零填充的待插值点根据其不同位置依次进行快速的类双线性插值。通过合成及实际图像的插值实验，本方法均能保持插值图像边缘的锐利度及连在性，有效地实现高信噪比图像的插值放大。

5.4.1　类双线图像插值模型

双线性插值以其简单实用而被广泛应用于图像放大处理中，其原理是待插点的相邻 4 像点的加权组合产生该点的像素值。设待插值像点为$(x+u, y+v)$，则其与相邻已知像点间的位置关系可由图 5-8 来表示。

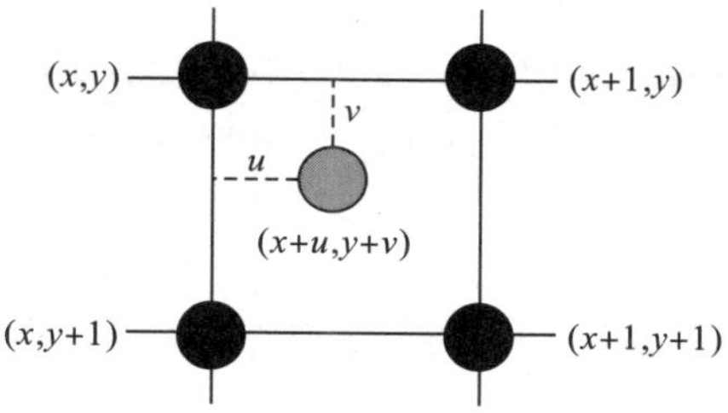

图 5-8　待插点与已知像点的位置关系示意图

鉴于数字图像 f 的离散性，未知的待插点的像素值可由其周围像点的距离加权计算而得：

$$\begin{aligned} f(x+u, y+v) = &(1-u)(1-v)f(x,y) + u(1-v)f(x+1,y) \\ &+ v(1-u)f(x,y+1) + uvf(x+1,y+1) \end{aligned} \tag{5-44}$$

由插值示意图及上述关系式可知，双线性插值是根据待插点与相邻点的距离来确定像素的权重，即距离近的权重大，反之则小。因此在滤波器原理上双线性插值是低通滤波，从而插值图像的边缘或纹理等高频信息被滤除。

为便于分析，简写式(5-44)的距离权重：

$$\begin{aligned} f(x+u, y+v) = &w_{uv}^1 f(x,y) + w_{uv}^2 f(x+1,y) \\ &+ w_{uv}^3 f(x,y+1) + w_{uv}^4 f(x+1,y+1) \end{aligned} \tag{5-45}$$

又据能量守恒，上式的加权因子满足：

$$\sum_{i=1}^{4} w_{uv}^{i} = 1 \tag{5-46}$$

在插值过程中，为了使高频分量不被丢失或尽可能恢复，即大像素值不被削低或小像素值不被抬高，插值权重因子 w_{uv}^{i} 除了包含距离关系，还应引入像素值的变化趋势因素。根据上述分析，插值模型式(5-45)修改为

$$\begin{aligned} f(x+u,y+v) &= \alpha_1 w_{uv}^{1} f(x,y) + \alpha_2 w_{uv}^{2} f(x+1,y) \\ &\quad + \alpha_3 w_{uv}^{3} f(x,y+1) + \alpha_4 w_{uv}^{4} f(x+1,y+1) \end{aligned} \tag{5-47}$$

其中，α_i 即为像点 i 的像值权重，则由式(5-46)有

$$\sum_{i=1}^{4} \alpha_i w_{uv}^{i} = \sum_{i=1}^{4} w_i = 1 \tag{5-48}$$

式(5-47)即为本节提出的类双线性插值函数式，由此插值任务的关键转化为求解包含插值距离和像值变化两个因素的合适的权重 $\{w_i\}_{i=1}^{4}$。

由上述的分析可知，w_{uv}^{i} 为插值点位置权重，那么如何计算本节引入的像素值权重 α_i 成为研究重点。根据局部图像连续一致性原理，待插点的像素值与周围的像素值也应满足该原理。所以待插点的像素值理应由已知点的像素值经 α_i 加权构成。图 5-9 展示了式(5-47)中像素点 f 的权重系数 α_i 与 w_{uv}^{i} 的对应关系，其中空间曲面上的菱形标注点为对角像点的均值点，在后续的插值运算中会利用这两个均值点实现快速插值。另外，在实际计算中，α_i 与 w_{uv}^{i} 是作为整体来应用的，即由 $\{w_i\}_{i=1}^{4}$ 来线性组合已知像点。本节的类双线性插值式(5-47)与传统的双线性插值式(5-44)在形式上类似，但权重因子却不同，后者仅利用了插值位置因素，而前者增加了像素值权重因素。

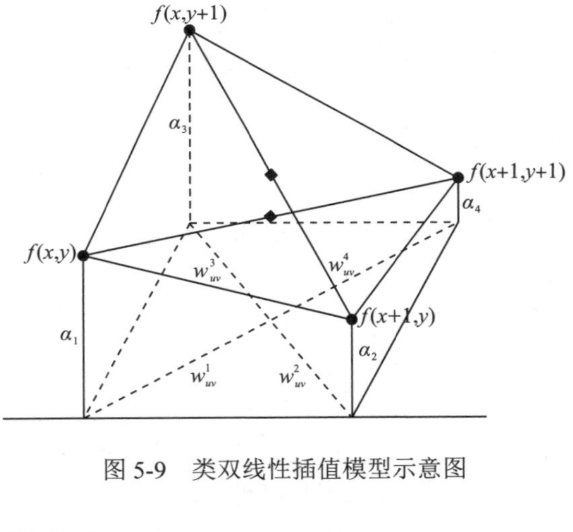

图 5-9　类双线性插值模型示意图

5.4.2　图像灰度曲面曲率

1.图像灰度曲面

高信噪比数字图像 $z = f(x,y)$ 的灰度值的跳变通常表现为边缘或纹理。若将该值当作

地表观测中的高程，则图像的二维坐标与灰度值可构成一张类似地表面的空间曲面 $C=(x,y,f(x,y))$[35]。曲面上的光滑与起伏分别对应图像平缓的区域和跳变的边缘。为更形象地展示这种类比性，图 5-10 给出了一幅二维图像及其灰度曲面。图 5-10(a)是图像域，图 5-10(b)是对应的灰度曲面，曲面中的凸脊和凹谷分别对应图像域的亮区和暗区，凸脊与凹谷间的陡坡即图像的边缘。

(a) 图像域

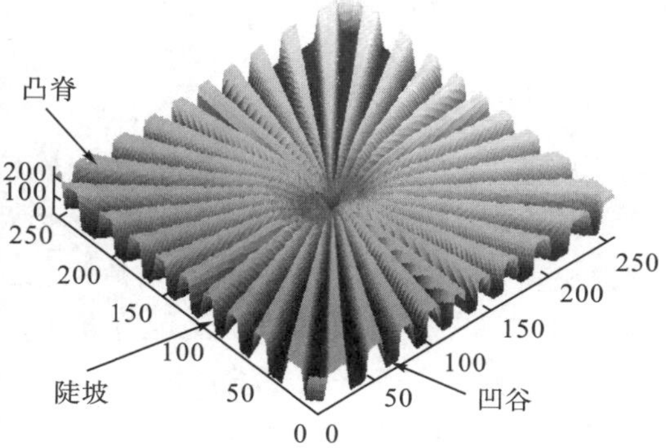

(b) 灰度曲面

图 5-10　二维图像及其灰度曲面

注：灰度曲面的主要特征包括凸脊、凹谷、陡坡

2.剖面曲率

地理信息系统中的地面曲率是对地形表面一点扭曲变化程度的度量参数，曲率在垂直剖面的坡向变率称为剖面曲率(profile curvature)[35]，它是对地面坡度的沿最大坡降方向地面高程变化率的测度，即高程变化的二阶导数，其数学表达式为

$$K=\frac{p^2r+2pqs+q^2t}{\left(p^2+q^2\right)\sqrt{1+p^2+q^2}} \tag{5-49}$$

式中，$p=\partial f/\partial x$，$q=\partial f/\partial y$，$r=\partial^2 f/\partial x^2$，$s=\partial^2 f/\partial x\partial y$，$t=\partial^2 f/\partial y^2$ 表示 f 沿 x 与 y 方向的一阶和二阶导数。对于离散的数字图像来说，导数通常由差分来近似[36]。设离散像素组成的栅格面以点 (i,j) 为中心，则根据导数与差分的等价关系，上述各阶导数的差分形式为

$$\begin{gathered}p\approx\Delta_x=f(i+1,j)-f(i,j)\\q\approx\Delta_y=f(i,j+1)-f(i,j)\\r\approx\Delta_{xx}=f(i+1,j)-2f(i,j)+f(i-1,j)\\s\approx\Delta_{xy}=f(i+1,j+1)+f(i,j)-f(i,j+1)-f(i+1,j)\\t\approx\Delta_{yy}=f(i,j+1)-2f(i,j)+f(i,j-1)\end{gathered} \tag{5-50}$$

由式(5-47)和式(5-48)可知，类双线性插值的关键是相邻点插值权重的确定。又由灰度曲面的地表模拟原理，图像局部区域的灰度值变化能够通过地表曲面的坡度变率来表征。因此，图像域的边缘强度与灰度曲面的坡向陡峭程度——剖面曲率是等价的，强边缘

对应剖面曲率的较大值，弱边缘对应剖面曲率的较小值。下面就基于上述问题的剖析，设计曲率驱动的类双线性快速图像插值算法。

5.4.3 曲率驱动的图像插值算法设计

本节首先以曲率信息作为图像几何结构类型判别准则，设计插值过程；然后图示介绍指定方向的曲率计算方法；最后详细地描述曲率驱动的类双线插值流程。

1.图像几何结构类型判别

据前述分析，灰度曲面的剖面曲率是图像几何结构类型的判别依据。通过对比指定方向曲率的绝对值，设置对应的插值权重，然后对不同位置的像点依次插值。由式(5-47)可知，插值权重 $\{w_i\}_{i=1}^4$ 体现了相邻四点对待插点的贡献。根据图像边缘的方向类型，将曲面方向粗分为45°和135°、0°和90°两组方向。为降低计算量，考虑算法的实时性应用，由呈垂直关系的两组曲率来优化设置权重。根据插值公式可知，权重因子 w_1 与 w_4 、w_2 与 w_3 对应的像点呈垂直关系。

若考虑 $0.5\times(w_1+w_4)+0.5\times(w_2+w_3)=1$，设 $w_1=w_4$ 且 $w_2=w_3$，则有 $w_1+w_2=1$。所以，插值权重 $\{w_i\}_{i=1}^4$ 的求解问题简化为两组指定方向。具体地，根据曲率阈值自适应设定插值权重因子 w_1 和 w_2。设45°（0°）和135°（90°）方向的曲率分别用 k_1 和 k_2 表示，两互相垂直像点的均值为 p_1 和 p_2，曲率差值的经验阈值为 T_1 和 T_2。又设 $0<T_1<T_2$，$0<w_2<w_1$。基于曲率的图像结构判别及插值过程如表 5-3 所示。

表 5-3 曲率驱动的图像结构类型判别及插值流程

算法 5-1：图像几何结构判别
1.输入：曲率对 k_1 和 k_2，两组互垂直像点的均值 p_1 和 p_2。
2.输出：待插点的值，即两组像点的加权 $\text{Value}=g(p_1,p_2)$。
3.初值：设置 T_1 和 T_2，$w_2=w_1=0$。
4.计算：
(1) 若 $\text{abs}(k_1-k_2)<T_1$，则待插像点位于图像平滑区，修改 w_1 和 w_2。
(2) 若 $T_1\leqslant\text{abs}(k_1-k_2)\leqslant T_2$，则待插像点位于图像弱边缘或纹理，修改 w_1 和 w_2。
(3) 若 $T_2<\text{abs}(k_1-k_2)$，则待插像点位于图像强边缘，修改 w_1 和 w_2。
(4) if $k_2<k_1$
$\text{Value}=w_1\times p_1+w_2\times p_2$
else $\text{Value}=w_1\times p_2+w_2\times p_1$
endif。

算法 5-1 将图像的内容分为平滑区、弱边缘或纹理、强边缘等几何结构，根据呈垂直关系的两方向的曲率值的绝对比较，设定特定结构对应的插值权重。最后由曲率值的相对比较，计算待插点的四像点加权组合。

2.计算指定方向的图像曲率

依据上述的结构类型判别，指定方向的曲率值决定了结构类型及插值权重的赋值。鉴于数字图像的离散性，若仅由待插点的相邻四像点来计算对应点的图像曲率，则信息量小、误差大。为提高曲率信息的有效性，本算法选择相邻八像点，其布局关系如图 5-11 所示，简明起见，字母标号同时表示像素值及索引。

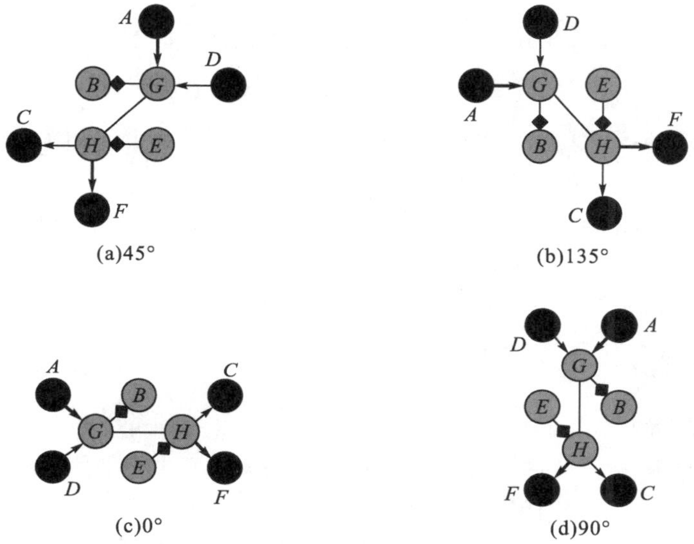

图 5-11　用于计算曲率的像点分布图

注：每个方向图中的八像点 A～H 用于曲率计算，四像点 G、B、E、H 用于双线性插值计算。

由于本算法是对指定的方向计算曲率，因此忽略 K 的正负符号。又根据图像局部区域的连续性，一阶导数 p 和 q 一般不会太大且可近似认为 $p \approx q$，则式(5-49)的曲率可逼近为

$$\begin{aligned} K &= \left| \frac{p^2 r + 2pqs + q^2 t}{(p^2 + q^2)\sqrt{1 + p^2 + q^2}} \right| \approx \left| \frac{p^2 (r + 2s + t)}{(2p^2)\sqrt{1 + 2p^2}} \right| \\ &= \left| \frac{r + 2s + t}{2\sqrt{1 + 2p^2}} \right| \approx \left| \frac{r + 2s + t}{2} \right| \approx |r + s + t| \end{aligned} \tag{5-51}$$

因此曲率近似为二阶导数之和，从而用灰度值的二阶差分和来逼近图像曲面的剖面曲率。根据图 5-11 中参与曲率计算的像点分布图，计算互为垂直的图 5-11(a)与图 5-11(b)，以及图 5-11(c)与图 5-11(d)的 $\overline{GH}$ 方向的剖面曲率。易知，每幅图中的 $\overline{GH}$ 方向可分解为 $\overline{AG}$ 和 $\overline{DG}$，$\overline{HF}$ 和 $\overline{HC}$，$\overline{EH}$ 和 $\overline{GB}$（或 $\overline{BH}$ 和 $\overline{GE}$）等三组分方向。根据曲率的含义及微分与差分的近似关系，三组分方向的一阶差分依次为

$$\begin{aligned}\Delta_1^1 &= (A-G), \Delta_2^1 = (D-G)\\ \Delta_3^1 &= (H-F), \Delta_4^1 = (H-C)\\ \Delta_5^1 &= (E-H), \Delta_6^1 = (G-B)\end{aligned} \tag{5-52}$$

分方向 $\overline{AGHF}$ ， $\overline{DGHC}$ ， $\overline{EHGB}$ 的二阶差分依次为

$$\begin{aligned}\Delta_{AGHF}^2 &= (\Delta_1^1 - \Delta_3^1)\\ \Delta_{DGHC}^2 &= (\Delta_2^1 - \Delta_4^1)\\ \Delta_{EHGB}^2 &= (\Delta_5^1 - \Delta_6^1)\end{aligned} \tag{5-53}$$

又由式(5-51)的曲率逼近可得 $\overline{GH}$ 方向的剖面曲率的二阶差分式：

$$K_{GH} = \left|\Delta_{AGHF}^2 + \Delta_{DGHC}^2 + \Delta_{EHGB}^2\right| \tag{5-54}$$

将一阶差分式(5-52)代入式(5-54)，得到灰度曲面的剖面曲率的像点表示式：

$$K = \left|A+B+C+D+E+F-3G-3H\right| \tag{5-55}$$

特别提及的是，图 5-11(a)与图 5-11(b)的布局是计算由已知像点组成的方形区的对角像点，即八像点均是原图像的像点；而图 5-11(c)与图 5-11(d)的网格是计算插值图像的水平和垂直元素，即像点组成的菱形的中间点，所以 G 与 H 是求得的对角点。

3.曲率驱动的类双线性插值

在算法的处理流程上，首先，LR 图像零填充以满足超分辨率要求，并用均值法处理图像边界；然后计算 45°和135°两个方向的曲率，根据曲率大小插值零填充的对角像点；最后由 0°和 90°的曲率用相同规则插值零填充的水平和垂直像点。

现以插值放大两倍为例展示该插值原理，而对于 2 幂次倍率放大则迭代实现。设 LR 图像的尺寸为 $M \times N$ ，由于曲率计算的像点网格限制，本方法插值后图像的大小为 $(2M-1)\times(2N-1)$ 。图 5-12 展示了处理 4×4 图像的像点变化规律，图 5-12(a)为待插值放大的 LR 图像，图 5-12(b)为插值放大后的图像。

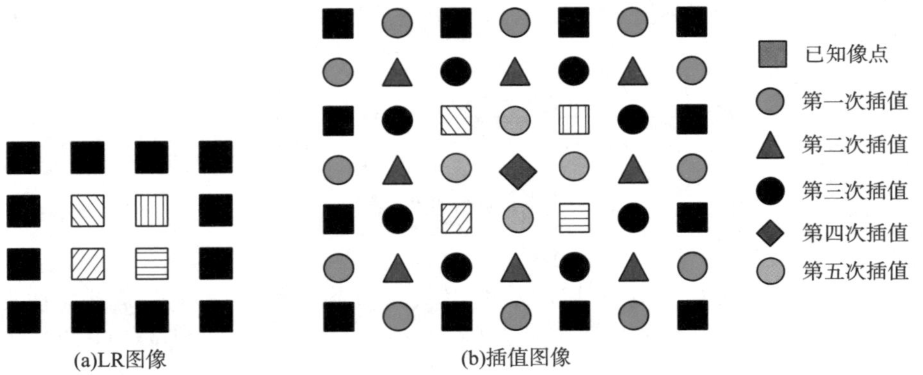

图 5-12 曲率驱动的像点插值过程示意图

注：(b)中不同形状的标注表示像点插值顺序，该算法包括五个步骤。

根据图 5-12 中 LR 图像的插值顺序，本节的基于曲率驱动的类双线性插值算法流程如表 5-4 所示。表 5-5 是基于二阶差分的类双线性插值流程，图 5-13 是算法中的第四次和第五次插值的像点分布及曲率计算示意图。

表 5-4　基于曲率驱动的类双线性插值算法流程

算法 5-2：曲率驱动的类双线性插值
1. LR 图像零填充作为初始化。 $CD = zeros(2M-1, 2N-1)$；%定义目标图像。 $CD(1:2:end, 1:2:end) = LR$；%隔行隔列填充已知像点“■”。 2. 插值边界像点“○”，该步骤为第一次插值。设周边的相邻像点为 (i,j) 和 (m,n)，则有 “○” $= (CD(i,j)+CD(m,n))/2$。 3. 插值次边界像点“△”和“●” 上述的对次边界所有“△”像点插值后，再处理“●”像点。定义该步骤中的基于二阶差分的类双线性插值。功能函数 SndDfIntp，设权重 w_0、阈值 T_0，处理流程见表 5-2。 (1) 插值方形的中间像点 $CD(i,j)=$ “△”，该步骤为第二次插值。 计算斜对角像点的一阶差分 dif_1 和 dif_2，及其均值 p_1 和 p_2，则“△” $= SndDfIntp(dif_1, dif_2, p_1, p_2)$。 (2) 插值菱形的中间像点 $CD(i,j)=$ “●”，该步骤为第三次插值。 计算垂直像点的一阶差分 dif_1 和 dif_2，及其均值 p_1 和 p_2，则“●” $= SndDfIntp(dif_1, dif_2, p_1, p_2)$。 4. 插值方形的中间像点 $CD(i,j)=$ “◇”，该步骤为第四次插值，如图 5-13(a) 所示。 插值所有方形的中间像点“◇”。首先计算 45° 曲率 k_{45}，135° 曲率 k_{135}，然后计算对角像点的均值 p_1 和 p_2，最后曲率驱动类双线性插值，即“◇” $= CrvDrQsBl(k_{45}, k_{135}, p_1, p_2)$。 5. 插值菱形的中间像点 $CD(i,j)=$ “⬤”，该步骤为第五次插值，如图 5-13(b) 所示。 以相同方式插值水平和垂直两个方向的像点。首先计算 0° 曲率 k_0，90° 曲率 k_{90}，然后计算垂直像点的均值 p_1 和 p_2，最后曲率驱动类双线性插值，即“⬤” $= CrvDrQsBl(k_0, k_{90}, p_1, p_2)$。

表 5-5　基于二阶差分的类双线性插值流程

算法 5-3：二阶差分类双线性插值 SndDfIntp

1. 输入：一阶差分 dif_1 和 dif_2，两组互垂直像点的均值 p_1 和 p_2。
2. 输出：待插点的值，即两组像点的加权。
3. 初值：设置 w_0、T_0。
4. 计算：

```
    Function  Value = SndDfIntp(dif1, dif2, p1, p2)
if  abs(dif1 - dif2) > T0
        if  (dif1 > dif2)
            res = w0 × p1 + (1 - w0) × p2
        else  res = w0 × p2 + (1 - w0) × p1
    endif
    else  res = (p1 + p2) / 2
endif
```

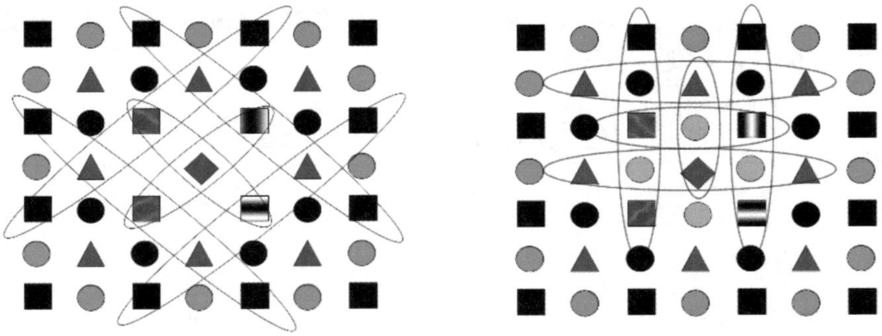

(a)45°与135°方向的曲率计算　　(b)0°与90°方向的曲率计算

图 5-13　第四次和第五次插值的像点分布及曲率计算示意图

分析插值过程可知，算法的运算类型主要为像点的差分及乘加操作，同时权重的浮点类型易转换为定点，从而该算法易于在定点硬件平台上实时应用。下面通过对合成及实际的图像进行插值重构实验，并与其他类似方法做比较。

5.4.4　实验与分析

本节运用曲率驱动的插值算法分别对下采样的合成图像和实际的捕获图像进行插值，并对比类似方法的插值图像主客观质量，验证本方法的有效性。本节的曲率驱动插值(curvature-driven，CD)算法分别与双线性插值(bilinear，BL)、双三次插值(bicubic，BC)、S 样条插值(S-spline，SS)、边缘指导插值(edge-directed，ED)[37]、面向边缘插值(edge-oriented，EO)[38]等五种插值算法进行比较。在对比算法中，BL 和 BC 插值采用 MATLAB 提供的 imresize 函数，根据文献编写 EO 算法，Li 提供 ED 程序，软件 S-spline.exe 实现 SS 插值。

1.算法参数设计

由设计过程可知，本算法的可调参数包括用于图像次边界像点插值的权重 w_0、阈值 T_0，以及次边界内部区域的像点插值权重 w_1、阈值 T_1 与 T_2。经多次验证，本方法的边界二阶差分阈值 $T_0 = 20$ 及权重 $w_0 = 0.8$，内部区域的曲率阈值 $T_1 = 25$、$T_2 = 120$ 和权重 $w_1 = 0.75$ 时，对于大部分的自然图像，均能取得较好的插值效果。下述的实验采取两倍插值，对于 2 的幂次倍率放大，则循环插值。

在评测重构图像的质量时，采取峰值信噪比 PSNR(dB)：

$$\text{PSNR} = 20 \times \log_{10}\left(255 / \text{RMSE}\right) \tag{5-56}$$

同时，鉴于图像结构信息的重要性，为表示图像的边缘和纹理等细节信息，采用比 PSNR 更有效的框架相似性(structural similatiry，SSIM)评测[39]：

$$\text{SSIM} = \frac{(2\mu_R\mu_F + c_1)(2\sigma_{RF} + c_2)}{(\mu_R^2 + \mu_F^2 + c_1)(\sigma_R^2 + \sigma_F^2 + c_2)} \tag{5-57}$$

其中，μ_R 表示重构图像 R 的均值，μ_F 表示标准图像 F 的均值，σ_{RF} 表示图像 R 和图像 F 的协方差，c_1 和 c_2 为保证分母不为零的小常数。SSIM 值越大(最大为 1)，则插值图像与原参考图像越逼近，算法效果越好。

2.合成图像插值重构

原始的 HR 图像[图 5-14(a)]隔行隔列抽取形成 LR 图像 5-14(b)，现对图 5-14(b)插值放大 2 倍。同时，由于 ED 插值图像的边界的马赛克较明显，参见后续的实际图像插值，为公平起见，去除边界统计。

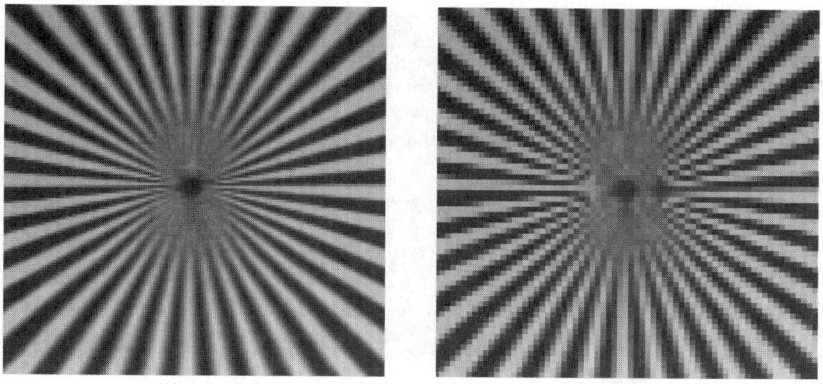

(a)原始的HR图像　(b)LR图像

图 5-14　实验用图像对(a)隔行隔列抽取形成(b)

图 5-15 为无噪声合成图像的六种插值结果。BL 和 BC 图像的边缘模糊且锯齿较明显。SS 图像在六种插值中边缘最锐利，但有水彩画现象，相对较低的 PSNR(18.07dB)和 SSIM

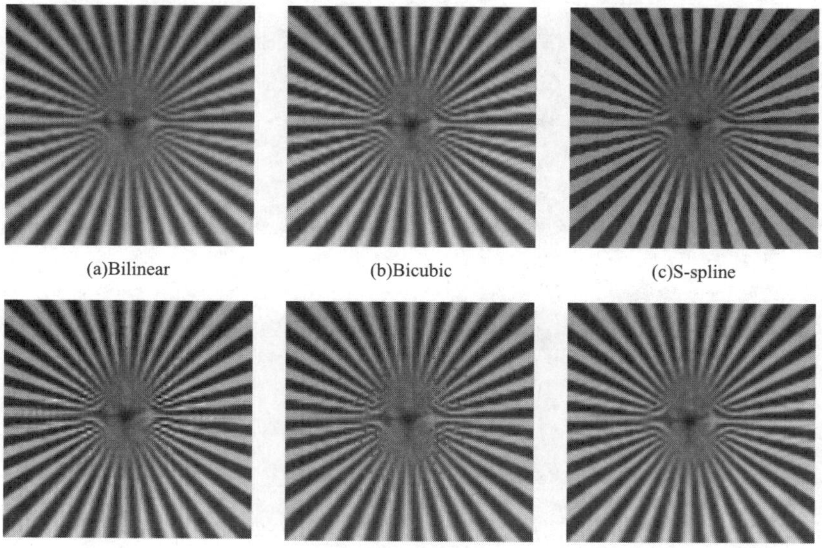

(a)Bilinear　(b)Bicubic　(c)S-spline

(d)Edge-directed　(e)Edge-oriented　(f)Curvature-driven

图 5-15　无噪声图像在不同算法下的两倍插值放大结果

(0.74)印证了客观失真最严重。ED 与 EO 的强边缘得到了较好的改善，但是对于靠近图像中心的弱边缘来讲，ED 有伪迹，EO 引入的假点使图像边缘不连续，但 EO 的 PSNR 高出 ED 约 1.5dB。本章的 CD 插值均剔除了上述不利因素，强边缘清晰、弱边缘连续，30.78dB 的 PSNR 和 0.96 的 SSIM 达到六种算法中最高，相比同样采用 4 像点的 BL，PSNR 提高 7.8dB，SSIM 改善 0.1。

表 5-6 是六种算法的性能对比。ED 相对最耗时。由于 BL、BC 和 SS 为软件工具实现，时间仅为参考。CD 的时间占用约为 EO 的两倍，且两种算法均未做任何优化。实际上，CD 算法的运算类型简单且数据格式易转换为定点。

表 5-6 无噪声图像的插值放大的性能对比

	BL	BC	SS	ED	EO	CD
PSNR/dB	22.97	23.13	18.07	27.79	29.28	30.78
SSIM	0.86	0.87	0.74	0.94	0.95	0.96
耗时/s	0.094	0.188	0.200	18.828	0.712	0.303

为更加直观表示插值图像的逼真度，图 5-16 列出了各插值结果图 5-17 与原 HR 图像图 5-14(a) 的残差图。易知，图像残差越多，说明插值效果越差，反之越好。观察图 5-16 可知，SS 的残差最多，CD 的残差最少，所以 CD 的插值图像相对更逼近原始图像，细节恢复能力最佳。

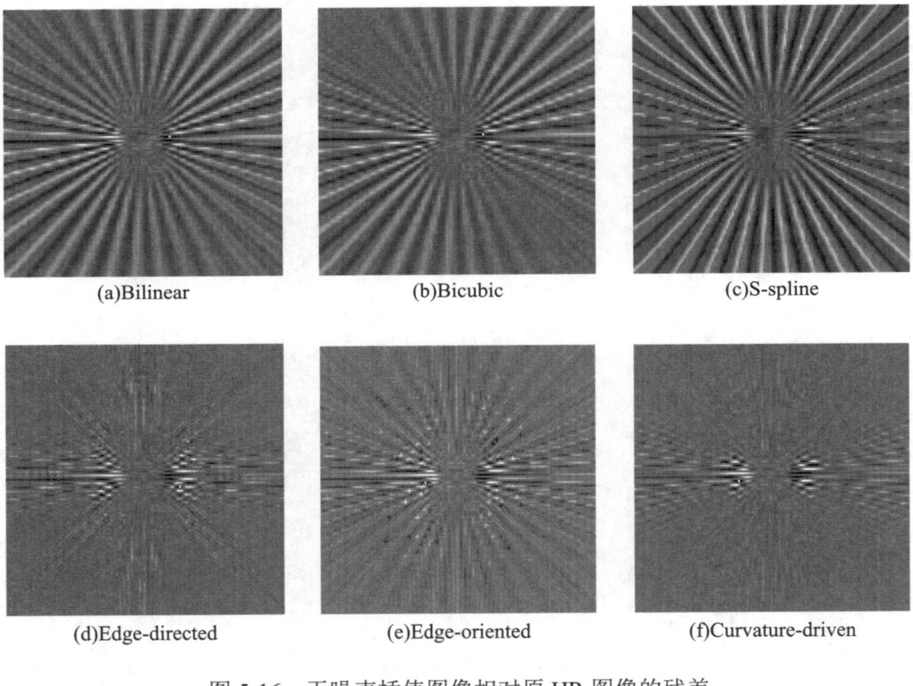

(a)Bilinear (b)Bicubic (c)S-spline

(d)Edge-directed (e)Edge-oriented (f)Curvature-driven

图 5-16 无噪声插值图像相对原 HR 图像的残差

提出本算法的初衷是针对高信噪比小幅面图像的插值放大，因为实际上对于图像去噪问题，有很多专门的、效果更易接受的处理算法。本算法采用相邻四像点参与计算内部的待插点，同时曲率信息也是由局部的八像点运算得到，因此图像局部信息的准确性和有效性对于最终的插值结果有着较为重要的影响。

在图 5-14(b)图像的基础上添加方差为 10 的高斯白噪声，并用以上插值算法进行放大。表 5-7 列出了有噪声图像的插值放大的性能对比，图 5-17 展示了各种插值图像的结果。

表 5-7　有噪声图像的插值放大的性能对比

	BL	BC	SS	ED	EO	CD
PSNR/dB	20.69	20.65	16.97	24.73	24.35	24.62
SSIM	0.79	0.82	0.71	0.89	0.88	0.89

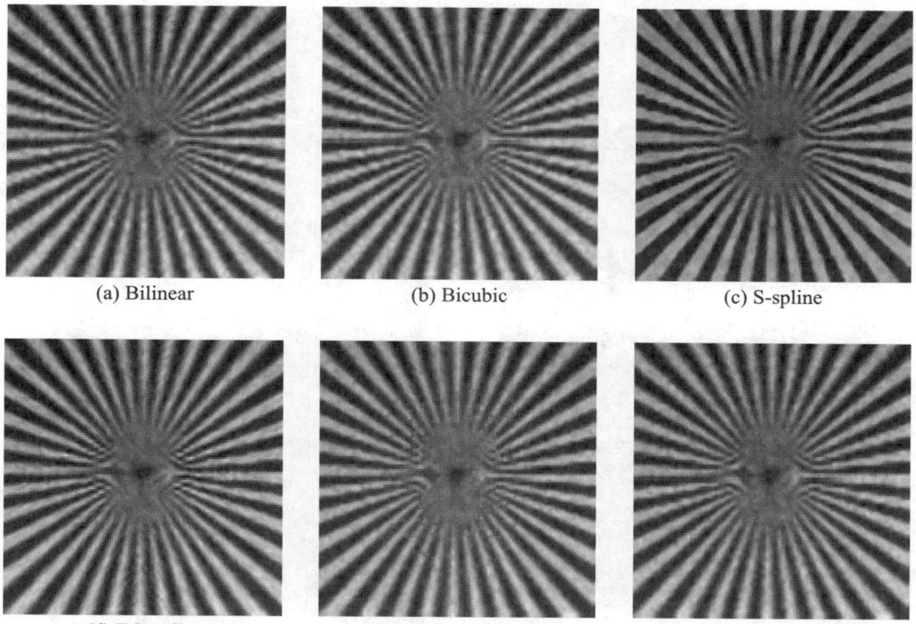

(a) Bilinear　(b) Bicubic　(c) S-spline

(d) Edge-directed　(e) Edge-oriented　(f) Curvature-driven

图 5-17　有噪声图像在不同算法下的两倍插值放大结果

从表 5-7 可知，在 PSNR 上，本算法 CD 较算法 ED 有 0.11dB 的劣势；在 SSIM 上没有取得突破。主观上，图 5-16(d)较图 5-16(f)的结构更清晰，层次更分明。尤其是，ED 较 CD 的噪声得到了较为明显的抑制，本算法 CD 的噪声残留更多。所以主客观上，本算法对于有噪图像的插值放大均失效，主要原因在于采用局部区域的曲率计算被噪声干扰，从而曲率驱动的类双线性插值可能在图像边缘错误地将噪声视为强边缘或纹理。

3.实际图像插值重构

图 5-18 是一幅实际拍摄的彩色图像。此处对彩色图像采用分量分别插值的方法。

图 5-19 是实际图像的各插值算法的插值结果。BC 的边缘锯齿显著，SS 的水彩画现象突出，ED 引入了明显的伪迹，同时图像边界较糟糕，EO 的弱边缘出现断裂或被平滑，CD 图像边缘清晰、连续，保持了锐利的边缘，图像整体自然。

图 5-18 实际图像

(a) Bilinear

(b) Bicubic

(c) S-spline

(d) Edge-directed

(e) Edge-oriented

(f) Curvature-driven

图 5-19 实际图像在不同算法下的两倍插值结果

为便于直观分析图 5-19 中各图像的重构细节，图 5-20 给出了重构图像的亮度分量的频谱图形。特别提及的是，图 5-19(c)的近高频相对其他图像的频谱延展较长。分析图 5-19(c)可知，SS 插值的图像边缘陡峭，引起了近高频的扩展。

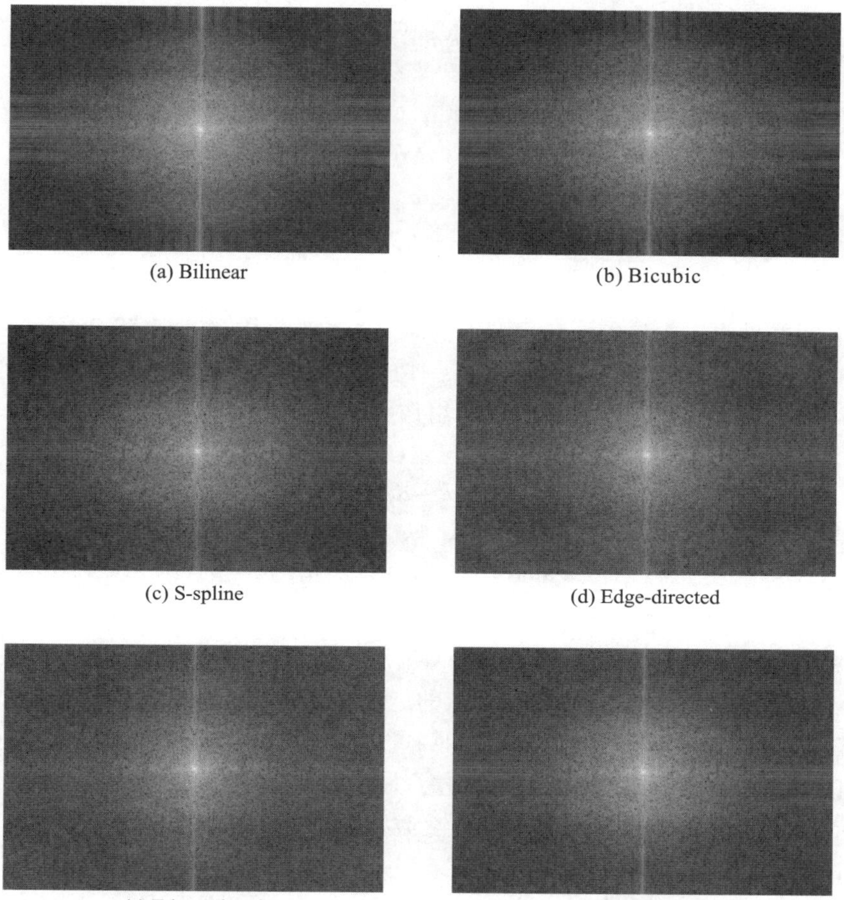

(a) Bilinear　(b) Bicubic

(c) S-spline　(d) Edge-directed

(e) Edge-orientd　(f) Curvature-driven

图 5-20　图 5-19 中的各重构图像的频谱图

通过前述插值实验的分析和对比，ED 方法基于图像局部区域方差的不变性先验，插值图像的边缘较锐利，但算法耗时长、计算量大，有人工伪迹，图像平滑区不自然；EO 插值基于一阶差分，对整幅图像设置边缘与平滑区的单阈值，插值奇异点较多；本节 CD 插值运用 8 像点曲率运算，可获得图像局部更丰富的结构方向信息。

4.算法运算量分析

双线性插值是由相邻四像点在距离加权下组合计算待插像点，因此运算量较小，且插值效果明显优于仅采用周围像点拷贝的最近邻插值。但是对于像素值陡变的图像边缘来说，纯粹的距离权重不能有效反映边缘走向，从而双线性插值图像的边缘出现锯齿或人工伪迹。为克服该低通滤波器对图像边缘的插值局限，本节在传统双线性插值函数式基础上引入像点值变化趋势，从而构成类双线性插值模型。为有效确定图像的边缘走向和边缘强度，参考了地表模型的曲面曲率概念，形成了曲率驱动的类双线性插值。

本节的曲率驱动的类双线性插值的运算规模与传统的双线性插值的运算规模是相同的，即算法复杂度是相同的，均为$O(M \times N)$。为了分析本节算法与双线性插值算法的运行时间区别，现采取分析算法运算量的方式来刻画。

比较式(5-44)可知，类似本节的插值运算，对于两倍率插值放大情形，传统双线性插值的运算包括

$$\left.\begin{aligned} p_1 &= \left(a_1 + a_2\right)/2 \\ p_2 &= \left(a_3 + a_4\right)/2 \\ \text{Value} &= 0.5 \times p_1 + 0.5 \times p_2 \end{aligned}\right\} \tag{5-58}$$

式中，a_i为已知像点。上式的运算类型仅为简单的乘加，简记式(5-58)的运算量为T_{BL}。

由5.4.3节的算法设计可知，除去图像周边的两行和两列的插值计算，本节的CD算法主要的运算量为待插点曲率K计算及两组像点的均值，即第四次和第五次插值。图像内部像点的两次插值操作主要包括Value与式(5-55)中K的运算：

$$\left.\begin{aligned} p_1 &= \left(a_1 + a_2\right)/2 \\ p_2 &= \left(a_3 + a_4\right)/2 \\ \text{Value} &= w_1 \times p_1 + w_2 \times p_2 \\ K &= \left|A + B + C + D + E + F - 3(G + H)\right| \end{aligned}\right\} \tag{5-59}$$

在实际应用时，每个待插像点需要计算两次曲率值，即方形待插点的45°与135°，菱形待插点的0°与90°。具体地，每个待插点的运算在式(5-58)的基础上增加了两次曲率运算，简记T_{CD}为计算一次曲率K所需要的运算量，即式(5-59)的最后一项，包括了7个加、1个乘及1个取绝对值操作。注意这里忽略了曲率的大小判断。

由图5-11的插值顺序图示可知，尺寸为$M \times N(M \geqslant 4, N \geqslant 4)$的LR图像的内部待插像点总数目为

$$\begin{aligned} C &= (2M - 1 - 4) \times (2N - 1 - 4) - (M - 2) \times (N - 2) \\ &= 3MN - 8M - 8N + 21 \end{aligned} \tag{5-60}$$

因此本算法主要的总运算量约为

$$T_{\text{CDBL}}(M \times N) \approx C \cdot (2T_{\text{CD}} + T_{\text{BL}}) \tag{5-61}$$

其中，$2T_{\text{CD}} + T_{\text{BL}}$为插值一个像点所需的运算量。

对于计算图像内部主要像点的插值来说，双线性插值的主要运算量约为

$$T_{\text{BL}}(M \times N) \approx C \cdot T_{\text{BL}} \tag{5-62}$$

比较上述两运算量可知，本节的曲率驱动的类双线性插值算法相对传统的双线性插值，主要增加了用于计算曲率的乘加运算，而T_{CD}的运算量完全可以接受，且其操作易转换为定点数据类型。

5.4.5 算法小结

针对高信噪比图像，5.4 节提出一种改进的类双线性快速插值方法。该方法将图像的二维坐标与像点的灰度值映射为空间的三维曲面；以指定方向曲面的剖面曲率作为边缘几何类型的判别依据，驱动四像点快速插值。实验表明，该方法可直接应用于插值放大，也能作为稀疏表示重构方法的低频分量基础。

5.5 本章小结

本章主要研究了基于模型/重构的图像 SR 技术，分析和讨论了这类技术存在的主要问题和对应的解决方法。这类算法主要针对多帧低分辨率输入图像的情况，但也包含一些单幅图像的超分辨率情况，本书主要考查单幅图像基于重构的超分辨率方法。基于模型/重构的超分辨率技术要求重构图像在经过模糊核下采样后要尽可能与输入低分辨率图像一致，但模糊过程采用的模糊核往往与图像自身的退化参数不一致，所以这样的强制性约束实质上没有太大作用。基于模型或 PDE 的超分辨率算法重构效果实质上并不比传统插值技术好多少，特别是在对比度和清晰度上更没有明显的优势，但这类算法效率极低且对缩放因子非常敏感。针对这一问题，本章提出了一种在泰勒展开式基础上进行曲率逆向扩散调整的 PDE 方法，能够以较高的效率实现比一般重构方法更好的超分辨率处理效果，特别是在视觉效果上的优势尤为明显。

另一方面，基于图像局部区域的指定方向的曲率信息，本章提出了一种曲率驱动的类双线性图像快速插值方法。引入像素的灰度变化趋势以修改传统插值并构成类双线性插值公式。以灰度值为高程的图像曲面的剖面曲率能有效刻画或表征图像的主要几何结构。基于曲率阈值设置强边缘、弱边缘或纹理及平滑等图像结构的插值权重。通过与传统的线性插值、S 样条插值、边缘指导插值及面向边缘插值等算法的比较，本算法无论在插值图像的客观评测，还是主观视觉质量上均取得了相对较好的插值效果。曲率驱动的类双线性插值方法适于无噪声、无模糊的高信噪比图像的整数倍放大，为可用计算资源有限的图像系统提供图像的快速插值放大，同时本算法适用于快速实时系统。但由于采用的局部曲率信息和类双线性插值的四像点运算均受噪声干扰，本算法对于有噪声图像的插值放大失效，重构效果低于基于图像边缘结构信息指导的插值算法。所以针对有噪图像的插值放大，在本算法的基础上应增加边缘结构等全局信息指导或采取先去噪后插值的策略。

参考文献

[1]赵小乐，吴亚东，张红英，等. 基于泰勒展开式与曲率逆向驱动的图像超分辨算法[J]. 计算机应用，2015，34(12)：3570-3575.

[2]路锦正，张启衡，徐智勇，等. 基于曲率驱动的类双线性图像快速插值方法[J]. 光电工程，2011，38(4)：108-114.

[3]Stark H，Oskoui P. High-resolution image recovery from image-plane arrays，using convex projections[J]. Journal of the Optical Society of America A，1989，6(11)：1715-1726.

[4]Park S C，Park M K，Kang M G. Super-resolution image reconstruction：a technical overview[J]. IEEE Signal Processing Magazine，2003，20(4)：21-36.

[5]Wang T，Zhang Y，Zhang Y S，et al. Automatic superresolution image reconstruction based on hybrid MAP-POCS[C]//International Conference on Wavelet Analysis and Pattern Recognition. New York：IEEE，2007：426-431.

[6]Yang X F，Li J Z，Li D D. A super-resolution method based on hybrid of generalized PMAP and POCS[C]//2010 3rd IEEE International Conference on Computer Science and Information Technology(ICCSIT). New York：IEEE，2010：355-358.

[7]Park S C，Park M K，Kang M G. Super-resolution image reconstruction：a technical overview[J]. IEEE Signal Processing Magazine，2003，20(4)：21-36.

[8]Lu Z W，Wu C D，Chen D Y，et al. Overview on image super resolution reconstruction[C]//The 26th China Control and Decision-making Conference Proceedings[C]. New York：IEEE，2014：2009-2014.

[9]Rudin L I，Osher S，Fatemi E. Nonlinear total variation based noise removal algorithms[J]. Physica D-nonlinear Phenomena，1992，60(1-4)：259-268.

[10]Ng M K，Shen H，Lam E Y，et al. A total variation regularization based super-resolution reconstruction algorithm for digital video[J]. Journal on Advances in Signal Processing，2007(2)：1-16.

[11]Babacan S D，Molina R，Katsaggelos A K. Total variation super resolution using a variational approach[C]//15th IEEE International Conference on Image Processing. New York：IEEE，2008：641-644.

[12]Unger M，Pock T，Werlberger M，et al. A convex approach for variational super-resolution[C]//Pattern Recognition. Berlin：Springer，2010：313-322.

[13]Babacan S D，Rafael M，Katsaggelos A K. Variational bayesian super resolution[J]. IEEE Transactions on Image Processing，2011，20(4)：984-999.

[14]Babacan S D，Rafael M，Katsaggelos A K. Parameter estimation in TV image restoration using variational distribution approximation[J]. IEEE Transactions on Image Processing，2008，17(3)：326-339.

[15]Babacan S D，Rafael M，Katsaggelos A K. Variational bayesian blind deconvolution using a total variation prior[J]. IEEE Transactions on Image Processing，2009，18(1)：12-26.

[16]Irani M，Peleg S. Image sequence enhancement using multiple motions analysis[C]//IEEE Computer Society Conference on Computer Vision and Pattern Recognition. New York：IEEE，1992：216-221.

[17]Tom B C，Katsaggelos A K. Reconstruction of a high-resolution image by simultaneous registration，restoration，and interpolation of low-resolution images[C]//International Conference on Image Processing. New York：IEEE，1995：539-542.

[18]Schultz R R，Stevenson R L. Extraction of high-resolution frames from video sequences[J]. Image Processing IEEE Transactions on，1996，5(6)：996-1011.

[19]Elad M，Feuer A. Restoration of a single superresolution image from several blurred，noisy，and undersampled measured images[J]. IEEE Transactions on Image Processing A Publication of the IEEE Signal Processing Society，1997，6(12)：1646-1658.

[20]Zhu N. Image zooming based on partial differential equations[J]. Journal of Computer Aided Design & Computer Graphics，2005，17(9)：1941-1945.

[21]Perona P，Malik J. Scale-space and edge detection using anisotropic diffusion[J]. Pattern Analysis & Machine Intelligence IEEE Transactions on，1990，12(7)：629-639.

[22]Sapiro G，Caselles V. Histogram modification via partial differential equations[C]//International Conference on Image Processing. Washington DC：IEEE，1995：632-635.

[23]Sapiro G，Caselles V. Histogram modification via partial differential equations[C]//International Conference on Image Processing[C]. Washington D. C. ：IEEE，1995：632-635.

[24]王蕾. 基于偏微分方程的图像放大研究[D]. 西安：西北大学，2009.

[25]祝轩，周明全，朱春香，等. 曲率驱动与边缘停止相结合的非线性扩散及其在图像去噪中的应用[J]. 光子学报，2008，37(3)：609-612.

[26]Kass M，Witkin A，Terzopoulos D. Snakes：Active contour models[J]. International Journal of Computer Vision，1988，1(4)：321-331.

[27]Lin Z C，Shum H Y，Lin Z. Fundamental limits of reconstruction-based superresolution algorithms under local translation[J]. IEEE Transactions on Pattern Analysis & Machine Intelligence，2004，26(1)：83-97.

[28]Glasner D，Bagon S，Irani M. Super-resolution from a single image[C]//IEEE Conference on Computer Vision. New York：IEEE，2009：349-356.

[29]Zontak M，Irani M. Internal statistics of a single natural image[C]//2011 IEEE Conference on Computer Vision and Pattern Recognition(CVPR). New York：IEEE，2011：977-984.

[30]Reichenbach S E，Frank G. Two-dimensional cubic convolution[J]. IEEE Transactions on Image Processing，2003，12(8)：857-865.

[31]Shi J Z，Reichenbach S E. Image interpolation by two-dimensional parametric cubic convolution[J]. IEEE Transactions on Image Processing，2006，15(7)：1857-1870.

[32]Chen M J，Bovik A C. No-reference image blur assessment using multiscale gradient[J]. EURASIP Journal on Image and Video Processing，2011，2011(1)：1-11.

[33]Silna E A，Panetta K，Agaian S S. Quantifying image similarity using measure of enhancement by entropy[C]//Defense and Security Symposium. International Society for Optics and Photonics. 2007：6579(1-12)

[34]Huang W，Chen R，Zhang J. The improvement and implementation for objective measurement methods of digital video image quality[J]. Journal of Beijing University of Posts and Telecommunications，2005(4)：87-90.

[35]张宏，温永宁，刘爱利，等. 地理信息系统算法基础[M]. 北京：科学出版社，2006.

[36]章毓晋. 图像工程(上册)：图像分析[M]. 北京：清华大学出版社，2005.

[37]Li X，Orchard M T. New edge-directed interpolation[J]. IEEE Transactions on Image Processing，2001，10(10)：1521-1526.

[38]Chen M J，Huang C H，Lee W L. A fast edge-oriented algorithm for image interpolation[J]. Image and Vision Computing，2005，23(9)：791-798.

[39]Wang Z，Bovik A C，H. R. Sheikh，et al. Image quality assessment：form error visibility to structural similarity[J]. IEEE Transactions on Image Processing，2004，13(4)：600-612.

第 6 章　基于机器学习的超分辨率重构技术

众所周知，超分辨率问题是典型的不适定(ill-posed)解或病态问题，也就是说图像超分辨率问题的解是不确定的。本质上，对这类问题的求解就是通过一定的约束条件使其变为适定的(well-posed)。对超分辨率问题的解进行约束的过程，可以等价地看成是利用一定的先验知识来求解不定解问题的过程。事实上，前面介绍的传统插值技术和基于模型/重构的超分辨率技术也是添加一定的约束条件来求解超分辨率问题。传统插值技术是通过一个公有假设来约束 SR 问题的解：目标 HR 图像数据是带宽受限的、连续的平滑信号；基于模型的方法是通过各种不同的模型来约束 SR 问题的解，而基于重构的方法则是基于 HR 图像在合适的退化和下采样后应该生成 LR 输入图像这一基本假设。因此，不同种类 SR 方法之间的本质区别就体现在约束超分辨率问题解的方法的不同。无论是传统插值技术的连续信号假设，还是模型方法假设各种不同模型，它们的先验知识都是通过假设得到的。

与插值和重构技术不同，基于机器学习的方法是通过对大量训练样本学习获取先验知识。相对于通过假设获得的先验知识来说，这些通过学习得到的先验知识更加准确地反映了 LR/HR 样本之间的对应关系。大量实践证明，基于机器学习的超分辨率方法能够获得比传统方法更具优势的超分辨率处理结果，这类方法也因此受到了国内外研究人员的广泛关注，成为目前最流行的超分辨率处理方法之一。然而，传统的机器学习算法依赖于 LR/HR 图像块，是对图像信号内部模式的一种浅层学习与理解。为了更加深刻地理解图像数据内部模式并用于图像 SR 处理，一些学者又提出了基于人工神经网络与深度学习的超分辨率技术。

第 1 章绪论从历史发展、不断演化的角度介绍了基于机器学习方法的发展历程和研究现状，本章将详细介绍常见的几种基于机器学习的单幅图像超分辨率方法；随后讨论基于机器学习方法现存的几个主要问题，并有针对性地提出两个基于机器学习的单幅图像超分辨率处理方法[1-2]。本章详细地介绍了所提算法的各个组成部分和针对的主要问题，数值试验验证了所提算法的有效性。

6.1　常见的机器学习算法简介

本节将从原理上简要介绍几种典型的基于机器学习的方法。由于图像超分辨率处理中的机器学习方法种类繁多，不便于详细介绍，这里只介绍每类算法的典型代表。

6.1.1　样本学习

由于单独的局部图像信息不足以有效预测 LR 图像中丢失的高频细节，Freeman 等[3]的样本学习方法利用马尔可夫网络对 LR/HR 图像块对进行建模。又由于对马尔可夫网络的精确求解十分耗时，所以 Freeman 等采用了置信传播(belief propagation，BP)算法对其进行近似求解。值得注意的是，这里之所以称为样本学习，是因为该算法直接在训练样本上完成 SR 处理。

假设在马尔可夫网络中，LR 图像块对应的节点集合为$\left\{N_{\mathrm{L}}^{i}\right\}_{i=1}^{P}$，HR 图像块对应的节点集合为$\left\{N_{\mathrm{H}}^{i}\right\}_{i=1}^{P}$，其中 P 为训练样本块的总数。利用马尔可夫网络对图像块建模的过程如图 6-1 所示，其中圆形表示节点，节点与节点之间的连线表示节点之间的统计依赖性。在给定 LR 图像块 N_{L} 的情况下，任何一个给定 HR 图像块 N_{H} 的概率与所有兼容矩阵 $\boldsymbol{E}_{\mathrm{HH}}\left(N_{\mathrm{H}}^{i},N_{\mathrm{H}}^{j}\right)$和向量$\boldsymbol{e}_{\mathrm{LH}}\left(N_{\mathrm{H}}^{i},N_{\mathrm{L}}^{i}\right)$的乘积成比例，即

$$p\left(N_{\mathrm{H}} \mid N_{\mathrm{L}}\right)=\frac{1}{Z}\prod_{\substack{i=1\\j=1}}^{P}\boldsymbol{E}_{\mathrm{HH}}\left(N_{\mathrm{H}}^{i},N_{\mathrm{H}}^{j}\right)\sum_{i=1}^{P}\boldsymbol{e}_{\mathrm{LH}}\left(N_{\mathrm{H}}^{i},N_{\mathrm{L}}^{i}\right) \tag{6-1}$$

其中，$\boldsymbol{E}_{\mathrm{HH}}\left(N_{\mathrm{H}}^{i},N_{\mathrm{H}}^{j}\right)$表示两个相邻 HR 节点之间的可能状态，$\boldsymbol{e}_{\mathrm{LH}}\left(N_{\mathrm{H}}^{i},N_{\mathrm{L}}^{i}\right)$表示观测样本与潜在 HR 样本之间的隐藏状态，$Z$ 是一个归一化常数。对上述两个函数$\boldsymbol{E}_{\mathrm{HH}}\left(N_{\mathrm{H}}^{i},N_{\mathrm{H}}^{j}\right)$和$\boldsymbol{e}_{\mathrm{LH}}\left(N_{\mathrm{H}}^{i},N_{\mathrm{L}}^{i}\right)$，Freeman 等采用如下表达式来细化：

$$\boldsymbol{E}_{\mathrm{HH}}^{ij}\left(N_{\mathrm{H}}^{i},N_{\mathrm{H}}^{j}\right)=\exp\left[-\frac{d_{ij}\left(N_{\mathrm{H}}^{i},N_{\mathrm{H}}^{j}\right)}{2\sigma^{2}}\right] \tag{6-2}$$

其中，$d_{ij}\left(N_{\mathrm{H}}^{i},N_{\mathrm{H}}^{j}\right)$为两个 HR 图像块的平方差之和，$\boldsymbol{e}_{\mathrm{LH}}^{i}\left(N_{\mathrm{H}}^{i},N_{\mathrm{L}}^{i}\right)$也采用式(6-2)计算，但只考虑重叠区域的数据。设节点 i 和节点 j 之间的信息量为$\boldsymbol{m}_{ij}$，它是一个维度与当前节点 j 可能的状态数一致的向量。置信传播算法就是在节点之间不断刷新这一信息量的算法，并以此来选择最优 HR 图像块。

$$\boldsymbol{m}_{ij}\left(N_{\mathrm{H}}^{j}\right)=\sum_{N_{\mathrm{H}}}\boldsymbol{E}_{\mathrm{HH}}^{ij}\left(N_{\mathrm{H}}^{i},N_{\mathrm{H}}^{j}\right)\prod_{k\neq j}\boldsymbol{m}_{ki}\left(N_{\mathrm{H}}^{i}\right)\boldsymbol{e}_{\mathrm{LH}}^{i}\left(N_{\mathrm{H}}^{i},N_{\mathrm{L}}^{i}\right) \tag{6-3}$$

上式的求和是在所有的 HR 图像块上进行的，乘积是在当前 HR 节点 N_{H}^{i} 的所有邻域上进行的，除了节点，其 LR 邻域 N_{L}^{j}，当置信传播算法收敛时，HR 图像节点 N_{H}^{i} 的边缘概率为

$$b_{i}\left(N_{\mathrm{H}}^{i}\right)=\prod_{k}\boldsymbol{m}_{ki}\left(N_{\mathrm{H}}^{i}\right)\cdot\boldsymbol{e}_{\mathrm{LH}}^{i}\left(N_{\mathrm{H}}^{i},N_{\mathrm{L}}^{i}\right) \tag{6-4}$$

除了 Freeman 等的样本学习算法，文献[4]和文献[6]所提的方法也是典型的样本学习方法，Zhu 等[7]提出的方法基于可变性的图像块对，但仍然受到样本学习方法的启发。由于这类方法需要由大量 LR/HR 图像块对组成的外部数据库，在通过 LR 样本计算潜在 HR 样本时往往需要花费大量时间，造成这类技术时间效率很低，这也是其在后来的研究中没有受到大量关注的原因之一，但样本学习方法却开辟了利用机器学习进行图像 SR 处理的先例。

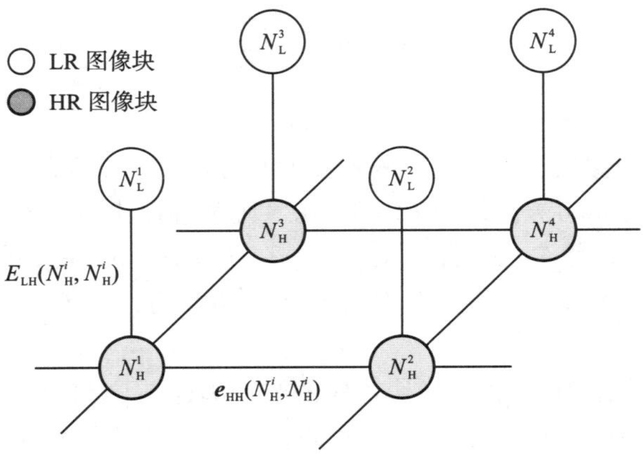

图 6-1　样本学习中的马尔可夫模型

6.1.2　邻域嵌入

样本学习法最主要的缺点是其需要一个由数量庞大的 LR/HR 图像块对组成的外部数据库，从而造成算法效率极低。邻域嵌入法通过固定数量的邻域来合成潜在 HR 特征块，极大限度地降低了算法时间消耗。假设有一个由 LR/HR 图像块对组成的外部数据库 $\left\{\boldsymbol{x}_i^t, \boldsymbol{y}_i^t\right\}_{i=1}^P$，$\boldsymbol{x}_i^t$ 表示 HR 训练特征块，$\boldsymbol{y}_i^t$ 表示 LR 训练特征块，P 为外部数据库中训练样本总数。设输入 LR 图像经过采样形成一个测试数据库 $\left\{\boldsymbol{y}_i^c\right\}_{i=1}^Q$，$\boldsymbol{y}_i^c$ 为 LR 测试特征块，Q 为测试样本总数。邻域嵌入法是利用局部线性嵌入的思想，结合 $\left\{\boldsymbol{y}_i^c\right\}_{i=1}^Q$ 和外部数据库 $\left\{\boldsymbol{x}_i^t, \boldsymbol{y}_i^t\right\}_{i=1}^P$ 来估计 HR 特征集 $\left\{\boldsymbol{x}_i^c\right\}_{i=1}^Q$。

整个最近邻域算法的实现思路实际上非常简单。对任意一个 LR 特征块 $\boldsymbol{y}_i^c$ 对应的 HR 特征块 $\boldsymbol{x}_i^c$，首先计算其 K 邻域最小误差重构系数 $\widehat{w}_{ij}$：

$$\widehat{w}_{ij} = \underset{w_{ij}}{\operatorname{argmin}} \left\| \boldsymbol{y}_i^c - \sum_{j=1}^K w_{ij} \cdot \boldsymbol{y}_j^t \right\|^2, \quad \boldsymbol{y}_j^t \in \Omega \tag{6-5}$$

其中，Ω 表示特征块 $\boldsymbol{y}_i^c$ 的 K 个最近邻域所组成的集合。通过式(5-5)求解得到的最小误差重构系数 $\widehat{w}_{ij}$，可直接运用到 K 个最近邻域在外部数据库中对应的 HR 训练特征块，通过加权求和即可求得 HR 特征块 $\boldsymbol{x}_i^c$：

$$\boldsymbol{x}_i^c = \sum_{j=1}^K w_{ij} \boldsymbol{x}_j^t \tag{6-6}$$

对式(6-5)的求解，可以利用典型的最小二乘法。设 LR 特征块 $\boldsymbol{y}_i^c$ 的大小为 $h \times h$，则按词典排序可以将其组织成 $h^2 \times 1$ 的列向量。定义一个大小为 $h^2 \times K$ 的矩阵 $\boldsymbol{N}$，它表示 $\boldsymbol{y}_i^c$ K 个邻域组成的矩阵，每一列都对应一个邻域特征块。权重系数也被组织成一个 $K \times 1$ 的向量 $\boldsymbol{w}$，每个元素的位置与 $\boldsymbol{N}$ 中的每列所表示的邻域对应。那么式(6-5)可以改写为

$$\widehat{\boldsymbol{w}} = \underset{\boldsymbol{w}}{\operatorname{argmin}} \left\| \boldsymbol{y}_i^c - \boldsymbol{N}\boldsymbol{w} \right\|^2 \tag{6-7}$$

根据最小二乘法则，可得最小误差重构系数 w_{ij} 的封闭解为

$$\widehat{\boldsymbol{w}}=\left(\boldsymbol{N}^{\mathrm{T}}\boldsymbol{N}\right)^{-1}\boldsymbol{N}^{\mathrm{T}}\boldsymbol{y}_i^c \tag{6-8}$$

邻域嵌入法假设 LR 和 HR 图像块在两个不同的空间内形成了相似的几何结构，所以在构成 HR 特征块时直接使用了从 LR 特征块计算得到的最小误差重建系数和 LR 特征块对应的 HR 特征块。由于固定了邻域数量，邻域嵌入法比样本学习方法要快很多，效果也有所提升。然而，原始的邻域嵌入法的处理结果仍然受诸多因素影响，如特征选取与表达、邻域大小和数量、HR 特征块的精度估计等。许多研究者针对这些问题对邻域嵌入法进行了改进，例如文献[8]和文献[9]专门针对图像中的特征进行特殊处理，文献[10]通过在最小误差重构系数上添加非负性约束来提高算法的估计精度和降低算法复杂度，文献[11]通过反向投影残差来校正估计数据，提高估计精度。文献[12]使用低秩矩阵恢复技术对训练样本进行分组，从而在特征空间内挖掘潜在纹理结构。值得注意的是该方法使用的邻域数量是固定的，这也是造成邻域嵌入法容易出现过拟合和欠拟合的主要原因。

6.1.3　稀疏表达

利用稀疏表达执行 SR 处理任务，最早是由 Yang 等[13]针对邻域嵌入法固定邻域数量容易造成过拟合或欠拟合问题而提出的。这种方法假设 LR 图像是 HR 图像的下采样版本，而 HR 图像块是一个超完备词典(over-complete dictionary，OCD)上的稀疏表达。根据压缩感知(compressive sensing，CS)[14]理论可知，HR 信号的稀疏表达在比较温和的条件下可以由 LR 信号的稀疏表达正确恢复。在原始稀疏表达方法中，LR 特征的稀疏系数直接运用于求解 HR 信号。

设 $\boldsymbol{y}$ 表示大小为 $h_{\mathrm{L}}\times h_{\mathrm{L}}$ 的 LR 图像(特征)块，$\boldsymbol{x}$ 表示大小为 $h_{\mathrm{H}}\times h_{\mathrm{H}}$ 的 HR 图像(特征)块。现有两个大小分别为 $h_{\mathrm{L}}^2\times K$ 和 $h_{\mathrm{H}}^2\times K$ 的外部词典 $\boldsymbol{D}_{\mathrm{L}}$ 和 $\boldsymbol{D}_{\mathrm{H}}$，则 LR 信号 $\boldsymbol{y}$ 关于 $\boldsymbol{D}_{\mathrm{L}}$ 的稀疏表达系数向量 $\boldsymbol{\pi}_{\mathrm{L}}$ 满足

$$\boldsymbol{y}=\boldsymbol{D}_{\mathrm{L}}\cdot\boldsymbol{\pi}_{\mathrm{L}},\quad s\ll K \tag{6-9}$$

其中，s 表示向量 $\boldsymbol{\pi}_{\mathrm{L}}$ 中非零元素个数，即 $s=|\boldsymbol{\pi}_{\mathrm{L}}|_0$。若能求得系数向量 $\boldsymbol{\pi}_{\mathrm{L}}$，将其直接运用到 HR 特征空间便可恢复 HR 特征信号。通常，寻找最稀疏的表达问题可以表示为

$$\min\|\boldsymbol{\pi}_{\mathrm{L}}\|_0\qquad \text{s.t.}\qquad \|\boldsymbol{D}_{\mathrm{L}}\boldsymbol{\pi}_{\mathrm{L}}-\boldsymbol{y}\|_2^2\leqslant\varepsilon \tag{6-10}$$

注意这是一个典型的 NP 难题，但若目标向量 $\boldsymbol{\pi}_{\mathrm{L}}$ 足够稀疏，L_1 范式的稀疏表达问题可以用 L_1 范式的稀疏表达问题代替，即

$$\min\|\boldsymbol{\pi}_{\mathrm{L}}\|_1\qquad \text{s.t.}\qquad \|\boldsymbol{D}_{\mathrm{L}}\boldsymbol{\pi}_{\mathrm{L}}-\boldsymbol{y}\|_2^2\leqslant\varepsilon \tag{6-11}$$

利用拉格朗日乘子可将式(6-11)等价地改写成数据保真项加上约束条件的形式，即

$$\widehat{\boldsymbol{\pi}}_{\mathrm{L}}=\underset{\boldsymbol{\pi}_{\mathrm{L}}}{\operatorname{argmin}}\ \frac{1}{2}\|\boldsymbol{D}_{\mathrm{L}}\boldsymbol{\pi}_{\mathrm{L}}-\boldsymbol{y}\|_2^2+\lambda\|\boldsymbol{\pi}_{\mathrm{L}}\|_1 \tag{6-12}$$

其中，参数 λ 在解的稀疏性和数据保真度之间起平衡作用。式(6-12)是典型的 Lasso 问题，可以使用专门的数学工具对其进行求解，如高效投影稀疏学习工具 SLEP[15]。原始的稀疏

表达方法采用如图 6-2 所示的处理流程，注意 LR 信号的稀疏表达系数直接运用于求解对应的 HR 信号。

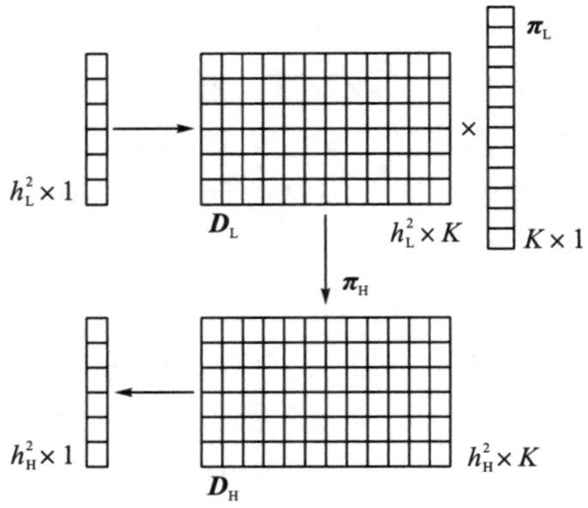

图 6-2　稀疏表达处理思想示意图

Yang 等[13]使用稀疏编码算法[16]有效地解决了邻域嵌入法固定邻域数量引起的过拟合和欠拟合问题，如图 6-3 所示，这一自适应选择邻域数量的策略显著地提高了 HR 特征块的重构精度。但是，原始的稀疏表达方法也存在一定的缺陷，最明显的缺陷之一是时间消耗问题，这体现在两个方面：超完备词典的训练和根据超完备词典求解 L_1 范式约束的最优化问题。文献[17]提出一个联合词典训练方法来训练 LR 和 HR 特征空间内的词典，其本质是串接两个特征空间将其转化为单一特征空间内的标准稀疏编码问题，这样便可以得到对偶特征空间更简洁的表示，从而提高算法效率。Zeyde 等[18]在 LR 特征空间使用 KSVD 词典训练算法训练词典，并据此用最小二乘法求解 HR 特征空间内的词典，一定程度上提升了 SR 效果。Sudarshan 和 Babu[19]提出了一种快速的、基于稀疏表达的超分辨率算法，通过自主选取有益于 SR 处理的图像块来缩小处理样本的规模，进而提高算法效率。

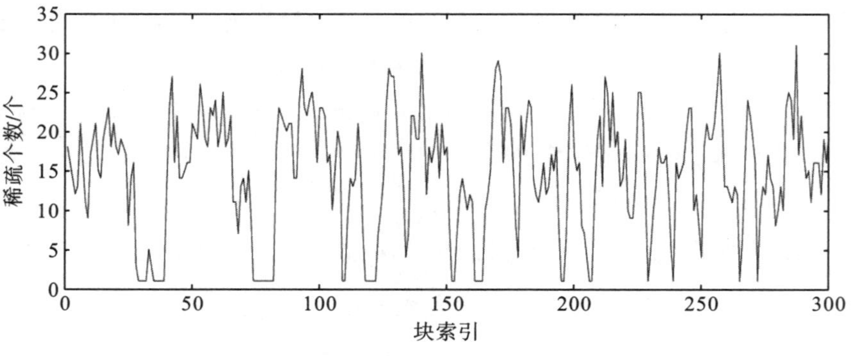

图 6-3　一幅测试图像中 300 个典型图像块的稀疏表达[13]

另外，无论是从时间效率还是处理效果上来说，稀疏编码方法本身还存在许多可以改进的地方。例如，Dong 等[20]利用稀疏编码来处理极度简化的图像超分辨率问题，即图像插值。Ram 和 Rodriguez[21]受稀疏表达和就地样本回归(in-place example regression)[5, 22]的启发将词典学习融入局部回归模型，有效抑制了重构图像中的人工痕迹，进一步提高了超分辨率重构精度和效果。

6.1.4　深度学习

一般的机器学习算法通常考虑 LR/HR 特征之间存在一定的直接联系，而深度学习算法假设 LR/HR 特征之间没有直接联系，但与一些隐藏特征具有完全的直接联系(full set of connection)，以此来挖掘图像特征之间的深层规律。利用深度学习来处理图像 SR 问题的关键在于如何设计适当的深层神经网络结构来表达相应的图像特征。

在深度学习领域虽然出现了很多神经网络结构，如深度置信网络(deep belief network，DBN)、深度卷积网络(deep convolutional network，DCN)、自动编码器(auto-encoder)等，但深度学习的基本结构还是受限玻尔兹曼机(restricted Boltzmann machines，RBM)。RBM 是一个带有二值化隐藏神经元集合 $\boldsymbol{h}$、二值化或实值可视神经元集合 $\boldsymbol{v}$，以及表示这两层之间的对称链接关系的矩阵 $\boldsymbol{W}$ 所组成的双层、双边、无向图模型[23]，图 6-4 给出了 RBM 和 DBN 的图模型。该模型的能量函数定义如下：

$$p(\boldsymbol{v},\boldsymbol{h})=\frac{1}{Z}\exp\left[-E(\boldsymbol{v},\boldsymbol{h})\right] \tag{6-13}$$

其中，Z 是使概率模型归一化的配分函数。如果可视神经元是二值化的，则能量函数可以定义为

$$E(\boldsymbol{v},\boldsymbol{h})=-\sum_{i,j}v_iW_{ij}h_j-\sum_{j}b_jh_j-\sum_{i}c_iv_i \tag{6-14}$$

式中，b_j 和 c_i 分别表示对应隐藏神经元和可视神经元的偏移量(bias)。如果可视神经元是实值化的，则能量函数可以定义为

$$E(\boldsymbol{v},\boldsymbol{h})=\frac{1}{2}\sum_{i}v_i^2-\sum_{i,j}v_iW_{ij}h_j-\sum_{j}b_jh_j-\sum_{i}c_iv_i \tag{6-15}$$

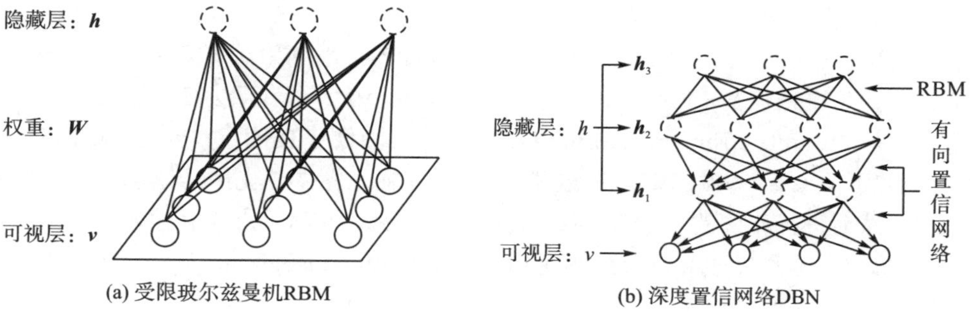

图 6-4　RBM 和 DBN 的基本结构

RBMs参数的最优化是通过对训练数据的Log似然函数执行随机梯度上升来实现的，早些时候一般采用对比分歧(contrastive divergence，CD)来近似计算，但目前一般采用文献[24]所提的贪婪算法。由于隐藏神经元依条件独立于另一个给定的可视层，反之亦然，所以可以通过在给定另一层的情况下(并行地)交替采样每一层的神经元来执行有效的分块Gibbs采样，而分块Gibbs采样要用到sigmoid转换函数计算RBM的条件概率[25-26]。

Huang和Long[27]首先结合最优恢复理论将深度学习用于图像SR处理的实践，他们使用了一种 3 层前馈(feed-forward，FF)神经网络，如图 6-5 所示。左边的输入对应了$h \times h = M$的一个图像块，Huang和Long的算法中取$h=8$，另外还设计了50个隐藏神经元和9个输出神经元。隐藏层和可视层的sigmoid转换函数分别为

$$\mathrm{sig}_h(x) = \frac{2}{1+\exp(-2x)} - 1 \tag{6-16}$$

$$\mathrm{sig}_v(x) = \frac{1}{1+\exp(-x)} \tag{6-17}$$

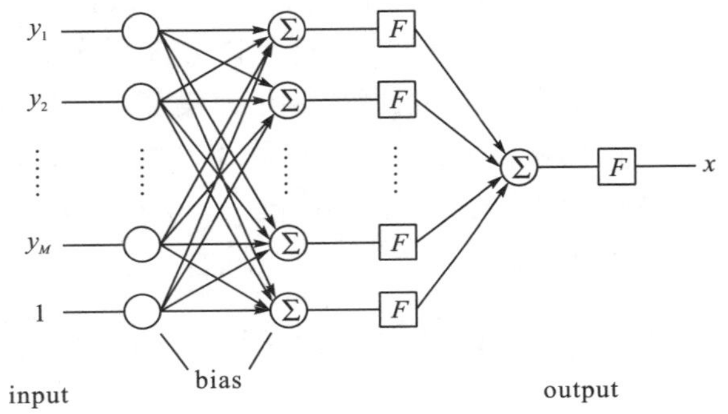

图 6-5　Huang 和 Long[28]设计的神经网络结构

关于神经网络和深度学习的详细细节可以参见文献[29-31]。

值得注意的是，Huang和Long在训练上述前馈神经网络时采用的是量化共轭梯度法(scaled conjugate gradient method，SCG)。Hinton等[24]为训练深度置信网络介绍了一种有效的训练算法，使得DBN迅速扩展到信号处理的各个领域中。在图像SR领域中也不例外，Nakashika等[25]就利用深度置信网络DBN来处理图像SR任务。与当前大多数算法不同的是，Nakashika等所提的算法是在频率域进行的，而利用深度学习来进行SR处理也是从频域的角度来恢复LR图像的高频细节。如图6-6所示，算法在训练阶段首先利用离散余弦变换(discrete cosine transform，DCT)将训练图像(HR图像)转换到频率域，并用所得二维DCT系数来训练DBN。在重建阶段，LR输入图像首先用传统插值技术放大到目标尺度，然后进行相同的DCT变换。利用经过训练的DBN来恢复输入LR图像在频域的DCT系数，再利用逆离散余弦变换(inverse discrete cosine transform，IDCT)将图像转换到空间域。

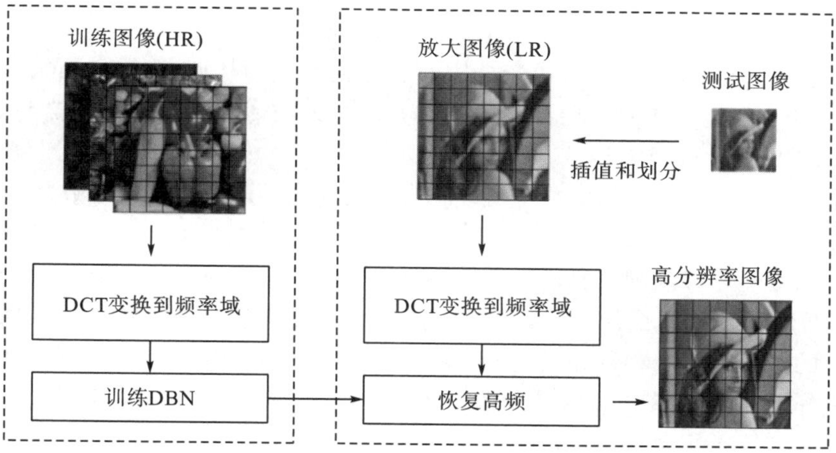

图 6-6　基于深度置信网络 DBN 的高频恢复算法处理框架[25]

Zhou 等[32]也是用 DBN 来处理图像 SR 任务，但他们的方法直接在空间域进行。该方法直接以实值化的 LR 图像块作为 DBN 的输入，预测的 HR 图像块也直接作为 DBN 的输出。另一个利用深度学习进行图像 SR 处理的典型算法是 Dong 等[33]近年来提出的深度卷积网络。该算法也是直接在空间域操作，通过将特征块提取、特征聚合等预处理纳入神经网络的优化过程，显著地提高了 SR 效果。另外还有一些深度学习进行各种信号处理的例子，不仅仅是图像 SR 处理，还可用于数据降维[28]、分类[23]、模式识别[30]、姿态恢复[34]等应用。

6.2　学习算法的主要问题

相对于传统的插值技术和基于模型/重构的 SR 技术来说，基于机器学习的图像 SR 技术获得先验知识的途径更合理。无论是最近提出的深度学习方法，还是早期的传统学习方法，它们在图像 SR 领域中取得的突破性成就有力地说明了这类技术的有效性。但是，机器学习方法也有一些不足之处，在前面的介绍中涉及一些这方面的内容。这里将对各类基于机器学习算法的不足之处进行总结。

样本学习：这类算法最大的缺点就是要求一个容量较大的外部数据库，该外部数据库由大量 LR/HR 图像(特征)块对组成。由于进行 SR 重构时必须对整个外部数据库进行搜索，这必然会造成算法效率下降。另外，为了使外部数据库更具表达力，这类方法对数据库中训练样本的质量要求也比较高。最后，样本学习方法采用置信传播来避免使用局部信息直接进行 SR 重构，这使得样本学习算法对噪声十分敏感。

邻域嵌入：邻域嵌入法的最大缺陷是固定了样本块的邻域数量，这在估计 HR 特征块时很容易造成过拟合或欠拟合问题。无论是过拟合还是欠拟合现象，最终结果都是降低了算法估计精度，影响重构效果。

稀疏表达：这种方法有效地避免了前面两类算法出现的问题，但它涉及超完备词典的构建、词典学习算法的选取、求解 L_0/L_1 范式约束的最优化问题等。由于图像 SR 处理问题涉及 LR 和 HR 两个对偶特征空间，如何准确表达两个特征空间上系数编码的映射关系也是这类算法的主要问题之一，有研究人员专门针对这一问题进行了深入研究[29, 35-37]。

深度学习：相对于传统的机器学习方法来说，深度学习方法可以看成是一类新的图像 SR 处理技术。如果说传统的机器学习方法是通过一种浅层学习模式来获取少量的先验知识，那么深度学习方法则是通过一种深层学习模式来获取更多的先验知识。虽然已经有一些将深度学习运用于图像 SR 处理的实践，但处理效果提升最明显的是 Dong 等[33]近年来提出的基于深度卷积神经网络的处理技术。如何设计特征提取和表达模式使深度学习算法更好地获取 LR/HR 特征之间的非线性关系，如何设计深度神经网络的层次结构并提高优化效率等都是这类技术面临的主要问题。

上述各类机器学习方法都存在各自的优缺点，前后之间还有一定的补充，但从学习算法本身的角度来说它们还具有两个最典型的问题。首先，机器学习方法都有一个训练阶段，通过训练获取 LR/HR 特征之间的对应关系。虽然邻域嵌入和稀疏表达在重构阶段不需要样本学习那样的外部数据库，但在训练阶段几乎都需要这样的外部数据库，这就存在一个训练效果(包括效率和精度)的问题；其次，通过外部数据库获取到的 LR 和 HR 特征之间的对应关系，与测试样本之间的这种对应关系并不一定相容，这就引起了训练数据和测试数据之间的兼容性问题。关于训练效果的问题，由于训练阶段可以在线下执行，对超分辨重建的影响不大，目前还没有引起研究者们的重视。关于兼容性问题，目前通用的解决方法是输入图像既作为训练样本，又作为测试样本。Glasner 等[38]发现的图像块对冗余特征能有效解决兼容性问题，被广泛用于后续许多研究中[39-41]。另外，在输入图像严重退化时，由于训练样本的质量太低不能有效反映 LR 特征，传统的 SR 技术都会失效。盲超分辨率算法[42-47]就是专门针对这种情况的一类技术，能够较好地解决输入图像严重退化时的超分辨率问题。

6.3 基于盲模糊核估计的机器学习方法

本节针对基于机器学习的图像 SR 方面所存在的两个主要问题，提出一个统一的单幅图像盲超分辨率处理算法，该算法主要包含盲模糊核估计(blurring kernel estimation，BKE)与图像 SR 恢复(SR recovery)两个阶段。当前的图像 SR 算法大多是非盲超分辨率处理技术，即假设图像的模糊核是已知的，并用成像设备的点扩散函数 PSF 或一些默认的低通滤波器 LPF 来代替图像的模糊核函数。但是当假设模糊核函数与图像真实的模糊核函数相差较大时，得到的 SR 效果往往也很差。所提算法的第一个阶段就是针对单幅图像情况下的盲模糊核估计问题而提出的，这样从输入图像自身进行学习既能解决训练样本和测试样本之间的兼容性问题，又能得到输入图像更精确的模糊核函数，提高训练样本的质量。第二个阶段专门处理图像 SR 恢复问题，这里采用了两种方式：对偶词典学习和锚定空间映射[1-2]。前者主要是为了更精确地获取 LR 和 HR 特征空间之间的映射关系以提高 SR 重建精度，后者主要是为了大幅提高算法处理效率。大量实验结果验证了所提算法在 SR 效果上和效率上的优势。

6.3.1　改进的盲模糊核估计算法

Michaeli 和 Irani[48]基于图像的非局部自相似性 NLSS 提出了一种非参数盲 SR 算法，能够较好地估计输入图像的模糊核函数。如图 6-7(a) 所示，设输入图像为 $\boldsymbol{Y}$，$\boldsymbol{Y}^s=(\boldsymbol{Y}*k)\downarrow s$，$s$ 为下采样因子。从 $\boldsymbol{Y}$ 中采样得到索引块 $\{p_i\}_{i=1}^N$，对每一个索引块 p_i，在 $\boldsymbol{Y}^s$ 中可以找到其少量邻域块 $\{q_{ij}^s\}_{j=1}^{M_i}$，其中 M_i 表示 p_i 邻域块的个数，这些邻域块在 $\boldsymbol{Y}$ 中有其对应的"父块" $\{q_{ij}\}_{j=1}^{M_i}$（样本块）。图像块对 (p_i,q_{ij}) 可以组成一系列线性方程组，而这些线性方程组可以用于求解模糊核函数。该算法的基本思想是：首先假设模糊核为 delta 函数并用其对输入图像 $\boldsymbol{Y}$ 进行下采样，对 $\boldsymbol{Y}$ 中的每一个索引块寻找到对应的邻域块，并根据邻域块与索引块之间的相似度样本块进行加权。通过求解加权最小二乘方问题获得更新后的模糊核。这一过程持续到整个算法达到收敛状态。然而，Michaeli 和 Irani 的算法存在两个主要问题：①对输入图像中的每一个索引块都进行处理。如图 6-7(b) 和图 6-7(c) 所示，模糊核对同质区（线性区域）的影响很小而对边缘区（非线性区域）影响较大，从卷积操作的定义也可以很明显看出这一点。所以没有必要对所有索引块都求解加权最小二乘问题。②固定邻域数量容易引起过拟合或欠拟合问题，这类似于邻域嵌入法。这两个问题都造成 Michaeli 和 Irani 的算法对模糊核的估计精度不高，仍有很大的提升空间。

(a) NLSS　(b) 清晰图像　(c) 模糊图像

图 6-7　跨尺度自相似性 NLSS 与模糊效应在不同图像区域上的影响

这里将针对上述问题提出一种更精确的模糊核估计算法，该算法通过最小化图像跨尺度相异性来求解更新的模糊核函数。为了提高算法估计精确度，采用如下两个重要的修改：①不考虑平滑区域的图像块；②自适应地选择邻域数量。下面将详细介绍所提算法的各个细节。

1.选择性块处理策略

区别对待图像（特征）块可以用来精确提取图像局部结构或提高算法处理效率[35]，本节在所提的模糊核估计算法中采用了相同的选择性块处理策略（selective patch strategy，SPP），但有不同的地方。第一，Yang 等[35]使用 SPP 仅仅是为了提高算法效率，而本节

更注重对模糊核函数估计精度的考虑。其次，文献[35]选择块的度量准则是一个图像块的统计方差，而本节则是根据图像块的平均梯度幅度(average gradient amplitude，AGA)，一般用|grad|表示。这主要是因为|grad|比统计方差在区别图像块时更加有表达力[49]。

假设索引块的尺寸为$w \times h$，P_{ij}表示位置处于(i, j)的某一点，P_{ij}^x和P_{ij}^y分别表示水平方向和垂直方向上的一阶导数。那么图像块的平均梯度幅度|grad|可以简单地用下式计算：

$$|\text{grad}| = \frac{1}{h \times w} \sum_{i=1}^{h} \sum_{j=1}^{w} \sqrt{\left(P_{ij}^x\right)^2 + \left(P_{ij}^y\right)^2} \tag{6-18}$$

图 6-8 选择性块处理策略 SPP

在模糊核函数估计阶段为索引块的平均梯度幅度设置一个阈值τ_b。如果一个索引块的平均梯度幅度|grad|大于τ_b，则该索引块被用于对模糊核的估计，否则被直接丢弃。如图 6-8 所示，对两幅清晰的测试图像 Monarch 和 Tower 分别执行$3\times$SR 和$2\times$SR 时 SPP 对索引块的筛选情况，执行 SPP 之前首先用指定模糊核函数对清晰图像进行处理以模拟退化的输入图像。前者在阈值$\tau_b = 15$时可以减少约 49%的索引块，后者在阈值$\tau_b = 10$时可以减少约 46%的索引块。实验结果还说明，通过合理地选择索引块不仅可以有效提高算法效率，还有助于提高模糊核函数的估计精度。

2.盲模糊核估计

这里沿用图 6-7 中的符号来表示相关规则。对于输入图像$\boldsymbol{Y}$中的每一个索引块p_i，首先找到其满足误差限制的邻域块$\{q_{ij}\}_{j=1}^{M_i}$并据此计算每个邻域块对应样本块的权重，这主要是为了保证与索引块更相似的样本块能够占更大的比例。

$$w_{ij} = \frac{\exp\left(-\left\|\boldsymbol{p}_i - \boldsymbol{q}_{ij}^s\right\|^2 / \sigma^2\right)}{\sum_{j=1}^{M_i} \exp\left(-\left\|\boldsymbol{p}_i - \boldsymbol{q}_{ij}^s\right\|^2 / \sigma^2\right)} \tag{6-19}$$

其中，σ为附加在索引块p_i上噪声的标准差。注意，为了方便计算，一个图像块通常被安排为一个列向量，这里使用相同的符号来表示一个图像块对应的列向量。直觉上，最大化图像的跨尺度非局部自相似性 NLSS 等价于最小化图像的非局部相异性，因此此处

的最优化问题表述为

$$\hat{\boldsymbol{k}} = \arg\min_{k} \sum_{i=1}^{N} \left\| \boldsymbol{p}_i - \sum_{j=1}^{M_i} w_{ij} \boldsymbol{R}_{ij} \boldsymbol{k} \right\|_2^2 + \lambda \|\boldsymbol{C}\boldsymbol{k}\|_2^2 \tag{6-20}$$

式中，N 为 $\boldsymbol{Y}$ 中索引块总数，矩阵 $\boldsymbol{R}_{ij}$ 对应了与样本块 $\boldsymbol{q}_{ij}$ 卷积并执行下采样 s 倍的操作。式(6-20)中第三项是核先验，其中 C 是一个用于约束平滑核函数的罚函数，λ 是误差项和核先验之间的平衡参数。根据最小二乘法则，将式(6-20)中目标函数的导数设为 0，可得核函数的更新公式：

$$\hat{\boldsymbol{k}} = \left(\sum_{i=1}^{N} \sum_{j=1}^{M_i} w_{ij} \boldsymbol{R}_{ij}^{\mathrm{T}} \boldsymbol{R}_{ij} + \lambda \boldsymbol{C}^{\mathrm{T}} \boldsymbol{C} \right)^{-1} \cdot \sum_{i=1}^{N} \sum_{j=1}^{M_i} w_{ij} \boldsymbol{R}_{ij}^{\mathrm{T}} \boldsymbol{p}_i \tag{6-21}$$

式(6-21)展示的模糊核更新公式与文献[48]相似，其推理可以解释为最大后验估计。但是其采用的邻域数量是固定的，而且每一个索引块都被纳入估计模糊核的过程中。这里的模糊核函数更新公式并不固定索引块邻域数量，而是选择性地考虑索引块。更重要的是，本节的算法出于最小化图像跨尺度非局部相异性的考虑，而非最大化图像跨尺度非局部自相似性的考虑。由于不固定邻域数量，算法迭代终止规则不能以全体索引块与其邻域块之间的均方误差来表达，因此本节采用平均块相异性(average patch dissimilarity，APD)作为迭代终止规则：

$$\mathrm{APD} = \left(\sum_{i=1}^{N} \sum_{j=1}^{M_i} \left\| \boldsymbol{p}_i - \boldsymbol{q}_{ij}^{s} \right\|_2^2 \right) \cdot \left(\sum_{i=1}^{N} M_i \right)^{-1} \tag{6-22}$$

为了找到索引块的邻域，需要在整幅图像上执行大范围搜索。根据文献[49]的结论，找到结构化索引块的邻域要求更大的搜索范围，由于前面的分块处理策略，在整幅图像上执行搜索也不会花费太多时间。以下是所提模糊核函数估计算法的伪代码描述。

最小化跨尺度相异性的模糊核估计算法

输入参数：LR 索引块集合 $\{p_i\}_{i=1}^{N}$，HR 样本块集合 $\{q_i\}_{i=1}^{M}$。

初始化：设置初始模糊核为 delta 函数，根据以|grad|为度量的 SPP 选择符合条件的索引块。

　　while 不满足于迭代终止条件

　　下采样 HR 样本块：$\boldsymbol{q}_{ij}^{s} = \boldsymbol{R}_{ij} \hat{\boldsymbol{k}}$

　　找到每一个索引块的邻域并根据式(6-19)计算权重 w_{ij}

　　根据公式(6-21)更新模糊核函数

　　归一化更新后的模糊函数

end

输出参数：模糊核函数 $\boldsymbol{k}$

注意：M 是所有样本块的总数。

6.3.2　基于对偶词典训练的超分辨率重构

在图像 SR 处理领域一般涉及 LR/HR 两个特征空间，分别用 F_{L} 和 F_{H} 来表示。在这两个特征空间之间，存在某个未知的对应关系 M：$M: F_{\mathrm{L}} \to F_{\mathrm{H}}$。一般情况下，$M$ 是未知的、非线性的复杂对应关系[35]。传统的稀疏表达方法直接将 LR 特征空间上的稀疏系数运用于 HR 特征空间上，实际上是假设 M 为最简单的线性关系，这是不合理的。为了更精确地反映这种对应关系，提高 SR 恢复的效果，采用 Yang 等[35]所提的对偶词典学习算法(coupled dictionary learning，CDL)来处理稀疏编码问题。与其他方法不同的是，这里的训练数据只来自输入图像自身，而且其下采样过程采用了前面估计的模糊核函数。这样，训练样本自身具有较高的质量，且与测试样本有很高的兼容性。

对偶词典训练的目标是为对偶特征空间 F_L 和 F_H 找到一对词典 $\boldsymbol{D}_L$ 和 $\boldsymbol{D}_H$，使得 F_L 中的任何 LR 测试信号 $\boldsymbol{y}$ 关于词典 $\boldsymbol{D}_L$ 的稀疏表达与 F_H 中对应的潜在 HR 信号 $\boldsymbol{x}$ 的稀疏表达一致。在 L_1 范式的约束条件下，对偶学习可以描述为

$$\boldsymbol{\pi}_i = \arg\min_{\alpha_i} \|\boldsymbol{y}_i - \boldsymbol{D}_L\boldsymbol{\alpha}_i\|_2^2 + \lambda\|\boldsymbol{\alpha}_i\|_1, \quad \forall i = 1,2,\cdots,N_L \tag{6-23}$$

$$\boldsymbol{\pi}_i = \arg\min_{\alpha_i} \|\boldsymbol{x}_i - \boldsymbol{D}_H\boldsymbol{\alpha}_i\|_2^2, \quad \forall i = 1,2,\cdots,N_H \tag{6-24}$$

其中，N_L 和 N_H 分别表示 $\boldsymbol{D}_L$ 和 $\boldsymbol{D}_H$ 中原子项的个数，而且一般有 $N_L = N_H$。对偶特征空间上的稀疏表达集合为 $\boldsymbol{\pi} = \{\boldsymbol{\pi}_i \mid \boldsymbol{\pi}_i = \alpha_i,\ i = 1,2,\cdots,N_H\}$，$\lambda$ 为保真项与 L_1 范式正则项之间的正则化参数。Yang 等提出的对偶词典学习算法将上述问题建模为一个最小化两个特征空间上平方误差项的双边优化问题。为了平衡两个特征空间上的重构误差，Yang 等构建了如下优化问题：

$$\{\widehat{\boldsymbol{D}}_H, \widehat{\boldsymbol{D}}_L, \widehat{\boldsymbol{\pi}}\} = \arg\min_{\boldsymbol{D}_H,\boldsymbol{D}_L,\boldsymbol{\pi}} \sum_{i=1}^{N_H} \frac{1}{2}\left(\gamma\|\boldsymbol{D}_H\boldsymbol{\alpha}_i - \boldsymbol{x}_i\|_2^2 + (1-\gamma)\|\boldsymbol{D}_L\boldsymbol{\alpha}_i - \boldsymbol{y}_i\|_2^2\right) \tag{6-25}$$

这里，γ 是平衡两个特征空间上重构误差的平衡参数，要求 $\|\boldsymbol{D}_H(:,i)\|_2 \leqslant 1$ 且 $\|\boldsymbol{D}_L(:,i)\|_2 \leqslant 1$。式(6-25)通过迭代优化方式求解，即保持 $\boldsymbol{D}_L$ 和 $\boldsymbol{D}_H$ 中的一个参数固定优化另一个参数，这也是求解这类双边优化问题的常用方式。在迭代优化过程中，对 LR 词典的求解设计使用了隐函数差分的随机梯度下降法。

在所提算法中，首先使用估计的模糊核函数对输入图像进行下采样，并从采样到的块提取特征。假设 y_p 为包含 LR 原始数据的图像块，$\boldsymbol{y}$ 为从 y_p 中提取的特征(一般取 x 和 y 方向的一阶、二阶导数，并将其串接为一个向量)。由于 CDL 求解的是 L_1 范式约束的最优化问题，所以 SR 恢复也应该是 L_1 范式约束的优化问题：

$$\arg\min_{\alpha} \|\boldsymbol{y} - \boldsymbol{D}_L\boldsymbol{\alpha}\|_2^2 + \varphi\|\boldsymbol{\alpha}\|_1 \tag{6-26}$$

式中，参数 φ 可以缓和病态问题，使病态问题的解更加稳定，$\boldsymbol{y}$ 是从 LR 图像插值版本中提取到的特征块，$\boldsymbol{D}_L$ 是利用上述 CDL 算法训练得到的 LR 词典。对式(6-26)是一个典型的 L_1 范式约束的 Lasso 问题，可以使用有效投影稀疏学习工具(SLEP)[15]执行。在得到 LR 特征对应的稀疏表达系数后，HR 特征就可以直接用下式计算：

$$\boldsymbol{x} = \frac{\boldsymbol{D}_H\boldsymbol{\alpha}}{\|\boldsymbol{D}_H\boldsymbol{\alpha}\|_2} \tag{6-27}$$

其中，$\boldsymbol{D}_H$ 是 CDL 算法训练得到的 HR 词典。用下式从 HR 特征块恢复 HR 数据块：

$$\boldsymbol{x}_p = (c \times u)\cdot \boldsymbol{x} + v \tag{6-28}$$

这里，$u = \mathrm{mean}(\boldsymbol{y}_p)$ 为 LR 数据块的均值，$\boldsymbol{v} = \|\boldsymbol{y}_p - u\|_2$ 为均值移除后 LR 块的空间长度，

c 是用于对特征向量进行适当缩放的常数。通常，求解式(6-26)非常耗时，要提高 SR 恢复过程的速度，可以从两个方向着手：一是减少需要用式(6-26)求解的块数量，二是寻求更高效的近似解法。这里采用第一种方式，为待恢复的图像块设置一个阈值 τ_r。当特征块的平均梯度幅度|grad|小于 τ_r 时，采用传统的双三次插值算法对其进行 SR 恢复；当特征块的平均梯度幅度|grad|大于 τ_r 时，就采用式(6-26)进行 SR 恢复。注意这里也与文献[35]不同，其采用的度量标准仍然是统计方差。

6.3.3 基于锚定空间映射的超分辨率重建

在 CDL 训练的基础上通过求解 L_1 范式约束的优化问题来执行 SR 恢复操作是非常耗时的。尽管前面采用分块处理策略，用双三次插值算法处理平滑块，但非平滑块的处理仍然需要耗费大量时间。为了进一步提高算法效率，必须找到更好的 SR 方法。Timofte 等[50-51]所提的锚定邻域回归 ANR 算法将式(6-26)改为 L_2 范式约束的优化问题，从而使 LR 特征到 HR 特征的转换变成矩阵乘法操作，极大地提高了算法效率。本节也采用相似的处理方式来提高 SR 恢复阶段的效率，但为了 L_2 范式的修改不再符合 CDL 的优化规则，所以需要重新训练对偶词典。为了加快词典训练的速度并使 LR 词典和 HR 词典之间的差异性尽可能小，使用了迭代最小二乘词典训练算法(ILS-DLA)[52]训练 LR 词典，并根据最小二乘规则计算 HR 词典。本节将使用 ANR 进行 SR 恢复的处理算法称为锚定空间映射(anchored space mapping，ASM)，数值试验验证了所提算法对 SR 恢复阶段效率的提升效果。

1.特征提取策略

为了进一步提高训练数据的质量，使输入图像与其下采样版本也保持较高的一致性，本节采用了一种基于反向投影残差(back-projection residuals，BPR)模型的特征提取方式。如图 6-9 所示，首先用估计的模糊核函数与输入图像 $\boldsymbol{Y}$ 卷积，再进行下采样得到 $\boldsymbol{Y}^s$，通过迭代反向投影操作 $\boldsymbol{e}(\cdot)$ 获得 $\boldsymbol{Y}^s$ 的加强插值版本 $\boldsymbol{Y}'$，则反向投影残差表示为 $\boldsymbol{Y}-\boldsymbol{Y}'$。从加强插值版本 $\boldsymbol{Y}'$ 中提取的数据块就构成了 LR 特征空间 F_{L}，从 $\boldsymbol{Y}-\boldsymbol{Y}'$ 提取的数据块就构成了 HR 特征空间 F_{H}。注意估计的模糊核函数可以提高下采样版本 $\boldsymbol{Y}^s$ 的质量(最小跨尺度相异性)。

上述特征提取策略从残差图像 $\boldsymbol{Y}-\boldsymbol{Y}'$ 中提取 HR 特征 F_{H}，反向投影残差图像实际上包含了重要的高频细节，这对词典学习很有帮助。另外，迭代反向投影操作 $\boldsymbol{e}(\cdot)$[53]来源于基于重构的图像 SR 算法：迭代反向投影算法，其基本过程可以表述为如下迭代等式：

$$\widehat{\boldsymbol{Y}}'_{t+1}=\widehat{\boldsymbol{Y}}'_{t}+\left[\left(\boldsymbol{Y}^{s}-\widehat{\boldsymbol{Y}}^{s}_{t}\right)\uparrow s\right]*\boldsymbol{k}' \tag{6-29}$$

其中，$\widehat{\boldsymbol{Y}}^{s}_{t}=\left(\widehat{\boldsymbol{Y}}'_{t}*\widehat{\boldsymbol{k}}\right)\downarrow s$，$\boldsymbol{k}'$ 是扩散局部差分误差的反向投影滤波器，通常用低通高斯滤波器代替。式(6-29)迭代开始时，$\widehat{\boldsymbol{Y}}'_{0}$ 为 $\boldsymbol{Y}^s$ 的双三次插值版本，$\widehat{\boldsymbol{Y}}^{s}_{t}$ 为 $\widehat{\boldsymbol{Y}}'_{0}$ 卷积估计的模糊核函数再下采样后的版本。经过一定次数的迭代之后，$\boldsymbol{Y}^s$ 与 $\widehat{\boldsymbol{Y}}^{s}_{t}$ 之间的误差会很小，

加强插值版本 $\widehat{\boldsymbol{Y}}'_{t+1}$ 也与 $\boldsymbol{Y}^s$ 更加一致。由于输入图像与估计的模糊核函数卷积后直接下采样得到的图像 $\boldsymbol{Y}^s$ 通常不能与输入图像 $\boldsymbol{Y}$ 保持较好的一致性，加强插值操作能够通过减少局部投影误差对其进行有效调整。这样做的主要目的是尽量减少特征提取过程中产生的误差，保证 LR/HR 特征的表达力。

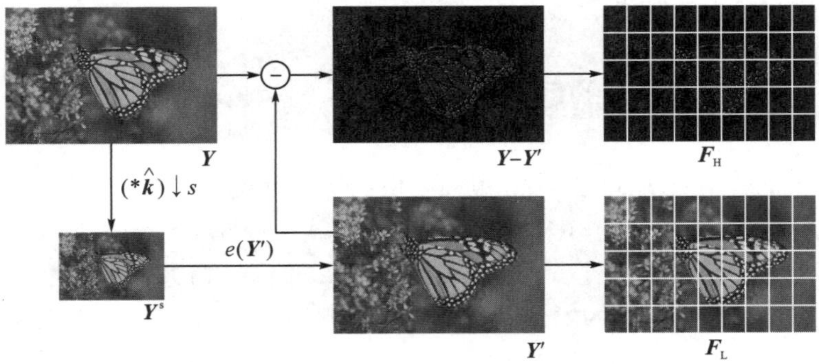

图 6-9　基于反向投影残差(BPR)的特征提取策略

2.基于迭代最小二乘规则的词典训练

迭代最小二乘词典学习算法(iterative least square dictionary learning algorithm，ILS-DLA)是一种典型的词典训练算法，它基于最小二乘法采用整体优化策略来更新词典，所以它一般比 K-SVD 算法更快。这里之所以提到 K-SVD 算法，是因为锚定邻域回归算法 ANR 的词典训练就采用的这种算法。研究表明当图像 SR 处理过程中的优化规则一致时，能在一定程度上降低 LR/HR 特征空间之间的差异，从而在一定程度上提高 SR 处理的效果。下面简要介绍迭代最小二乘词典学习算法的基本原理。

假设提取到的 LR 特征空间 F_{L} 和 HR 特征空间 F_{H} 的大小分别为 $n_{\mathrm{L}}\times L$ 和 $n_{\mathrm{H}}\times L$，其中 n_{L} 和 n_{H} 分别为 LR 和 HR 特征块转换为列向量后的维度，L 为特征数量。ILS-DLA 训练低分辨率词典 $\boldsymbol{D}_{\mathrm{L}}$ 的过程为

$$\left\{\widehat{\boldsymbol{D}}_{\mathrm{L}},\widehat{\boldsymbol{W}}\right\}=\underset{\boldsymbol{D},\boldsymbol{W}}{\arg\min}\sum_{i=1}^{L}\left\|\boldsymbol{w}_i\right\|_p+\lambda\left\|F_{\mathrm{L}}-\boldsymbol{D}_{\mathrm{L}}\boldsymbol{w}\right\|_2^2,\quad \text{s.t.}\ \left\|\boldsymbol{d}_{\mathrm{L}}^i\right\|_2^2=1 \tag{6-30}$$

其中，$p\in\{0,1\}$ 是系数向量 $\boldsymbol{w}_i$ 的约束常数，表示 $\boldsymbol{w}_i$ 的 0 范式或 1 范式，λ 是重构误差与稀疏性约束之间的平衡参数，$\boldsymbol{d}_{\mathrm{L}}^i$ 是 LR 词典 $\boldsymbol{D}_{\mathrm{L}}$ 中的原子项。式(6-30)也采用前面提到的交替优化方式求解，即固定词典 $\boldsymbol{D}_{\mathrm{L}}$ 求解系数矩阵 $\boldsymbol{W}$，然后固定系数矩阵 $\boldsymbol{W}$ 求解词典 $\boldsymbol{D}_{\mathrm{L}}$。在 ILS-DLA 的处理中，当权重系数矩阵 $\boldsymbol{W}$ 固定时采用最小二乘法求解词典 $\boldsymbol{D}_{\mathrm{L}}$，整个迭代过程一直迭代直到满足稀疏性条件或重构误差要求。当 LR 词典和权重系数矩阵都准备好后，根据最小二乘法则计算 HR 词典 $\boldsymbol{D}_{\mathrm{H}}$：

$$\boldsymbol{D}_{\mathrm{H}}=F_{\mathrm{H}}\boldsymbol{W}^{\mathrm{T}}\left(\boldsymbol{W}\boldsymbol{W}^{\mathrm{T}}\right)^{-1} \tag{6-31}$$

3.基于锚定空间映射的 SR 恢复

前面已经提到，采用选择性块处理策略来区别对待不同的图像块，对 SR 恢复过程效率的提升是有限的，也不是提高 SR 恢复效率的根本解决办法。本节采用锚定空间映射[50-51]来加速 SR 恢复，其基本思想是修改 L_1 范式约束的最优化问题为 L_2 范式约束的最优化问题，即

$$\arg\min_{\boldsymbol{w}} \|\boldsymbol{y} - \boldsymbol{D}_{\mathrm{L}}\boldsymbol{w}\|_2^2 + \mu\|\boldsymbol{w}\|_2 \tag{6-32}$$

其中，参数 μ 用于缓和优化问题的病态性并使问题的解更加稳定，$\boldsymbol{D}_{\mathrm{L}}$ 是 ILS-DLA 训练的 LR 词典，$\boldsymbol{y}$ 对应了从 $\boldsymbol{Y}'$ 中提取的 LR 特征，参见图 6-8。式(6-32)的代数解可以通过最小二乘法得到，即将目标函数的导数设为 0 可得

$$\boldsymbol{w} = \left(\boldsymbol{D}_{\mathrm{L}}^{\mathrm{T}}\boldsymbol{D}_{\mathrm{L}} + \mu I\right)^{-1}\boldsymbol{D}_{\mathrm{L}}^{\mathrm{T}}\boldsymbol{y} \tag{6-33}$$

式中，$\boldsymbol{I}$ 表示相应维度的单位矩阵。随后，相同的稀疏系数被直接运用于 HR 特征空间来计算潜在的 HR 特征，即 $\boldsymbol{x} = \boldsymbol{D}_{\mathrm{H}}\boldsymbol{w}$ 。结合式(5-33)可得

$$\boldsymbol{x} = \boldsymbol{D}_{\mathrm{H}}\left(\boldsymbol{D}_{\mathrm{L}}^{\mathrm{T}}\boldsymbol{D}_{\mathrm{L}} + \mu\boldsymbol{I}\right)^{-1}\boldsymbol{D}_{\mathrm{L}}^{\mathrm{T}}\boldsymbol{y} = \boldsymbol{P}_{\mathrm{M}}\boldsymbol{y} \tag{6-34}$$

这里的矩阵 $\boldsymbol{P}_{\mathrm{M}} = \boldsymbol{D}_{\mathrm{H}}\left(\boldsymbol{D}_{\mathrm{L}}^{\mathrm{T}}\boldsymbol{D}_{\mathrm{L}} + \mu\boldsymbol{I}\right)^{-1}\boldsymbol{D}_{\mathrm{L}}^{\mathrm{T}}$ 就是 LR 特征到 HR 特征的映射矩阵。如果事先准备好 $\boldsymbol{D}_{\mathrm{L}}$ 和 $\boldsymbol{D}_{\mathrm{H}}$，那么 $\boldsymbol{P}_{\mathrm{M}}$ 是可以线下计算的，从而将 SR 恢复操作转化为矩阵乘法，事实证明这一操作可以极大地提高算法效率。如果映射过程中采用整个 $\boldsymbol{D}_{\mathrm{L}}$ 和 $\boldsymbol{D}_{\mathrm{H}}$ 词典，这样的 SR 恢复称为全局回归(global regression，GR)；如果根据相关(correlation)来对词典原子进行分组，并根据各自的邻域分别计算每一个原子项的映射矩阵，这样的 SR 恢复就称为锚定邻域回归 ANR。

本节采用全局回归(全局映射)的方式执行 SR 操作，如图 6-8 所示，计算的每一个 HR 特征块加上对应的 LR 特征块就可以恢复潜在的 HR 图像块，将所有 HR 图像块合并在一起便完成了 SR 恢复处理。值得注意的是，从 LR/HR 词典的计算到基于 ASM 图像 SR 恢复的整个过程中，所有的优化规则都基于最小二乘法，这样有助于降低 LR/HR 特征空间的差异性，提高 SR 处理效果。

6.3.4　数值试验与理论分析

本节将介绍与所提算法相关的数值试验，主要包括 4 个方面的内容：①基于最小化跨尺度相异性的模糊核盲估计算法；②基于对偶词典训练的 SR 恢复算法；③基于锚定邻域映射的 SR 恢复算法；④词典训练算法对 SR 恢复效果的影响。所有的这些实验都是在一个 8GB 内存、2.53GHz Intel Xeon CPU 的 Philips 台式机上执行的。

1.参数设置

关于模糊核估计与 SR 恢复，只执行 $2\times$SR 和 $3\times$SR 处理，模糊核估计过程中的参数设置与 Michaeli 和 Irani[48]相似，即当执行 $2\times$SR 时，索引块和其邻域块的大小为 5×5，

样本块的大小为 9×9 或 11×11；当执行 $3\times$SR 时，索引块及其邻域块的大小不变，样本块大小为 13×13。式(6-19)中的噪声标准差假设为 5，式(6-20)中的参数 λ=0.25，矩阵 $\boldsymbol{C}$ 为样本块在水平和垂直方向上的一阶导数，式(6-32)中的参数 μ 设为 0.01，式(6-26)中的参数 φ 也设为 0.01。式(6-28)中的常数 c 根据缩放因子不同而有所不同，根据 Yang 等[35]的建议和实验经验，c 的取值情况如下：

$$c=\begin{cases}1.2, & s=2\\ 1.4, & s=3\end{cases} \tag{6-35}$$

加强插值操作 $\boldsymbol{e}(\cdot)$ 的迭代次数设为 10，并以四点双三次插值算法开始，然后用估计的模糊核函数下采样双三次插值后的图像，后面的迭代过程都用估计的模糊核函数执行下采样操作，反向投影滤波器 $\boldsymbol{k}'$ 取大小与 $\boldsymbol{k}$ 相同的高斯滤波器。在模糊核估计阶段，索引块平均梯度幅度|grad|阈值 τ_b 的设定，与输入图像自身特征有关，根据该研究结果可知该阈值设在|grad|和统计方差的“交叉点”附近比较好。

2.模糊核函数估计比较

由于所提的模糊核估计算法与 Michaeli 和 Irani[48]的思路相似，这里只与该算法从模糊核估计精度和算法效率两个方面进行比较，图 6-10 给出了对比模糊核估算法所用到的几幅测试图像。图 6-11 给出了一组从测试图像 Butterfly 估计的两类模糊核结果。可以看到，两个算法都能大致恢复模糊核函数的粗略形状和大小，但所提算法无论在形状还是大小上都比 Michaeli 和 Irani 的算法更接近默认模糊核函数。出现这样的对比结果主要有两个方面的原因。第一，Michaeli 和 Irani 的算法没有区别对待索引块。正如之前分析的那样，模糊核函数对输入图像的平滑区域几乎不产生任何影响，利用平滑区域的索引块和样本块构建的多个线性方程之间通常是线性相关的；第二是所提算法并不固定邻域数量，只根据索引块与邻域块之间的相似度觉得是否保留某个邻域，这样可以减少过拟合/欠拟合现象，进一步提高估计精度。

在模糊核估计阶段的选择性块处理策略，不仅仅可以更合理地选取有用的索引块提高模糊核函数估计精度，还可以提高算法效率。在图 6-12(a)中，收集了除 Butterfly 外其他对五幅测试图像执行 $2\times$SR 时每个邻域块的 MSE。尽管选择性地使用了结构化明显的索引块来执行模糊核函数估计操作，但每次迭代中 MSE 仍然比 Michaeli 和 Irani 的算法低，因为这是根据相似度来决定邻域块的数量。另外，从图 6-12(a)可以看出，所提算法经过大致 8 次迭代就可以达到收敛状态，而 Michaeli 和 Irani 的算法几乎要 15 次迭代才能收敛。从图 6-8 也可以看出，一半的自然图像经过 SPP 处理后需要处理的索引块数量会减少将近一半的数量，所以每一次迭代过程中的计算量也要少很多。最后，当算法达到收敛状态后，所提算法邻域块的平均 MSE 也比 Michaeli 和 Irani 的算法更低，也就是说最终估计的模糊核函数能够产生更小的扩尺度非局部相异性，这也说明了本书所提算法的模糊核估计精度比 Michaeli 和 Irani 的算法更高。

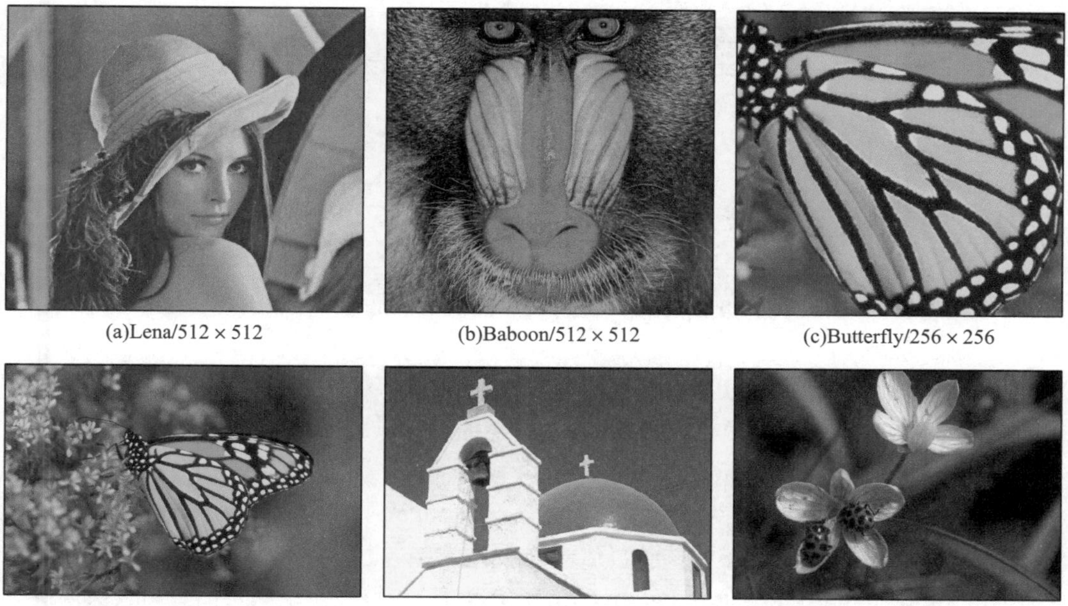

(a)Lena/512 × 512　(b)Baboon/512 × 512　(c)Butterfly/256 × 256

(d)Monarch/768 × 512　(e)Tower/481 × 321　(f)Flower/481 × 321

图 6-10　对比模糊核估计算法用到的几幅测试图像

注：为了方便显示，所有图像在插图文档时都进行了适当缩放。

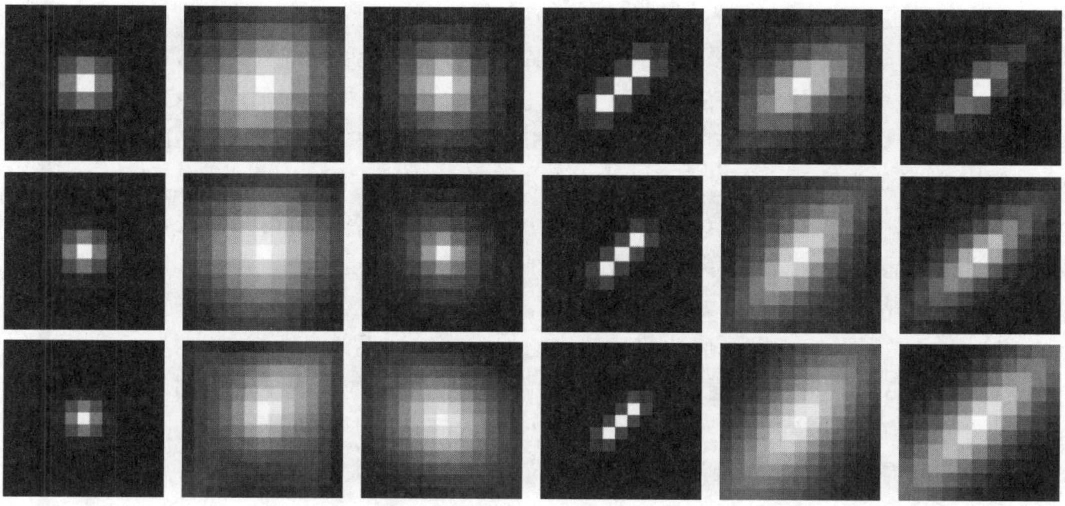

(a)默认高斯核函数　(b)Michaeli和Irani估计的高斯模糊核函数　(c)本书所提算法估计的高斯核函数　(d)默认运动核函数　(e)Michaeli和Irani估计的运动模糊核函数　(f)本书所提算法估计的运动核函数

图 6-11　Set5 中 Butterfly_GT 图像的几种模糊核估计结果

注：一行至第三行分别对应 2× SR、2× SR 和 3× SR 的情况，模糊核函数的大小分别为 9×9、11×11 和 13×13。

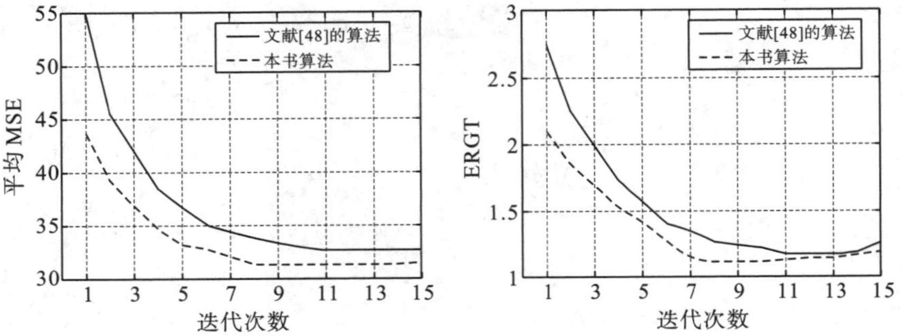

(a) 平均MSE　　(b) ERGT

图 6-12　模糊核估计效率对比

注：计算 ERGT 时都采用了 Yang 等[13]的稀疏表达方法。(a)在每次迭代过程中索引块与邻域块之间的平均 MSE 衰减趋势。(b)迭代过程中 ERGT 的变化趋势。

为了更客观地说明所提模糊核函数估计算法的精度，此处采用了与文献[24]相似的测量指标：实况误差率(error ratio to ground truth，ERGT)。该度量准则是测量用真实模糊核得到的 SR 结果所产生的误差，与用估计的模糊核得到 SR 结果所产生的误差之间的比率：

$$\mathrm{ERGT}=\frac{\left\|\boldsymbol{X}-\overline{\boldsymbol{X}}_{\hat{k}}\right\|_2}{\left\|\boldsymbol{X}-\overline{\boldsymbol{X}}_{k}\right\|_2} \tag{6-36}$$

其中，$\overline{\boldsymbol{X}}_{\hat{k}}$ 表示用估计的模糊核函数得到的 SR 结果，$\overline{\boldsymbol{X}}_{k}$ 表示用真实模糊核函数得到的结果，$\boldsymbol{X}$ 为对应的 HR 自然图像。很明显，ERGT 越接近 1，那么估计的模糊核函数获得的 SR 效果越接近真实模糊核函数获得的 SR 效果，说明模糊核越接近真实模糊核。实验对除 Butterfly 外的 5 幅图像进行 $2\times$SR 处理，并收集了每次迭代过程中的平均 ERGT。图 6-12(b)给出了运用两种算法每次迭代的结果来执行 SR 处理所获得的 ERGT 值，SR 算法都采用 Yang 等[13]的稀疏表达法。可以看到，本书算法始终比文献[48]的算法更接近于 1。

图 6-13 给出了 Flower 图像在使用两种不同模糊核估计算法所得结果进行超分辨率重构时得到的局部图像。默认模糊核函数是大小为 13×13 的运动核，其参数分别为 $\mathrm{len}=5$ 和 $\mathrm{theta}=45$。从图 6-13 中可以看到，两种算法都能获得比双三次插值算法更好的超分辨率效果，但本书所提的模糊核估计算法获得的超分辨率结果明显比文献[48]的算法更好。另外，从最后 3 幅图像可以看出，在索引块阈值逐渐增加的情况下，根据估计的模糊核得到的超分辨率结果差别并不大。但是，增加阈值可以减少索引块数量从而进一步提高算法效率。值得说明的是，筛选索引块的阈值不能无限增大，这会导致有效的结构化索引块的数量减少，从而导致超分辨率处理逐渐失效。

从上述主观或客观的实验可以看出，本书所提的模糊核函数估计算法能更有效地估计输入图像的自身退化参数，即模糊核函数，用估计的模糊核函数执行 SR 操作在同等条件下能取得更好的超分辨率处理效果。更精确的模糊核估计函数可以更正确地反映输入图像的退化情况，在基于机器学习的盲超分辨率处理中，可以极大地提高训练数据的质量。

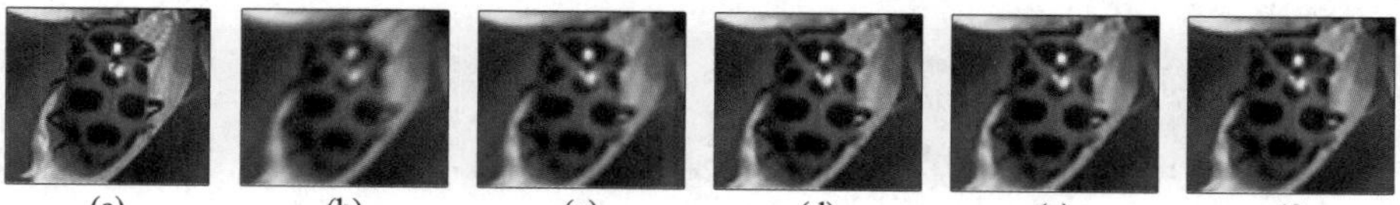

(a)　(b)　(c)　(d)　(e)　(f)

图 6-13　使用估计的模糊核和 Yang 等[13]的方法得到的 $3\times$ SR 效果

注：这里只显示了 Flower 图像中七星瓢虫部分。

(a) 参考图像；(b) 四点双三次插值算法；(c) Michaeli 和 Irani 算法；(d)～(e) 所提算法在 $\tau_b=10$ 、$\tau_b=20$ 和 $\tau_b=30$ 时得到的结果。

3.度量准则分析

在模糊核估计阶段，采用了分块处理策略 SPP 来区别对待索引块，而对索引块的选取，是为图像块的平均梯度幅度设定阈值。这与文献[35]的做法明显不同，Yang 等是直接为图像块的统计方差设定阈值。为了阐明两种度量准则：平均梯度幅度|grad|和统计方差的区别，提取了 Set2、Set5 和 Set14 中所有图像的图像块。凑巧的是，几乎所有图像块的平均梯度幅度和统计方差值都落在[0,100]的范围内。所以实验将整个统计区间设为[0,100]，统计间隔设为 10。

图 6-14 显示了测试图像“baboon”(500×400)和“high-street”(540×300)关于平均梯度幅度和统计方差两个度量准则的统计结果。可以明显看到，平均梯度幅度和统计方差的整体变化趋势非常相似，都呈现出低值区域比例大、高值区域比例逐渐下降的特征。然而，在低值区域明显有一个平均梯度幅度和统计方差统计值的“转换点”。而且，从最终的模糊估计结果来看，在此“转换点”附近对平均梯度幅度设定阈值得到的结果更加接近真实模糊核。事实上，这里观察了测试图像集中的所有图像，虽然不同的测试图像的“转换点”所处的具体位置并不一样，但大多数图像确实存在这样的“转换点”。这就为选择性块处理策略的阈值设定提供了一定的统计依据。

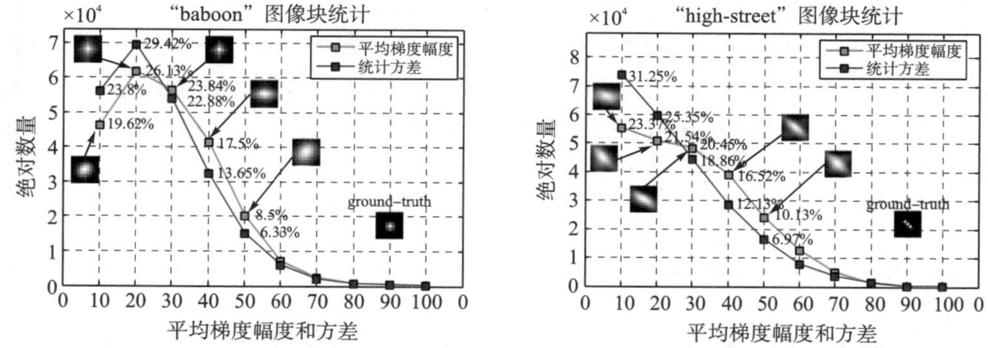

(a)“baboon”中平均梯度幅度和统计方差对比　(b)“high-street”中平均梯度幅度和统计方差对比

图 6-14　不同度量准则上阈值化处理对模糊核估计效果的影响

注：测试图像“baboon”来自 Set5，“high-street”来自 Set2，分别对应了 9×9 的高斯模糊核($\times 2$，hsize = 5，sigma= 1.0)和 13×13 的 Motion 模糊核($\times 3$，length = 5，theta = 135)。

4.对偶词典训练的 SR 恢复

为了对实际应用场景进行模拟，下列实验所使用的输入图像是通过 HR 图像与默认模糊核卷积得到的。这样做的目的是将输入图像设为比较严重的“低质量”状态，以便充分说明盲 SR 技术与非盲 SR 技术之间的区别。这里的测试图像包括 Set2、Set5 和 Set14 三个图像集[51]。

由于利用对偶词典训练算法 CDL 来执行超分辨率处理需要求解许多 L_1 范式约束的最优化问题，而这一优化过程是非常耗时的。为了提高算法效率，在 SR 恢复过程中也采用了类似分块处理策略。表 6-1 给出了两幅图像超分辨率处理结果随 τ_r 变化的情况。可以看到随着阈值 τ_r 的增加，图像 SR 结果有所下降，但 SR 处理时间却大幅下降。总体来说，超分辨率处理效果的下降幅度要比消耗时间下降的幅度小得多。注意这里的阈值是对进行超分辨率重构的索引块设定的，与模糊核估计阶段的阈值设定不同。这里随着阈值增大，超分辨效果降低的主要原因是：选择性块处理的阈值越大，利用传统插值方法处理非线性索引块的概率越大。

表 6-1　选择性块处理策略对图像 SR 效果的影响（$\tau_b = 10$）

图像(2 × SR)	τ_r	0	10	20	30
Lena	SSIM	0.9538	0.9527	0.9514	0.9507
	Time/s	53.5624	44.2485	27.7148	15.6733
Monarch	SSIM	0.9428	0.9415	0.9405	0.9386
	Time/s	63.7813	41.1298	22.8712	11.8635

表 6-2 给出了三种典型盲 SR 方法的定量对比结果，这里只比较了最近提出的两种盲超分辨率算法：非参数盲超分辨算法(nonparametric blind super-resolution，NBS)[48]和简单、精确、鲁棒的非参数盲超分辨算法(simple，accurate，and robust nonparametric blind super-resolution，SAR-NBS)[54]，NBS 采用了文献[38]的方法执行 SR 恢复。注意计算 PSNR 和 SSIM 时的参考图像是模糊处理后的图像，而不是原始清晰的高分辨率图像。可以看到本书所提的 BKE+CDL 方法在平均 PSNR 和 SSIM 值上相对于另外两种盲超分辨率方法有较大的提升。

表 6-2　三种典型盲 SR 方法的定量对比（τ_b =15）

图像集	缩放因子	NBS[48]		SAR-NBS[54]		BKE+CDL	
		PSNR/dB	SSIM	PSNR/dB	SSIM	PSNR/dB	SSIM
Set2	×2	28.17	0.9014	30.72	0.9377	31.87	0.9507
	×3	26.35	0.8675	28.95	0.8995	30.35	0.9296
Set5	×2	28.66	0.9167	30.34	0.9363	32.01	0.9469
	×3	27.19	0.8741	28.29	0.9045	30.47	0.9324
Set14	×2	28.31	0.9009	30.49	0.9331	31.92	0.9478
	×3	26.87	0.8693	29.03	0.8986	29.98	0.9289

图 6-15 和图 6-16 给出了几种盲/非盲超分辨率处理算法 SR 结果的视觉效果对比。除了表 6-2 中的几个盲 SR 处理技术，还对比了两个非常优秀的非盲 SR 处理算法：A+ANR 和联合优化回归器(jointly optimized regressors，JOR)。作为对比，实验也执行了这两种算法，但重构过程中使用了假设的模糊核。可以看到在低级视觉(low-level vision)水平条件下，非盲超分辨率算法在输入图像严重退化时不能很好地补偿图像中的模糊效应。注意图 6-15(b)的效果看起来与本书所提算法的效果接近，但注意其中的运动模糊效应还非常明显，这是非盲 SR 算法采用假设的双三次或高斯模糊核来下采样输入图像，这与运动模糊核差别较大。另外，图 6-16 中本书所提算法估计的模糊核出现了一些“陡峭”的奇异值，这与模糊核估计阶段设定的阈值和式(6-20)中的惩罚项有关。

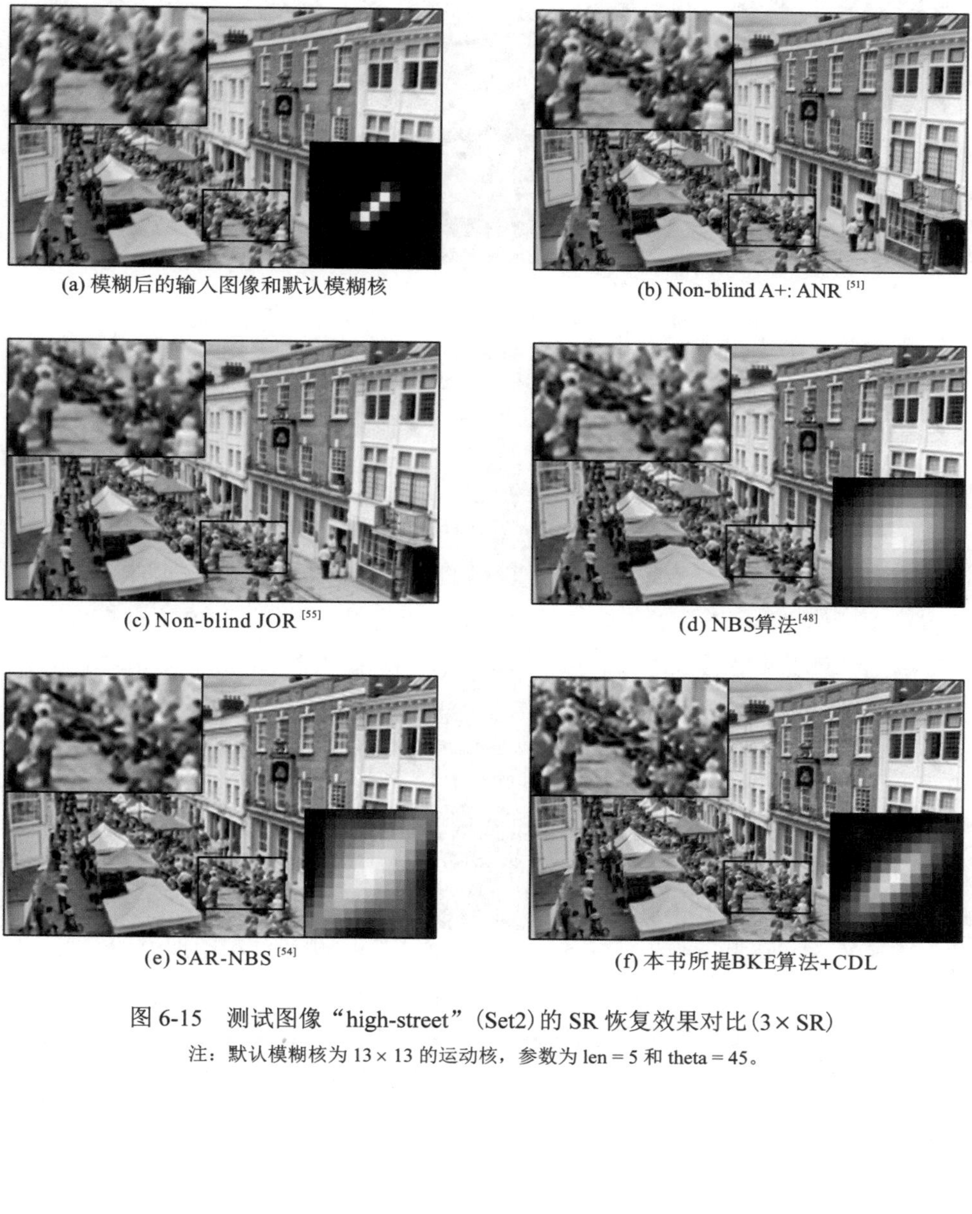

(a) 模糊后的输入图像和默认模糊核　(b) Non-blind A+: ANR [51]

(c) Non-blind JOR [55]　(d) NBS算法[48]

(e) SAR-NBS [54]　(f) 本书所提BKE算法+CDL

图 6-15　测试图像“high-street”(Set2)的 SR 恢复效果对比(3× SR)

注：默认模糊核为 13×13 的运动核，参数为 len = 5 和 theta = 45。

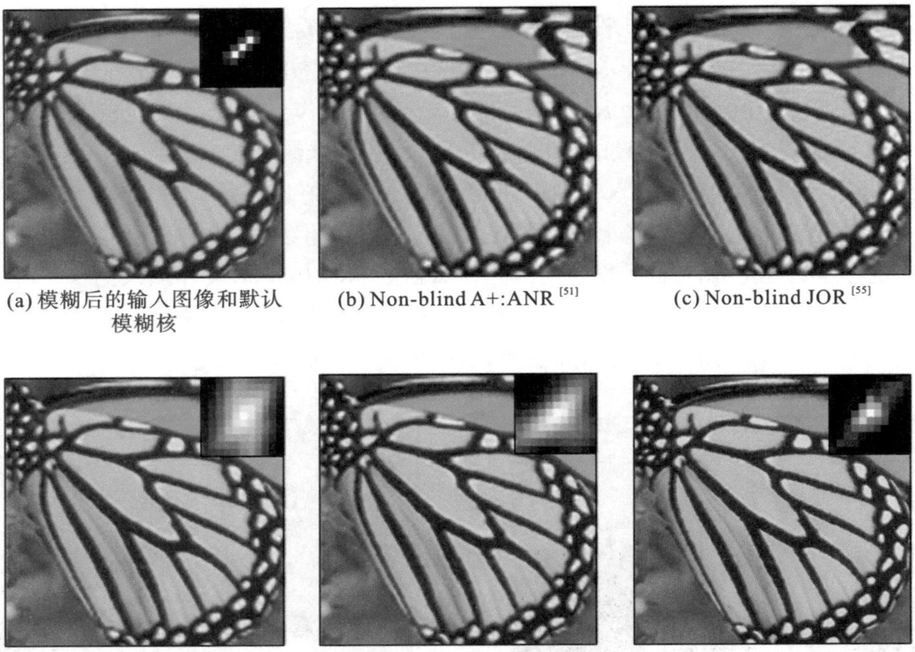

(a) 模糊后的输入图像和默认模糊核　(b) Non-blind A+:ANR [51]　(c) Non-blind JOR [55]

(d) NBS的算法 [48]　(e) SAR-NBS的算法 [54]　(f) 本书所提BKE算法+CDL

图 6-16　测试图像“butterfly_GT”（Set5）的 SR 恢复效果对比（2 × SR）

注：默认模糊核为 11 × 11 的运动核，参数为 len = 5 和 theta = 45。

5.基于锚定空间映射的 SR 恢复

基于对偶词典学习 CDL 的 SR 恢复方法要求解多个 L_1 范式约束的最优化问题，造成算法效率很低。尽管采用了 SPP 策略对索引块进行筛选，但这种筛选是有限的，即不能无限制地增大阈值 τ_r。这一点很好理解，极端的情况下 τ_r 取最大值，此时算法就演变成传统的双三次插值。为了在保证 SR 效果的情况下提高算法效率，SPP 不是有效的、根本的解决办法。相对于其他基于稀疏编码的 SR 方法来说，例如文献[13]、文献[18]和文献[50]等，将 SPP 与锚定空间映射 ASM 结合在一起极大地提高了算法效率。表 6-3 和表 6-4 给出了几种典型的非盲 SR 算法和盲 SR 算法处理结果的 PSNR 和时间消耗对比。测试数据集包括 Set2、Set5、Set14 和 B100 四个图像集，缩放倍率分别为 2× SR 和 3× SR。为了公平起见，所有的 SR 时间都排除了特征提取、词典训练和模糊核估计等预处理过程，只考虑超分辨率重构阶段的时间消耗。统计 PSNR 时的参照图像也是模糊后的输入图像，而非原始 HR 图像。尽管非盲 SR 算法提供了较高的效率，但在输入图像严重退化时不能获得令人满意的 SR 结果，有些时候甚至与传统插值算法相同。采用所提的模糊核估计算法结合对偶词典学习虽然增加了 SR 效果，但求解 L_1 范式约束的优化问题非常耗时，而采用 ASM 执行 SR 处理在重构质量和运行效率上都有较大提升。注意 Timofte 的 ANR/A+ANR 算法也有很高的效率，但事实上没有必要对平滑块也执行相同的映射操作。Shao 和 Michael[54]通过一个 L_0-L_2 范式的双边优化问题来同时求解模糊核函数和对应的 HR 图像，这是十分耗时的，在表 6-3 和表 6-4 中没有统计对应的时间消耗。还需要注意的是，由于采用了不同的词典学习方法和重构方法，表 6-4 中的结果与表 6-2 中的结果略有差异。

表 6-3　几种典型非盲(默认模糊核)超分辨率算法处理效果对比

图像集	s	Zeyde 等的算法[18]		A+ ANR[51]		SRCNN[33]		JOR[55]	
		PSNR/dB	Time/s	PSNR/dB	Time/s	PSNR/dB	Time/s	PSNR/dB	Time/s
Set2	×2	30.4314	9.0178	30.6207	2.2749	30.5952	2.0517	30.6334	8.3200
Set5		30.4607	7.1648	31.1095	1.3894	31.1021	1.2044	31.1252	7.8399
Set14		30.8179	11.4795	31.1023	2.3714	31.0683	2.1742	31.1214	9.2874
B100		30.5784	8.4876	31.1007	1.5497	31.0271	1.4263	31.1098	8.1431
Set2	×3	28.0296	6.1883	28.2544	1.7831	28.2527	1.6397	28.2605	8.4166
Set5		28.1548	4.1546	28.3327	1.1173	28.3314	0.8564	28.3397	7.4879
Set14		28.4706	8.6470	28.6147	1.9406	28.6107	1.7867	28.6244	8.8371
B100		28.2381	6.0365	28.5836	1.5733	28.5694	1.5049	28.6042	8.2165

表 6-4　几种典型盲(估计的模糊核)超分辨率算法处理效果对比

图像集	s	NBS[13,48]		SAR-NBS[54]		BKE+CDL[1]		BKE+ASM[2]	
		PSNR/dB	Time/s	PSNR/dB	Time/s	PSNR/dB	Time/s	PSNR/dB	Time/s
Set2	×2	31.1417	126.7434	31.4371	-	31.8745	25.8316	32.1795	2.0476
Set5		31.4734	97.4641	31.7217	-	32.0146	19.7842	32.3914	1.2078
Set14		31.3043	108.7918	31.5841	-	31.9243	26.7849	31.9167	2.1607
B100		31.4971	102.4352	31.7638	-	31.9673	22.4876	32.2671	1.3844
Set2	×3	29.2549	98.4870	29.8749	-	30.3498	21.4876	30.6648	1.5743
Set5		29.3631	86.9237	29.8379	-	30.4716	15.9829	30.5176	1.0748
Set14		29.2461	95.4881	29.6477	-	29.9831	24.9573	30.2472	1.8476
B100		28.9771	91.4877	29.6942	-	30.2752	19.7481	30.3317	1.4977

图 6-17 和图 6-18 显示了表 6-3 和表 6-4 中几种算法的视觉效果对比。图 6-17 是一幅来自测试图像集 B100 的“tower”图像，图 6-18 是一幅真实模糊图像，是通过平板电脑和移动电话在轻微抖动和少量移动的情况下采集得到的。为了便于排版，在插入文档时所有图像都进行了适当缩放。因此效率对比中并不考虑该算法。Michaeli 和 Irani 的算法结合的是原始稀疏表达方法，本书所提的方法不仅采用了 Timofte 等的锚定邻域映射 ANR 的思想，还结合了分块处理策略 SPP 的思想。可以看到，本书所提算法在改进的模糊核估计算法的基础上获得更好的 SR 效果。

(a) 模糊输入图像与真实模糊核　　(b) Non-blind[18]　　(c) Non-blind A+ANR[51]

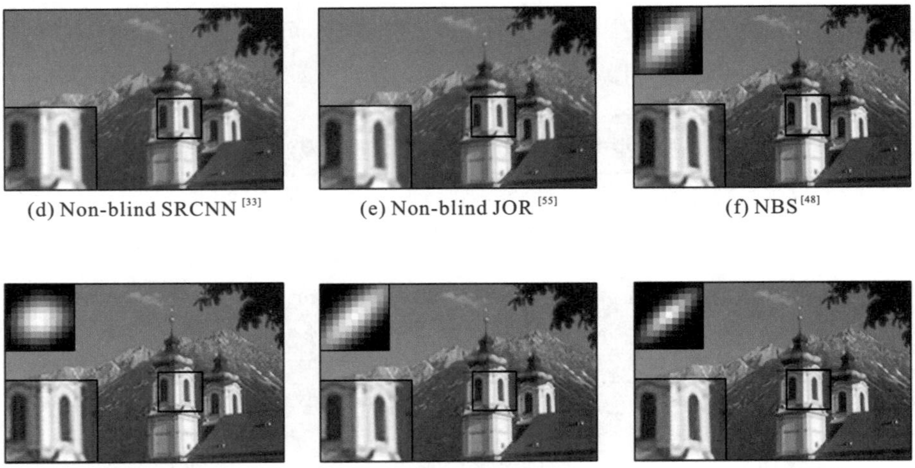

(d) Non-blind SRCNN [33]　(e) Non-blind JOR [55]　(f) NBS [48]

(g) SAR-NBS [54]　(h) BKE+CDL [1]　(i) BKE+ASM [2]

图 6-17　测试图像“tower”(B100)的 SR 恢复效果对比(2×SR，τ_b=17)

注：真实模糊核为 11×11 的运动模糊核，参数为 len=5 和 theta=45。

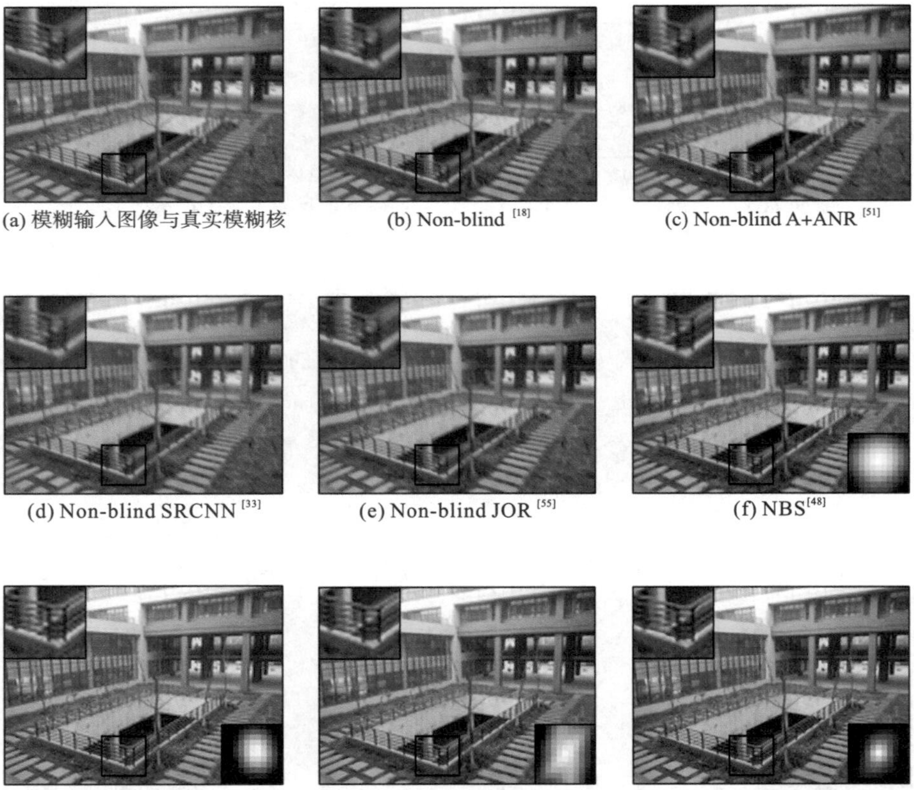

(a) 模糊输入图像与真实模糊核　(b) Non-blind [18]　(c) Non-blind A+ANR [51]

(d) Non-blind SRCNN [33]　(e) Non-blind JOR [55]　(f) NBS [48]

(g) SAR-NBS [54]　(h) BKE+CDL [1]　(i) BKE+ASM [2]

图 6-18　真实模糊图像“fence”的 SR 恢复效果对比(2×SR，τ_b=21)

6.4　本 章 小 结

本章介绍了几类典型的基于机器学习方法的图像 SR 技术，包括样本学习法、邻域嵌入法、稀疏编码和深度学习等。每一类机器学习方法都有各自的特点，本章简要介绍了这些算法的基本原理或开发思路，分析了每一类算法针对的和存在的主要问题。在总结和分析机器学习方法目前面临的主要挑战的基础上，针对目前机器学习方法中训练样本和测试样本之间兼容性不高、训练样本质量较差以及超分辨率重构效率低等问题提出了如下三个解决方法：一种改进的盲模糊核估计算法、基于对偶词典学习和锚定空间映射的 SR 恢复算法。模糊核估计算法用于估计输入图像自身的退化情况，以便获取更高质量的训练样本，而从输入图像自身获得训练样本又保证了训练数据与测试数据之间的兼容性；基于对偶词典学习 CDL 的 SR 恢复，目的是更加准确地反映 LR/HR 之间的对应关系，从而提高 SR 的质量；基于 ASM 的 SR 恢复算法目的是加快 SR 处理速度，提高算法的实用性。大量实验结果验证了结合本书所提盲模糊估计算法与 SR 恢复算法在处理输入图像退化比较严重时的有效性。

另外，词典训练作为稀疏表达方法的重要组成部分之一，对 SR 效果有着重要影响。针对词典训练，本章也进行了一定研究并基于减少对偶特征空间差异性的思想，提出了基于统一最小二乘规则的单幅图像 SR 处理算法，研究结果表明若 SR 处理过程中都尽量采样相似的优化规则能在一定程度上提升 SR 效果。本章采用的 ILS-DLA 词典训练算法采用整体优化策略学习词典，比 K-SVD 算法效率更高，这也显著提高了词典训练效率。

参 考 文 献

[1] Zhao X L, Wu Y D, Tian J S, et al. Single image super-resolution via blind blurring estimation and dictionary learning[C]//The first CCF Chinese Conference on Computer Vision (CCCV). Xi' an China: Springer, 2015: 22-33.

[2] Zhao X L, Wu Y D, Tian J S, et al. Single image super-resolution via blind blurring estimation and anchored space mapping[J]. Computational Visual Media (CVM), 2016, 2(1): 75-89.

[3] Freeman W T, Jones T R, Pasztor E C. Example-based super-resolution[J]. IEEE Computer Graphics and Applications, 2002, 22(2): 56-65.

[4] Sun J, Zheng N N, Tao H, et al. Image hallucination with primal sketch priors[C]//IEEE Computer Society Conference on Computer Vision and Pattern Recognition. New York: IEEE, 2003: 729-736.

[5] Yang J C, Lin Z, Cohen S. Fast image super-resolution based on in-place example regression[C]//2013 IEEE Conference on Computer Vision and Pattern Recognition (CVPR). New York: IEEE, 2013: 1059-1060.

[6] Kim C, Choi K, Ra J B. Example-based super-resolution via structure analysis of patches[J]. IEEE Signal Processing Letters, 2013, 20(4): 407-410.

[7] Zhu Yu, Zhang Yanning, Alan L Y. Single image super-resolution using deformable patches[C]//2014 IEEE Conference on Computer Vision and Pattern Recognition. Columbus OH: IEEE, 2014: 2917-2924.

[8]Fan W，Yeung D Y. Image hallucination using neighbor embedding over visual primitive manifolds[C]//2013 IEEE Conference on Computer Vision and Pattern Recognition. New York：IEEE，2007：1-7.

[9]Chan T M，Zhang J P，Pu J，et al. Neighbor embedding based super-resolution algorithm through edge detection and feature selection[J]. Pattern Recognition Letters，2009，30(5)：494-502.

[10]Bevilacqua M，Roumy A，Guillemot C，et al. Low-complexity single-image super-resolution based on nonnegative neighbor embedding[OL]. [2012-9-15]. http: //www. net/publication/260351242_Low-Complexity_Single.Image_Super-Resolution_Based_on_Nonnegative_Neighbor_Embedding.

[11]Bevilacqua M，Roumy A，Guillemot C，et al. Super-resolution using neighbor embedding of back-projection residuals[C]// International Conference on Digital Signal Processing. New York：IEEE，2013：1-8.

[12]Chen X X，Qi C. Low-rank neighbor embedding for single image super-resolution[J]. Signal Processing Letters，2014，21(1)：79-82.

[13]Yang J C，Wright J，Huang T，Ma Y. Image super-resolution as sparse representation of raw image patches[C]//IEEE Conference on Computer Vision and Pattern Recognition. New York：IEEE，2008：1-8.

[14]Fornasier M，Rauhut H. Compressive sensing[J]. Handbook of Mathematical Methods in Imaging，2011，56(4)：187-228.

[15]Liu J，Ji S，Ye J. SLEP：Sparse learning with efficient projections[D]. Phoenix：Arizona State University，2009.

[16]Lee H，Battle A，Raina R，et al. Efficient sparse coding algorithms[J]. Advances in Neural Information Processing Systems(NIPS)，2006，19：801-808.

[17]Yang J C，Wright J，Huang T，et al. Image super-resolution via sparse representation[J]. IEEE Transactions on Image Processing，2010，19(11)：2861-2873.

[18]Zeyde R，Elad M，Protter M. On single image scale-up using sparse representations[C]//The 7th International Conference on Lecture Notes in Computer Science. Avignon：Springer，2012：711-730.

[19]Sudarshan S，Babu R V. Super resolution via sparse representation in L1 framework[C]//Proceedings of the Eighth Indian Conference on Computer Vision，Graphics and Image Processing. Mumbai：ACM，2012：77.

[20]Dong W，Zhang L，Lukac R，et al. Sparse representation based image interpolation with nonlocal autoregressive modeling[J]. IEEE Transactions on Image Processing，2013，22(4)：1382-1394.

[21]Ram S，Rodriguez J J. Single image super-resolution using dictionary-based local regression[C]//2014 IEEE Southwest Symposium on Image Analysis and Interpretation(SSIAI). San Diego CA：IEEE，2014：121-124.

[22]Yang C Y，Huang J B，Yang M H. Exploiting self-similarities for single frame super-resolution[C]//Proceedings of the 10th Asian conference on Computer vision. Berlin：Springer，2010：497-510.

[23]Lee H，Grosse R，Ranganath R，et al. Convolutional deep belief networks for scalable unsupervised learning of hierarchical representations[C]//International Conference on Machine Learning. New York：ACM，2009：609-616.

[24]Hinton G E，Osindero S，Teh Y W. A fast learning algorithm for deep belief nets[J]. Neural Computation，2006，18(7)：1527-1554.

[25]Nakashika T，Takiguchi T，Ariki Y. High-frequency restoration using deep belief nets for super-resolution[C]//2013 International Conference on Signal-Image Technology & Internet-Based Systems. New York：IEEE，2013：38-42.

[26]Goh H，Thome N，Cord M，et al. Unsupervised and supervised visual codes with restricted boltzmann machines[J]. Lecture Notes in Computer Science，2012，7576(1)：298-311.

[27]Huang Y，Long Y. Super-resolution using neural networks based on the optimal recovery theory[C]//Proceedings of the 2006

16th IEEE Signal Processing Society Workshop on Machine Learning for Signal Processing. New York：IEEE，2006：465-470.

[28] Huang Y，Long Y. Super-resolution using neural networks based on the optimal recovery theory[C]//Proceedings of the 2006 16th IEEE Signal Processing Society Workshop on Machine Learning for Signal Processing. New York：IEEE，2006：465-470.

[29] Hinton G E，Salakhutdinov R R. Reducing the dimensionality of data with neural networks[J]. Science，2006，313(5786)：504-507.

[30] Gao J，Guo Y，Yin M. Restricted Boltzmann machine approach to couple dictionary training for image super-resolution[C]// 2013 20th IEEE International Conference on Image Processing (ICIP). New York：IEEE，2013：499-503.

[31] Dean J，Corrado G S，Monga R，et al. Large scale distributed deep networks[J]. Advances in Neural Information Processing Systems，2012：1232-1240.

[32] Zhou Y，Qu Y，Xie Y，et al. Image super-resolution using deep belief networks[C]//Proceedings of International Conference on Internet Multimedia Computing and Service. New York：ACM，2014：28.

[33] Dong C，Chen C L，He K，et al. Learning a deep convolutional network for image super-resolution[C]. Computer Vision-Eccv 2014，Berlin：Springer，2014，184-199.

[34] Tompson J，Stein M，Lecun Y，et al. Real-time continuous pose recovery of human hands using convolutional networks[J]. Acm Transactions on Graphics，2014，33(5)：1935-1946.

[35] Yang J C，Wang Z W，Lin Z，et al. Coupled dictionary training for image super resolution[J]. IEEE Transactions on Image Processing，2012，21(8)：3467-3478.

[36] He L，Qi H，Zaretzki R. Beta process joint dictionary learning for coupled feature spaces with application to single image super-resolution[C]. Proceedings of the 2013 IEEE Conference on Computer Vision and Pattern Recognition. New York：IEEE，2013：345-352

[37] Li J，Wu J，Yang S，et al. Dictionary learning for image super-resolution[C]//Control Conference of China (CCC). New York：IEEE，2014：7195-7199.

[38] Glasner D，Bagon S，Irani M. Super-resolution from a single image[C]//IEEE Conference on Computer Vision. New York：IEEE，2009：349-356.

[39] Yu J，GAO X，Tao D，et al. A unified learning framework for single image super-resolution[J]. IEEE Transactions on Neural Networks & Learning Systems，2014，25(4)：780-792.

[40] Dang C，Aghagolzadeh M，Radha H. Image super-resolution via local self-learning manifold approximation[J]. Signal Processing Letters IEEE，2014，21(10)：1245-1249.

[41] Hu J，Luo Y. Single-image superresolution based on local regression and nonlocal self-similarity[J]. Journal of Electronic Imaging，2014，23(3)：6-8.

[42] Kundur D，Hatzinakos D. Blind image deconvolution revisited[J]. IEEE Signal Processing Magazine，1996，13(6)：61-63.

[43] Joshi N，Szeliski R，Kriegman D. PSF estimation using sharp edge prediction[C]//IEEE Computer Society Conference on Computer Vision and Pattern Recognition. New York：IEEE，2008：1-8.

[44] He Y，Yap K H，Chen L，et al. A soft MAP framework for blind super-resolution image reconstruction[J]. Image & Vision Computing，2009，27(4)：364-373.

[45] Han F，Fang X，Wang C. Blind super-resolution for single image reconstruction[C]//2010 4th Pacific-Rim Symposium on Image and Video Technology (PSIVT). Singapore：IEEE，2010：399-403.

[46] Harmeling S，Sra S，Hirsch M. Multiframe blind deconvolution，super-resolution，and saturation correction via incremental

EM[C]//17th IEEE International Conference on Image Processing (ICIP). New York: IEEE, 2010: 3313-3316.

[47] Qin F, Zhu L, Cao L, et al. Blind single-image super resolution reconstruction with defocus blur[J]. Sensors & Transdycers, 2014, 169(4): 77-83.

[48] Michaeli T, Irani M. Nonparametric blind super-resolution[C]//2013 IEEE International Conference on Computer Vision (ICCV). New York: IEEE, 2013: 945-952.

[49] Zontak M, Irani M. Internal statistics of a single natural image[C]//2011 IEEE Conference on Computer Vision and Pattern Recognition (CVPR). New York: IEEE, 2011: 977-984.

[50] Timofte R, Smet D V, Gool L V. Anchored neighborhood regression for fast example-based super-resolution[C]//2013 IEEE International Conference on Computer Vision. New York: IEEE, 2013: 1920-1927.

[51] Timofte R, Smet V D, Gool L V. A+: adjusted anchored neighborhood regression for fast super-resolution[J]. Lecture Notes in Computer Science, 2014, 9006: 111-126.

[52] Engan K, Skretting K, Husøy J H. Family of iterative LS-based dictionary learning algorithms, ILS-DLA, for sparse signal representation[J]. Digital Signal Processing, 2007, 17(1): 32-49.

[53] Irani M, Peleg S. Image sequence enhancement using multiple motions analysis[C]//IEEE Computer Society Conference on Computer Vision and Pattern Recognition. New York: IEEE, 1992: 216-221.

[54] Shao W, Michael E. Simple, accurate, and robust nonparametric blind super-resolution[C]//The International Conference on Image and Graphics (ICIG). Berlin: Springer, 2015: 13-16.

[55] Dai D, Timofte R, Gool L V. Jointly optimized regressors for image super-resolution[J]. Computer Graphics Forum, 2015: 95-104.

第 7 章　基于稀疏表示的图像超分辨率重构技术

图像超分辨率重构是典型的数学逆问题，是不完备数据重构问题，而求解该问题的有效方法是在重构模型中添加关于数据或问题的先验。信号超完备稀疏表示作为信号先验或建模的最新发展成果，更简洁稀疏地表示信号，从而降低处理成本，提高处理效率。超完备字典稀疏表示理论认为，由大量自然界信号经学习构建的用于表示或分解的原子库，能更强有力的捕获图像的几何奇异结构（如边缘等），从而易于操作这些高频分量。鉴于稀疏表示对图像重构的强先验性，本章专门研究和设计基于稀疏表示的单帧图像的超分辨率重构框架。本章重点针对单帧图像的超分辨率重构任务，以图像数据的稀疏建模为研究主线，对信号稀疏表示理论中的超完备字典构建、信号关于字典的稀疏分解及其在图像重构中的应用等关键问题做了探索性的研究。首先针对耦合字典学习的复杂性，为提高字典构建效率，提出了离线式学习大量自然界图像建立低分辨率字典，进而数值计算高分辨率字典的字典构建方式；采用正则正交匹配追踪 ROMP 稀疏表示算法实现图像的稀疏表示分解。然后，针对构建通用字典的复杂性和通用字典对特定图像表示的非稀疏性，提出了在线学习给定图像构建特定字典的方法；针对匹配追踪稀疏分解算法的固定稀疏度缺陷，提出采用盲稀疏度分解算法分步逼近图像的稀疏表示。最后，为综合提高字典表示能力，提出离线字典与在线字典级联的字典构建方式；为克服贪婪匹配追踪稀疏表示的低精度和基追踪稀疏表示的高复杂性缺陷，提出了应用逼近 L_0 范数稀疏表示算法实现图像的相对较精确的稀疏分解。

7.1　离线字典学习与匹配追踪稀疏表示的图像超分辨率重构

根据基于稀疏表示的超分辨率重构框架可知，重构问题的关键包括超完备字典构建和图像在既定字典下的稀疏分解两个任务。本节尝试以自然界捕获的大量高分辨率图像集经由离线学习，构建原子类型为图像高频或差分信息的超完备字典对；采用贪婪匹配追踪稀疏表示算法实现给定 LR 图像的快速稀疏表示，期望需要更少的样本集，显著提高字典学习和超分辨率测试的效率，实现合成及实际图像的超分辨率重构。类似地，后续章节也主要是从字典构建和稀疏表示这两个核心问题开展研究的。基于离线字典的稀疏表示图像超分辨率重构技术适于那些对高频细节要求较苛刻，而处理速度或时间无要求的高频信息重构场合，因此可充分考虑结构丰富、性能优异的字典。

7.1.1 基于稀疏表示的超分辨率重构模型

由调和分析理论，信号可表示为函数基的线性组合[1]。考虑信号向量 $\boldsymbol{x}\in\mathbb{R}^m$ 的稀疏表示模型：

$$\boldsymbol{x}=\boldsymbol{D\alpha},\quad \boldsymbol{D}\in\mathbb{R}^{m\times K} \tag{7-1}$$

图像统计表明，$\boldsymbol{\alpha}$ 是含 T 个非零项的稀疏向量，这些项的物理涵义是信号在 $\boldsymbol{D}$ 下的低维投影。正交基、紧框架基和超完备字典等是 $\boldsymbol{D}$ 的三种主要类型。鉴于自然界信号结构的复杂性，信号的超完备（$m\ll K$）稀疏表示模型具有捕获信号奇异性结构能力强、表示冗余度低及系数稀疏度高的优势。

分析成像设备机理，单帧图像的观测模型为

$$\boldsymbol{Y}=\boldsymbol{SBX} \tag{7-2}$$

式中，$\boldsymbol{X}=\{\boldsymbol{x}_1\,|\,\boldsymbol{x}_2\cdots|\,\boldsymbol{x}_N\}$ 是由 HR 图像块 $\boldsymbol{x}_i$ 按字典式堆列。类似，由 LR 块 $\boldsymbol{y}_i$ 得 $\boldsymbol{Y}=\{\boldsymbol{y}_1\,|\,\boldsymbol{y}_2\cdots|\,\boldsymbol{y}_N\}$，$\boldsymbol{S}$ 为下采样因子，$\boldsymbol{B}$ 为模糊因子。简记 $\boldsymbol{H}=\boldsymbol{SB}$，则有

$$\boldsymbol{Y}=\boldsymbol{HX} \tag{7-3}$$

易得，$\boldsymbol{y}_i=\boldsymbol{Hx}_i$，式中 $\boldsymbol{H}$ 即为成像系统的传递函数。图像 SRR 就是由 $\boldsymbol{Y}$ 重构 $\boldsymbol{X}$，而复杂和随机的 $\boldsymbol{H}$ 决定了 SRR 任务的不确定性。由逆问题的正则化原理知道，数据及问题的先验知识保证了解的唯一性和稳定性。

由信号的稀疏表示模型可知，理想的 HR 图像 $\boldsymbol{x}$ 能表示为 $\boldsymbol{x}=\boldsymbol{D}_\mathrm{h}\boldsymbol{\alpha}_\mathrm{h}$，观测的 LR 图像 $\boldsymbol{y}$ 表示为 $\boldsymbol{y}=\boldsymbol{D}_\mathrm{l}\boldsymbol{\alpha}_\mathrm{l}$。则联合式(7-3)有

$$\boldsymbol{D}_\mathrm{l}\boldsymbol{\alpha}_\mathrm{l}=\boldsymbol{HD}_\mathrm{h}\boldsymbol{\alpha}_\mathrm{h} \tag{7-4}$$

实际上，表示系数刻画了字典原子的被选中位置及其加权比重，即高维图像空间在对应字典下的低维投影。尽管捕获的 LR 图像通常存在各种降质，如果选择使用合适的 HR/LR 超完备字典对，则理想 HR 图像在 $\boldsymbol{D}_\mathrm{h}$ 字典下的稀疏表示可近似由捕获的 LR 图像在 $\boldsymbol{D}_\mathrm{l}$ 字典下的稀疏分解来表征，即 $\boldsymbol{\alpha}_\mathrm{h}\approx\boldsymbol{\alpha}_\mathrm{l}$。若定义 $\boldsymbol{\alpha}_\mathrm{h}=\boldsymbol{\alpha}_\mathrm{l}=\boldsymbol{\alpha}$，则代入式(7-4)有

$$\boldsymbol{D}_\mathrm{l}=\boldsymbol{HD}_\mathrm{h} \tag{7-5}$$

上式表明，HR 超完备字典嵌入图像退化因素可得 LR 超完备字典。就是说，LR/HR 字典包含了稀疏表示不同分辨率信号时的原子。因此，当建立了合适的字典对后，由 $\boldsymbol{y}=\boldsymbol{D}_\mathrm{l}\boldsymbol{\alpha}$ 求得 $\boldsymbol{\alpha}$，再由不同分辨率图像的稀疏表示的不变性，合成 $\boldsymbol{x}=\boldsymbol{D}_\mathrm{h}\boldsymbol{\alpha}$ 获得超分辨率图像。

从上述分析可知，稀疏表示超分辨率重构方法的关键是，建立包含图像丰富结构和降质退化因素的超完备字典对，设计精确、快速的超完备稀疏表示算法。下面就从这两个主要方面讨论超完备稀疏表示单帧图像的超分辨率重构技术。

7.1.2 基于匹配追踪的信号稀疏表示

贪婪系列的信号稀疏表示算法以稀疏度为先验，信号在字典下投影，以最大值规则选取对应原子，该求解过程又称为匹配追踪（matching pursuit，MP）系列。

固定 $\boldsymbol{D}$ 下的信号稀疏表示数学模型为

$$\hat{\boldsymbol{\alpha}} = \arg\min_{\boldsymbol{\alpha}} \|\boldsymbol{x} - \boldsymbol{D\alpha}\|_2 \quad \text{s.t.} \quad \|\boldsymbol{\alpha}\|_0 \leqslant T \tag{7-6}$$

该过程表示，在 L_0 范数(非零项数目)极小准则下，求 $\boldsymbol{x}$ 的稀疏表示 $\hat{\boldsymbol{\alpha}}$。式(7-6)的直接求解是一个无确定解析式的 NP-hard 问题，压缩感知(compressed sensing，CS)提出了次优解，即 L_1 范数(非零项绝对值之和)的凸性数值优化：

$$\hat{\boldsymbol{\alpha}} = \arg\min_{\boldsymbol{\alpha}} \|\boldsymbol{x} - \boldsymbol{D\alpha}\|_2 + \lambda\|\boldsymbol{\alpha}\|_1 \tag{7-7}$$

但同时，通常凸优化是复杂度高、运行时间难以由多项式表示的线性规划问题。CS 理论表明，超完备字典(又称感知矩阵) $\boldsymbol{D}$ 在满足约束等距条件(restricted isometric condition，RIC)时，极小 L_0 与 L_1 范数的稀疏表示是等价的。对于任意 T 稀疏向量 $\boldsymbol{\alpha}$ 和常数 ε，如果有

$$(1-\varepsilon)\|\boldsymbol{\alpha}\|_2 \leqslant \|\boldsymbol{D\alpha}\|_2 \leqslant (1+\varepsilon)\|\boldsymbol{\alpha}\|_2 \tag{7-8}$$

成立，则称 $\boldsymbol{D}$ 满足 ε 阶等距约束条件 RIC。实际上，RIC 可直观地理解为 $\boldsymbol{D}$ 的 T 项原子列近似组合为一个正交系统。因此，由 RIC 的约束可通过贪婪的迭代求解满足 L_1 范数测度的稀疏表示。在实用的算法实现中，正交匹配追踪(orthogonal matching pursuit，OMP)算法就是将信号 $\boldsymbol{x}$ 正交投影到 $\boldsymbol{D}$ 空间，选择最大相关项对应的原子来匹配计算表示系数，追踪循环 T 次得到 T 个稀疏表示。表 7-1 列出了 OMP 算法的处理流程。

表 7-1　正交匹配追踪稀疏表示的处理流程

算法 7-1：OMP 稀疏表示算法
1. 输入：字典 $\boldsymbol{D}$，信号 $\boldsymbol{x}$，稀疏测度 T。
2. 输出：稀疏表示 $\boldsymbol{\alpha}$，使之满足 $\boldsymbol{D\alpha} = \boldsymbol{x}$。
3. 初始：索引 $\boldsymbol{I} = []$，残差 $\boldsymbol{r} = \boldsymbol{x}$，稀疏系数。
4. 循环迭代直到满足条件 T：
(1)投影字典 $\boldsymbol{D}$ 到残差 $\boldsymbol{r}$，提取 $\lvert\boldsymbol{D}^{\mathrm{T}}\boldsymbol{r}\rvert$ 的最大值对应的 $\boldsymbol{D}$ 的索引 $\hat{\boldsymbol{I}}$；
(2)合并索引 $\boldsymbol{I} = [\boldsymbol{I} \;\; \hat{\boldsymbol{I}}]$，提取 $\boldsymbol{I}$ 对应的原子 $\boldsymbol{D}_{\boldsymbol{I}}$；
(3)计算 $\boldsymbol{D}_{\boldsymbol{I}}$ 下 $\boldsymbol{x}$ 的稀疏表示：$\boldsymbol{\alpha}_{\boldsymbol{I}} = \boldsymbol{D}_{\boldsymbol{I}}^{\dagger}\boldsymbol{x}$，$\boldsymbol{D}_{\boldsymbol{I}}^{\dagger}$ 为 M-P 伪逆阵；
(4)计算残差：$\boldsymbol{r} = \boldsymbol{x} - \boldsymbol{D}_{\boldsymbol{I}}\boldsymbol{\alpha}_{\boldsymbol{I}}$；
5. 结果：$\boldsymbol{\alpha} = \boldsymbol{\alpha}_{\boldsymbol{I}}$。

实际应用表明 OMP 无法保证对所有信号实现精确的稀疏重构。不过，虽然 OMP 算法的精度较低，但因其快速的稀疏分解优势，在诸多实际应用中仍被广泛采用。鉴于 OMP 的快速特点，Needell[2]提出了正则化 OMP(regularized orthogonal matching pursuit，ROMP)稀疏表示算法。Needell 的正则化 OMP 稀疏表示算法属于贪婪系列，较好地克服了 BP 的高复杂度和 OMP 的低精度，并且以定理的形式证明了 ROMP 的稳定性和唯一性。

定理 7.1： 设测量矩阵 $\boldsymbol{D}$ 以参数 $(2T,\varepsilon)$ 且 $\varepsilon = \dfrac{0.03}{\sqrt{\log T}}$ 满足约束等距条件 RIC，考虑 T-稀疏向量 $\boldsymbol{\alpha}$ 的观测信号 $\boldsymbol{x} = \boldsymbol{D\alpha}$，则 ROMP 至多迭代 T 次就可输出满足 $|\boldsymbol{I}| \leqslant 2T$ 的原子簇索引 $\boldsymbol{I}$。通过计算 $\boldsymbol{x} = \boldsymbol{D}_{\boldsymbol{I}}\boldsymbol{\alpha}$，求得稀疏表示 $\boldsymbol{\alpha}$。

表 7-2 给出了 ROMP 稀疏表示算法的处理流程。在原子索引的求解中，OMP 仅选择投影的最大值的索引，而 ROMP 选择更多项(即 T 项)投影值的索引，使 OMP 的索引被规整化、正则化，从而改善的 OMP 称为正则 OMP。

表 7-2　正则正交匹配追踪稀疏表示算法的处理流程

算法 7-2：ROMP 稀疏表示算法
1. 输入：字典 $\boldsymbol{D}\in\mathbb{R}^{m\times K}$，信号 $\boldsymbol{x}\in\mathbb{R}^{m}$。
2. 输出：T 稀疏度的稀疏表示 $\boldsymbol{\alpha}$。
3. 初值：残差 $\boldsymbol{r}=\boldsymbol{x}$，稀疏表示 $\boldsymbol{\alpha}=\boldsymbol{0}$。
4. 迭代：直至满足 $\lvert\boldsymbol{I}\rvert\leqslant 2T$ 且 $\boldsymbol{r}\approx\boldsymbol{0}$。
(1) 投影 $\boldsymbol{r}$ 到字典 $\boldsymbol{D}$，选择 $\boldsymbol{u}=\lvert\boldsymbol{D}^{\mathrm{T}}\boldsymbol{r}\rvert$ 中前 T 项最大值 $\boldsymbol{V}_T=\{\boldsymbol{u}_{i,J_i}\}_{i=1}^{T}$，及对应的索引 $\boldsymbol{J}=\{\boldsymbol{J}_i\big\vert\boldsymbol{J}_i\in\mathbb{R}^{T}\}$；
(2) 遍历满足条件 $\boldsymbol{V}(i)\leqslant 2\boldsymbol{V}(j)$ 的索引 $\boldsymbol{J}_m$，提取 $\boldsymbol{V}_{J_m}$ 中的最大值对应的索引以构成 $\boldsymbol{J}_0$；
(3) 选择由新索引 $\boldsymbol{I}=[\boldsymbol{I}\quad\boldsymbol{J}_0]$ 所指向的原子簇 $\boldsymbol{D}_I$，由 $\boldsymbol{\alpha}_I=\boldsymbol{D}_I^{\dagger}\boldsymbol{x}$ 计算 $\boldsymbol{x}$ 关于 $\boldsymbol{D}_I$ 的稀疏表示 $\boldsymbol{\alpha}_I$，其中 $\boldsymbol{D}_I^{\dagger}$ 为 M-P 伪逆矩阵；
(4) 更新残差：$\boldsymbol{r}=\boldsymbol{x}-\boldsymbol{D}_I\boldsymbol{\alpha}_I$。

分析可知，ROMP 的实质是在 OMP 的选择最大残差投影值的索引规则中，用前 T 项最大值对应的索引来代替，从而使被选的原子索引正则化。

7.1.3　超完备稀疏表示的离线式字典学习

由 7.1.1 节的重构模型剖析可知，为实现给定 LR 图像和理想 HR 图像的稀疏分解，首先需要构建用于稀疏表示的超完备字典，然后分解给定 LR 图像块关于 LR 字典的稀疏表示，最后联合 HR 字典合成超分辨率块，通过边界重叠处理所有块，完成整帧 LR 图像的 SRR。本节在描述字典学习模型的基础上，给出基于奇异值分解(singular value decomposition，SVD)的字典学习算法流程，讨论离线构建用于超分辨率重构的超完备字典对，最后介绍模糊退化在超完备字典原子上的表征与影响。

1.字典学习模型

构建图像自适应的超完备稀疏表示字典的一般过程是：首先从图像集中抽取图像(或特征)块构成待学习样本，然后由稀疏约束条件来学习和构建字典。根据上述描述，建立超完备稀疏表示字典的数学模型为

$$\{\boldsymbol{D},\boldsymbol{\Gamma}\}=\arg\min\left\|\boldsymbol{X}-\boldsymbol{D}\boldsymbol{\Gamma}\right\|_F^2\quad \text{s.t.}\ \ \forall i,\left\|\boldsymbol{\alpha}_i\right\|_0\leqslant T \tag{7-9}$$

式中，$\boldsymbol{X}$ 是待学习样本(特征)集，$\boldsymbol{D}$ 为超完备字典，$\boldsymbol{\Gamma}$ 是满足 $\|\boldsymbol{\alpha}_i\|_0\leqslant T$ 的稀疏表示矩阵，T 为稀疏测度。分析可知，式(7-9)可用于求解在满足稀疏约束时的 $\boldsymbol{D}$、$\boldsymbol{\Gamma}$ 双优化问题，其中稀疏测度 T 为约束问题的边界条件。而当 $\boldsymbol{D}$ 固定时，信号在 $\boldsymbol{D}$ 下的稀疏表示同样是稀疏约束求解。相比纯粹的稀疏表示任务，构建字典只是在稀疏表示的基础上增加了字典原子的更新过程。

图 7-1 展示了基于样本集学习构建超完备字典的矩阵表示。超完备稀疏表示理论认为[1]，首先从大量自然界图像中抽取图像块 Patch($\sqrt{m}\times\sqrt{m}$)，即向量块大小为 m(如 9 或 25)，级联这些特征块构成待训练的样本集 $\boldsymbol{X}=\{\boldsymbol{x}_i \mid \boldsymbol{x}_i\in\mathbb{R}^m\}_{i=1}^N$，$\boldsymbol{D}=\{\boldsymbol{d}_i \big| \boldsymbol{d}_i\in\mathbb{R}^m\}_{i=1}^K$ 为求得的超完备字典，$\boldsymbol{\varGamma}=\{\boldsymbol{\alpha}_i \big| \boldsymbol{\alpha}_i\in\mathbb{R}^K\}_{i=1}^N$ 为信号样本集在 $\boldsymbol{D}$ 下的稀疏表示矩阵，通常有 $T<m\ll K<N$，即从 N 个样本中学习建立 K 个 m 维原子的超完备字典，用该字典分解任意一个样本时，其表示系数含有 T 个非零项。

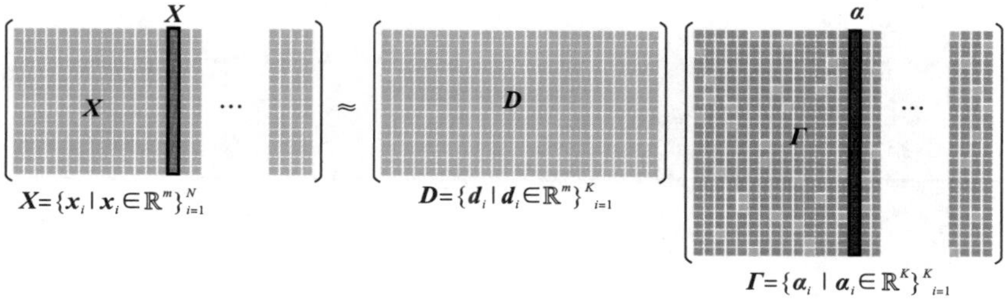

图 7-1　矩阵表示的基于样本学习构建超完备字典

由于字典与稀疏表示均未知，因此训练任务是一个双优化问题。

实际上，图 7-1 中的等式左边的竖条表示其中的一个样本向量 $\boldsymbol{x}$，等式右边的竖条表示 $\boldsymbol{x}$ 关于 $\boldsymbol{D}$ 的稀疏分解向量 $\boldsymbol{\alpha}$，稀疏度 T=2。7.1.2 节的匹配追踪稀疏表示就是求解此类问题。

2.K-SVD 字典学习算法

根据上述的字典学习模型[式(7-9)]，两个未知变量使得该问题的求解是非凸的，通常的方法是交替优化两个未知量。在字典学习中，先求样本在 T 稀疏测度下的稀疏表示，更新字典原子以提高拟合样本信号的精度，最后迭代计算缩小表示误差。同时每次迭代中一般只更新一个原子。所以，式(7-6)的逼近项可改写为

$$\|\boldsymbol{X}-\boldsymbol{D\varGamma}\|_{\mathrm{F}}^2=\left\|\boldsymbol{X}-\sum_{i=1}^{K}\boldsymbol{d}_i\boldsymbol{\alpha}_i^{\mathrm{T}}\right\|_{\mathrm{F}}^2=\left\|\boldsymbol{X}-\sum_{i\neq k}^{K}\boldsymbol{d}_i\boldsymbol{\alpha}_i^{\mathrm{T}}-\boldsymbol{d}_k\boldsymbol{\alpha}_k^{\mathrm{T}}\right\|_{\mathrm{F}}^2=\left\|\boldsymbol{E}_k-\boldsymbol{d}_k\boldsymbol{\alpha}_k^{\mathrm{T}}\right\|_{\mathrm{F}}^2 \tag{7-10}$$

从而由式(7-10)得式(7-11)：

$$\boldsymbol{E}_k=\boldsymbol{X}-\sum_{i\neq k}^{K}\boldsymbol{d}_i\boldsymbol{\alpha}_i^{\mathrm{T}}=\boldsymbol{X}-\boldsymbol{D\varGamma}+\boldsymbol{d}_k\boldsymbol{\alpha}_k^{\mathrm{T}} \tag{7-11}$$

其中，$\|\cdot\|_{\mathrm{F}}^2$ 为矩阵的 Frobenius 范数，$\boldsymbol{d}_k$ 为正在更新的第 k 列原子，$\boldsymbol{\alpha}_k^{\mathrm{T}}$ 为稀疏表示矩阵 $\boldsymbol{\varGamma}$ 的第 k 列的转置，$\boldsymbol{E}_k$ 为没有考虑原子 $\boldsymbol{d}_k$ 时重构信号的误差。为使测度 $\|\boldsymbol{X}-\boldsymbol{D\varGamma}\|_{\mathrm{F}}^2$ 更小，则需要 $\boldsymbol{d}_k\boldsymbol{\alpha}_k^{\mathrm{T}}$ 更趋近于 $\boldsymbol{E}_k$。对 $\boldsymbol{E}_k$ 实施奇异值分解 $\mathrm{SVD}=(\boldsymbol{E}_k,1)$，用最大奇异值及对应向量作为 $\boldsymbol{d}_k$ 和 $\boldsymbol{\alpha}_k^{\mathrm{T}}$。算法对字典 $\boldsymbol{D}$ 的所有列执行 SVD 运算以更新原子及表示系数，K 列的字典执行 K 次的 SVD 运算。表 7-3 列出了字典学习算法 K-SVD 的处理流程。

表 7-3 超完备字典学习算法的处理流程

算法 7-3：K-SVD 超完备字典学习算法
1. 输入：待学习样本集 $\boldsymbol{X}=\{\boldsymbol{x}_i \mid \boldsymbol{x}_i \in \mathbb{R}^m\}_{i=1}^N$。
2. 输出：超完备字典 $\boldsymbol{D}=\{\boldsymbol{d}_i \mid \boldsymbol{d}_i \in \mathbb{R}^m\}_{i=1}^K$，稀疏表示矩阵 $\boldsymbol{\Gamma}=\{\boldsymbol{\alpha}_i \mid \boldsymbol{\alpha}_i \in \mathbb{R}^K\}_{i=1}^N$。
3. 初始：字典初始化并列归一化，$\boldsymbol{D}=\left\{\boldsymbol{x}_i / \lVert\boldsymbol{x}_i\rVert_2 \,\middle\vert\, i \in \mathrm{rand}(K)\right\}_{i=1}^K$。
4. 迭代：根据预设迭代次数训练字典。
(1) 稀疏表示：稀疏分解样本集，$\boldsymbol{\Gamma}=\arg\min\limits_{\boldsymbol{\Gamma}}\lVert\boldsymbol{X}-\boldsymbol{D\Gamma}\rVert_{\mathrm{F}}^2 \ \text{s.t.}\ \forall i, \lVert\boldsymbol{\alpha}_i\rVert_0 \leqslant T$，例如 OMP 或 ROMP 算法。
(2) 原子更新：由样本集和稀疏表示矩阵，更新所有原子。
提取 $\boldsymbol{\Gamma}$ 中的第 k 行稀疏表示 $\boldsymbol{\alpha}_k^{\mathrm{T}}$ 的非零项，$\boldsymbol{J}$ 为 $\boldsymbol{\alpha}_k^{\mathrm{T}}$ 在 $\boldsymbol{\Gamma}$ 中的索引，构成 $\tilde{\boldsymbol{\alpha}}_k^{\mathrm{T}}$，$\boldsymbol{\Gamma}_{\boldsymbol{J}}$，$\boldsymbol{X}_{\boldsymbol{J}}$，SVD。
分解：$[\boldsymbol{d}_k^{\wedge}, \boldsymbol{s}, \boldsymbol{\alpha}_k^{\wedge}]=\mathrm{svds}(\boldsymbol{X}_{\boldsymbol{J}}-\boldsymbol{D\Gamma}_{\boldsymbol{J}}+\boldsymbol{d}_k\tilde{\boldsymbol{\alpha}}_k^{\mathrm{T}},1)$，从而 $\boldsymbol{d}_k=\boldsymbol{d}_k^{\wedge}$，$\boldsymbol{\alpha}_k^{\mathrm{T}}=s\boldsymbol{\alpha}_k^{\wedge}$。
(3) 迭代没有结束，执行 (1)，否则退出迭代。

在算法 7-3 的稀疏表示处理中，对样本集矩阵 $\boldsymbol{X}$ 的每个列向量进行稀疏编码，构成稀疏表示矩阵 $\boldsymbol{\Gamma}$。由于构建字典本身较为复杂，所以在稀疏分解中应尽量选用快速算法，如贪婪系列的 OMP 或 ROMP 算法。

3.离线构建超完备字典对

字典“离线学习”表示待训练图像样本集与待重构图像没有直接联系，而是来源于自然界的大量高分辨率图像。针对图像超分辨率重构应用，其任务的重点是恢复和重建 LR 图像的高频分量，所以在构建待训练样本集时，提取图像集的一阶和二阶导数[3]：

$$\begin{aligned} f_1 &= [-1,0,1], & f_2 &= f_1^{\mathrm{T}} \\ f_3 &= [1,0,-2,0,1], & f_4 &= f_3^{\mathrm{T}} \end{aligned} \tag{7-12}$$

用上式提取由 HR 预降质形成的 LR 图像集的导数，从而形成四个特征集合。对于 HR 样本集，用 HR 与 LR 图像集的差分作为训练特征。为降低耦合字典学习的复杂性，这里选择 K-SVD 字典学习算法[4]建立 LR 字典，根据不同分辨率的图像结构即稀疏表示的相似性，HR 样本联合 LR 的稀疏表示，数值计算 HR 字典。因此需要构建关于 LR 图像和 HR 图像的两个字典，两个离线字典构建的步骤如表 7-4 所示。

表 7-4 用于图像超分辨率重构的超完备字典对的构建流程

算法 7-4：超完备字典对构建算法
输入：待学习的 HR 图像集。
输出：超完备字典对 $\boldsymbol{D}_{\mathrm{l}}$ 和 $\boldsymbol{D}_{\mathrm{h}}$。
1. 对 HR 图像集 $\boldsymbol{H}=\{\boldsymbol{H}_1,\boldsymbol{H}_2,\cdots\}$ 做预降质处理，构成 LR 图像集 $\boldsymbol{L}=\{\boldsymbol{L}_1,\boldsymbol{L}_2,\cdots\}$，即 $\boldsymbol{L}_i=(Q_{\downarrow s}\boldsymbol{B})\boldsymbol{H}_i$，其中 $Q_{\downarrow s}$ 表示以 Q 算子下采样 s 倍，$\boldsymbol{B}$ 为模糊算子。
2. 提取两个图像集的显著特征，由式 (7-10) 的四个导数算子卷积 LR 图像：$\boldsymbol{L}^d=\{f_i(\boldsymbol{L}_1), f_i(\boldsymbol{L}_2),\cdots\}_{i=1}^4$，HR 图像的差分：$\boldsymbol{H}^e=\{\boldsymbol{H}_1-Q_{\uparrow s}\boldsymbol{L}_1, \boldsymbol{H}_2-Q_{\uparrow s}\boldsymbol{L}_2,\cdots\}$，$Q_{\uparrow s}$ 表示以 Q 算子上采样 s 倍。
3. 以图像块交叠的方式切割图像，HR 样本集：$\boldsymbol{P}=R(\boldsymbol{H}^e)=\{\boldsymbol{p}_k^h\}$，LR 样本集：$\boldsymbol{Y}=R(\boldsymbol{L}^d)=\{\boldsymbol{p}_k^l\}$，其中 R 表示块提取算子。

续表

算法 7-4：超完备字典对构建算法
4. 由训练样本集 $\boldsymbol{Y}$ 学习字典 $\boldsymbol{D}_\mathrm{l}$，即用算法 7-3 的 K-SVD 构建 $\boldsymbol{D}_\mathrm{l}$：$\{\boldsymbol{D}_\mathrm{l},\boldsymbol{\Gamma}\}=\arg\min\limits_{\boldsymbol{D}_l,\boldsymbol{\Gamma}}\|\boldsymbol{Y}-\boldsymbol{D}_\mathrm{l}\boldsymbol{\Gamma}\|_\mathrm{F}^2$ s.t. $\forall i,\|\boldsymbol{\alpha}_i\|_0\leqslant T$。
5. 根据不同分辨率图像的稀疏表示的近似性，由训练样本集 $\boldsymbol{P}$ 及上述步骤获得的稀疏表示 $\boldsymbol{\Gamma}$ 来数值计算 $\boldsymbol{D}_h$：$\boldsymbol{D}_\mathrm{h}=\arg\min\limits_{\boldsymbol{D}_\mathrm{h}}\|\boldsymbol{P}-\boldsymbol{D}_\mathrm{h}\boldsymbol{\Gamma}\|_\mathrm{F}^2$。

上述的学习图像内容是图像与模板的卷积或差分信息，是如何从图像样本中提取更丰富、更彻底或更有效的高频分量时值得探索的问题。在图像重构时，若 LR 图像的降质退化较复杂，则其关于字典稀疏表示的稀疏性或简洁性在很大程度上取决于字典原子类型的丰富性和结构类型。所以为了增强字典原子基的信号表示能力，应提取样本图像集的高效分量信息。

4.考虑模糊降质的超完备字典

上述的奇异值分解提取了图像样本的主要信息，超完备字典的原子结构更具普遍性，原子表示能力强于图像块对自身。但是，在构建该字典时若忽略了成像中的特定降质，则在表示如模糊等退化图像时，表示系数不再稀疏，超完备字典的约束等距属性下降[5]。所以，为了提高字典原子对模糊图像的表示能力，根据模糊图像的模糊算子 $\boldsymbol{B}$ 的降质估计，预降质 HR 图像集形成 LR 图像集，共同构成学习样本。

鉴于 LR 字典是用来计算 LR 块的稀疏表示，而 HR 字典是用来合成最终的超分辨率图像，图 7-2 给出了经由 Lena 图像学习的大小为 128 的 HR 超完备字典的部分原子的图形，区别是前者未考虑模糊，而后者考虑了模糊。分析可知，图 7-2(a)的各个原子间差别相对较小，即相关性较大，而图 7-2(b)的原子间结构差别相对较大，即相关性较小，则在稀疏分解同一个信号满足相同重构精度时，后者更稀疏。

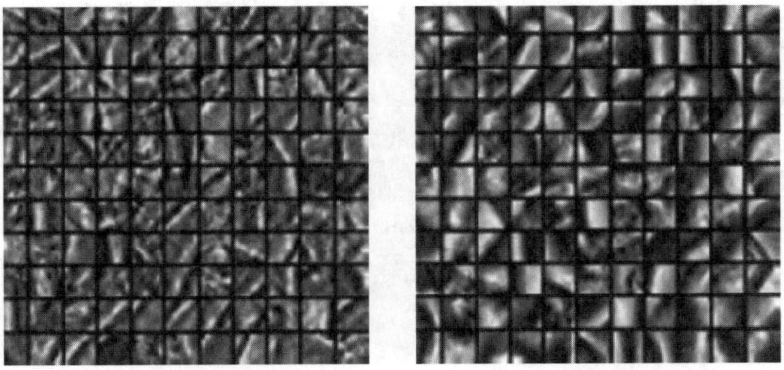

(a) 未考虑模糊的字典　　(b)考虑模糊的字典

图 7-2　超完备稀疏表示字典对比

然而，这种考虑了一定模糊的超完备字典的通用性在一定程度上可能会下降。因为此时的 HR 字典残留了更多的高频信息，若待重构的 LR 图像几乎没有模糊退化的话，则在使用含模糊退化的超完备字典对进行重构时，生成的SR图像的高频信息过量，使重构后的图像整体不真实或有二值化的效果。若字典仅考虑下采样，而没有考虑模糊退化时，则无法对含模糊的LR图像实现良好的重构，即此时的重构仅是放大或插值，因此，字典通用性与图像降质复杂性是一对矛盾。

7.1.4 基于超完备稀疏表示的超分辨率重构

表 7-5 基于超完备字典稀疏表示的图像重构流程

算法 7-5：基于超完备稀疏表示的图像超分辨率重构
输入：超完备字典对 $\boldsymbol{D}_{\mathrm{l}}$ 和 $\boldsymbol{D}_{\mathrm{h}}$ ，待重构 LR 图像 $\boldsymbol{L}$ 。 输出：超分辨率图像 SR。 1.对 LR 图像上行插值，构建 SR 图像的低频分量 LF： $\boldsymbol{L}_{\mathrm{LF}} = Q_{\uparrow s}\boldsymbol{L}$ ，Q 为双线性或双立方插值算子， s 为超分辨倍率。 2.提取 $\boldsymbol{L}$ 的显著特征，提取图像高频： $\boldsymbol{L}_f = \{f_1(\boldsymbol{L}), f_2(\boldsymbol{L}), f_3(\boldsymbol{L}), f_4(\boldsymbol{L})\}$ ，提取特征块构成 LR 图像的特征矩阵： $\boldsymbol{Y} = R(\boldsymbol{L}_f) = \{\boldsymbol{p}_i^l\}_{i=1}^N$ ，其中 $\boldsymbol{R}$ 表示块提取算子，N 为块数目，表示 N 个待稀疏分解的信号。 3.求解 LR 图像特征矩阵 $\boldsymbol{Y}$ 关于字典 $\boldsymbol{D}_{\mathrm{l}}$ 的 T -稀疏度的稀疏表示。 $\boldsymbol{\Gamma} = \arg\min\limits_{\boldsymbol{\Gamma}} \sum_{i=1}^N \left\Vert \boldsymbol{p}_i^l - \boldsymbol{D}_{\mathrm{l}}\boldsymbol{\alpha}_i \right\Vert_2^2 \quad \text{s.t.} \quad \forall i, \left\Vert \boldsymbol{\alpha}_i \right\Vert_0 \leqslant T$ ，如 7.1.2 节的 ROMP 算法。 4.稀疏表示 $\boldsymbol{\Gamma}$ 联合字典 $\boldsymbol{D}_{\mathrm{h}}$ 合成 SR 图像的 HF 分量： $\boldsymbol{L}_{\mathrm{HF}} = \{\boldsymbol{p}_i^h\}_{i=1}^N = \boldsymbol{D}_{\mathrm{h}}\boldsymbol{\Gamma}$ 。 5.将 LF 分量 $\boldsymbol{L}_{\mathrm{LF}}$ 和 HF 分量 $\boldsymbol{L}_{\mathrm{HF}}$ 交叠融合： $\boldsymbol{SR} = R^T\left(\boldsymbol{L}_{\mathrm{HF}} + R\left(\boldsymbol{L}_{\mathrm{LF}}\right)\right)$，其中 R^T 表示块融合算子。

上节讨论了用于稀疏表示的超完备字典对的构建，接下来使用经由训练的LR超完备字典来测试给定LR图像的稀疏表示，从而该稀疏表示加权HR字典原子实现图像的超分辨率重构。从字典的构造分析来看，信号表示系数的稀疏程度决定于超完备字典的原子表达能力和原子数量等。若预采集了大量的高分辨率图像样本集，同时初步估计了LR图像的降质退化，则训练构建后的超完备字典内含了丰富的图像基本结构和待超分辨率图像的退化信息。在测试给定LR图像的超分辨率重构过程中，类似字典构建过程，首先提取图像的显著特征构成LR特征矩阵，优化该矩阵在LR字典下的稀疏表示，最后HR字典联合LR的稀疏表示进行合成计算，实现最后的图像超分辨率重构。详细地，上述的图像超分辨率重构步骤如表7-5所示。在重构流程中需要注意四点。

(1) 为保证重构图像SR与给定的图像LR的亮度的连贯性，在LF分量的重构中，上行插值算子与字典构建的插值算子应保持一致，也就是说，构建字典时的LF与HF分量对应比例在超分辨率重构时应保持不变。

(2) 在构建字典时，为降低训练样本维数，通常块交叠的像素较少。而在基于字典重构图像时，为提高图像块的一致性，块重叠的像素数多于字典构建中的重叠数。从而对于一幅LR图像来说，会有更多的图像特征快。

(3) 优化LR特征矩阵关于LR字典的稀疏表示是上述重构任务的关键，决定了超分辨率重构系统的最终性能。算法精度和重构速度是综合考虑的因素。当然，字典重构中的稀疏表示与超分辨率重构中的稀疏表示可以采取相同的稀疏分解算法，或者可以不同。

但是实验发现，这两个操作中的稀疏分解算法相同的图像超分辨率重构比不同的情形，重构系数精度更高，重构的图像更易接受。其主要原因在于，两个操作中的稀疏系数的稀疏度或许起着关键作用。

(4) 待重构的 LR 图像与超完备字典原子的相似性也影响着超分辨率系统的性能，即给定的 LR 图像与训练字典时的大量 HR 图像集在几何结构上具有强相关性。因此，待重构图像的结构类型的先验应指导前期超完备字典的构建，尽可能选择与图像场景或结构类型相匹配的图像集。

特别地，虽然文献[5]也采用了 ROMP 稀疏表示的图像 SRR，但是所选的小波基完备字典仅是从待重构图像自身获得。一方面小波基捕获信号的奇异性弱，重要的是为满足测量矩阵的等距约束条件的高斯模糊滤波方差选择有一定限制，对不确定的模糊退化图像超分辨率能力不高。

7.1.5　实验仿真与分析

7.1 节通过一系列的仿真实验，对不同类型的图像实施 SRR 以验证和分析稀疏表示重构模型及重构算法 OCSR 的有效性，并与双三次插值、文献[6]的邻域嵌入 NESR 以及文献[7]的基于 L_1 范数的超分辨率 L_1SR 方法，对比算法运算效率和重构图像质量。采用峰值信噪比 PSNR 和框架相似性 SSIM 评价图像质量。所有计算均在 MATLAB2007b 开发环境下实现。

选取结构和纹理等不同的灰度图像作为 NESR、L_1SR 及 OCSR 的训练集，如图 7-2 所示。这些 HR 图像的选择规则通常是高质量、高分辨率，如从网络的标准测试图像库中下载(http://www.eecs.berkeley.edu)。通过预降质并提取高频分量作为候选集或训练集，经过学习构建用于稀疏表示的超完备字典对，对给定的 head、saturn、fingerprint 及 man 等 LR 图像进行 SRR。

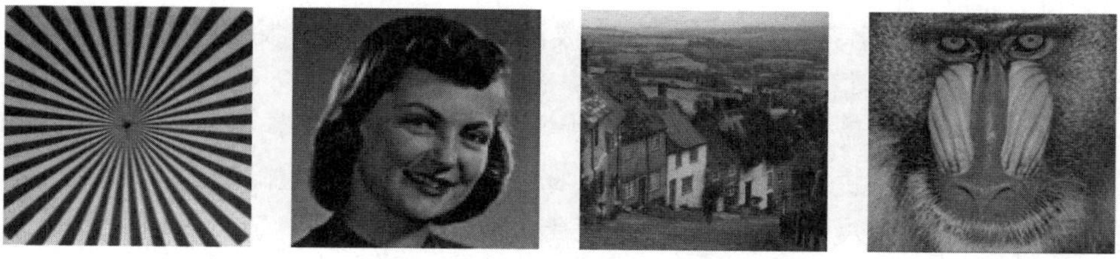

(a) radiation　(b) girl　(c) goldhill　(d) baboon

图 7-3　HR 图像训练集

1.参数设计

根据对实际图像降质过程的估计，在图 7-2 的 HR 训练集中添加方差为 1 的 5×5 高斯模糊，方差为 1 的加性高斯噪声，并双三次插值 3 倍下采样，退化的 LR 图像与 HR 构成训练样本。图像块为 3×3 大小，HR 字典或块集的内容为图像梯度。算法的块交叠(overlap pixels)、采样方式(sample mode)、稀疏度(sparsity)、字典大小(dictionary size)及学习方法(sparse coding)等如表 7-6 所示。表中，L_1SR 算法的表示系数数目(即稀疏度)是可变的，NESR 算法没有采用字典学习而是直接由图像块对作为字典，因此两项均为空。

表 7-6 超分辨率算法的参数设置

	NESR[6]	L_1SR[7]	OCSR
块交叠	2	1	1
采样方式	均匀	随机	均匀
稀疏度	5	—	3
字典大小	—	1024	512
学习方法	K-NN	L_1	ROMP

2.算法效率

下面分别对结构及纹理不同的 head、Saturn 图像进行 SR 处理。NESR 算法用 4 幅大小为 256×256 的 LR 图像拼成 1 幅大小为 512×512 的 HR 图像，均匀地抽取 28224 个块以构成样本集。L_1SR 算法随机地抽取 20000 个块以构成训练集，学习 1024 大小的字典。算法 OCSR 均匀地抽取 6724 个块以构成训练集，K-SVD 学习 512 大小的字典。上述三种算法的样本数及训练和测试 head 图像超分辨率重构时间如表 7-7 所示。

表 7-7 超分辨率算法的样本数及训练和测试的时间

	NESR[6]	L_1SR[7]	OCSR
样本数/个	28224	20000	**6724**
训练时间/s	1604	45000	**610**
测试时间/s	1053	367	14

L_1SR 和 OCSR 在字典学习中的迭代次数均设为 25。实验中发现，OCSR 设置过高的迭代次数，一方面学习过程耗时，另一方面提高图像超分辨率性能也有限。由表 7-7 可知，NESR 的超分辨率测试最耗时；L_1SR 的字典训练最耗时，达十几个小时之久；OCSR 的训练及测试速度均显著提高。同时，OCSR 算法的样本数也大大降低。

在重构算法的复杂度上，表 7-8 给出了上述算法的大致的复杂度比较。其中 M 为从图像集中提取的待学习的块数目，N 为待重构的 LR 图像的块个数，K 为构建字典的大小(原子数)，n 为正方形图像块的宽，I_{iter} 为迭代次数，T 为稀疏度阈值。

表 7-8 构建字典及图像重构的算法复杂度比较

	NESR[6]	L_1SR[7]	OCSR
构建字典	$O(4Mn^2)$	$O(1000MKI_{\text{iter}})$	$O(MKTI_{\text{iter}})$
图像重构	$O(4Nn^2)$	$O(Nn^2K)$	$O(nKT)$

由表 7-8 可知，L_1SR 的字典构建算法的复杂度最高，OCSR 的图像超分辨率重构算法的复杂度最低。另外，虽然 L_1SR 与 NESR 的图像重构的规模相当，但在实际的计算运行时间上，NESR 明显要耗时得多，见表 7-7。

3.图像重构

1)合成图像的重构

图 7-4 给出了 head 图像的三倍上采样、bicubic、NESR、L_1SR 及 OCSR 算法的超分辨率重构结果，并与原始图像 original 做对比。为便于对比和分析细节局部差别，图 7-4(a)的矩形标注区域最近邻放大 2 倍于左上角显示，图 7-4 的其他图像也均做相同处理。经对比，bicubic 图像整体模糊，NESR 的图像边缘不真实，L_1SR 的图像有较明显的伪迹，OCSR 重构图像整体逼真，局部(如鼻子上的斑点)更真实。

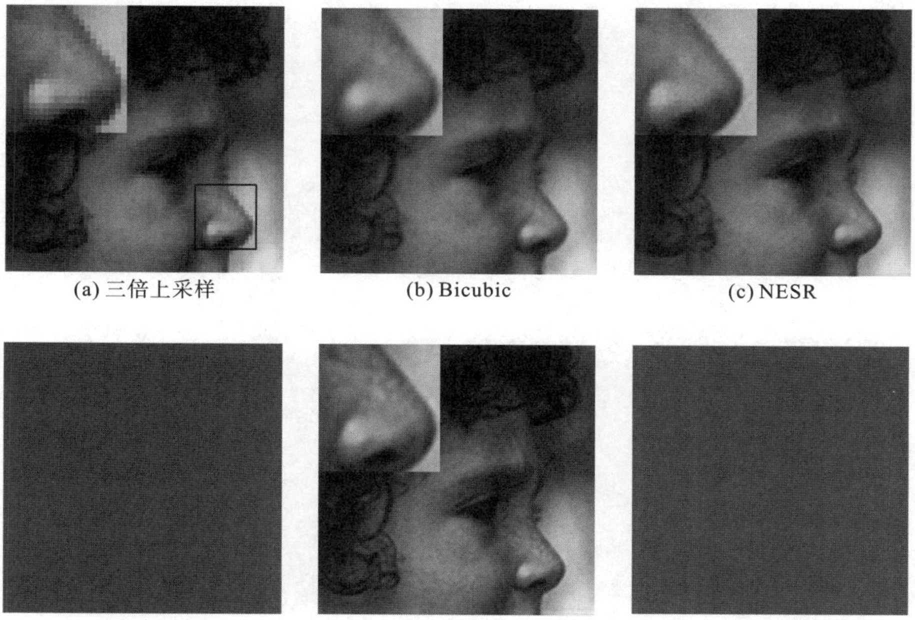

(a) 三倍上采样　(b) Bicubic　(c) NESR

(d) L_1SR　(e) OCSR　(f) Original

图 7-4　图像 head 的三倍超分辨率重构

图 7-5 是 saturn 图像的超分辨率结果的部分区域的缩放显示，NESR 和 L_1SR 的重构图像引入了额外的较明显的边缘伪迹，图像主观质量较 bicubic 有较大差异。OCSR 图像较 bicubic 的边缘锐利，较 NESR 和 L_1SR 的层次更分明，重构结果更逼近原始图像，特别是左下角和右上角的纹理，其他方法几乎没有恢复出来。

表 7-9 给出了图 7-4 和图 7-5 的实验图像的客观指标 PSNR 及 SSIM。从表中看出，OCSR 均超过了其他三种方法，尤其对于结构丰富的 Saturn 图像，指标改善幅度较明显，相对 NESR 的 PSNR 改善 3.3dB，SSIM 提高 0.09。文献[7]给出的 L_1SR 性能远高于 bicubic，主要因为文献采用了远超过本章的四幅图像的样本集，然而学习巨大的样本集在一定程

度上限制了算法适应性及实用性。对于 head 图像，OCSR 比 L_1SR 的 PSNR 高约 0.7dB，SSIM 高约 0.02；对于 saturn 图像，分别改善 3.2dB、0.07。

表 7-9 超分辨率重构图像的 PSNR 和 SSIM 指标

	bicubic	NESR[6]	L_1SR[7]	OCSR
head	32.2914	31.6184	32.6887	**33.3883**
	0.7802	0.7474	0.7958	**0.8171**
saturn	31.3465	31.1861	31.4508	**34.6638**
	0.9230	0.8699	0.8885	**0.9540**

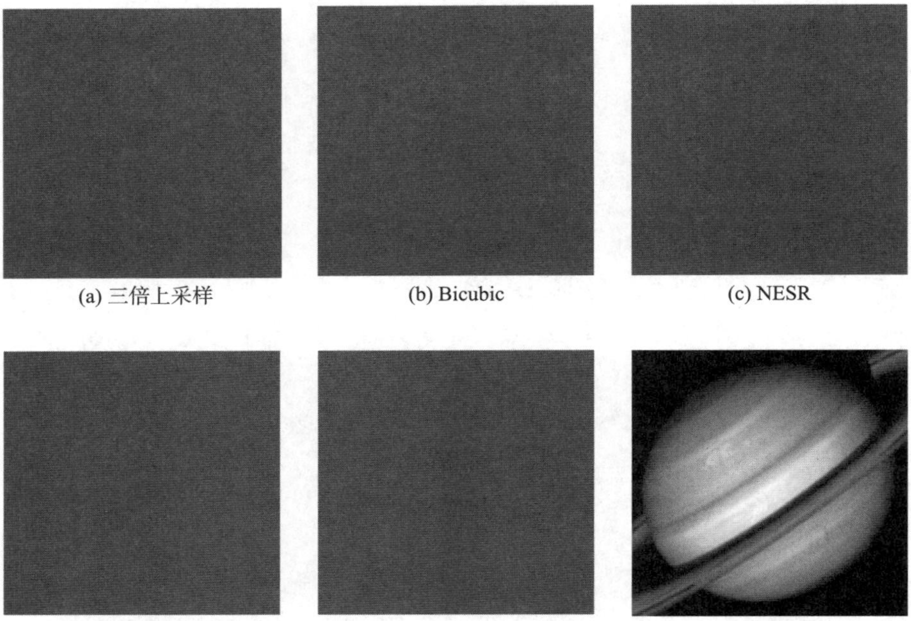

(a) 三倍上采样　(b) Bicubic　(c) NESR

(d) L1SR　(e) OCSR　(f) original

图 7-5　图像 Saturn 的三倍超分辨率重构

图 7-6 展示了各重构方法的超分辨率图像相对原始参考图像的残差图，更直观地表示超分辨率重构图像的细节重构情况，原理上，残差图中的残留越多，则重构图像逼近原始图像能力越差，反之越好。很明显，图 7-6(d)相对其他三种的残留最少，即超分辨率重构效果最佳。特别是在图像的边缘等几何结构的重构效果上，bicubic 的边缘最显著，即重构图像的边缘恢复最差。L_1SR 比 NESR 的边缘有一定的提高。

图 7-7 给出了八种标准测试图像两倍超分辨率重构结果的 PSNR。图 7-8 为重构结果的框架相似性 SSIM。总体来看，OCSR 的指标均高于双三次插值 bicubic 及文献[7]的 L_1SR 算法。在 PSNR 上，OCSR 比 bicubic 平均改善 1.5dB；在 SSIM 上，OCSR 比 bicubic 平均提高 0.1。特别是对于几何结构较强的 fingerprint 图像，指标改善最明显，其中 SSIM 提高 0.2。

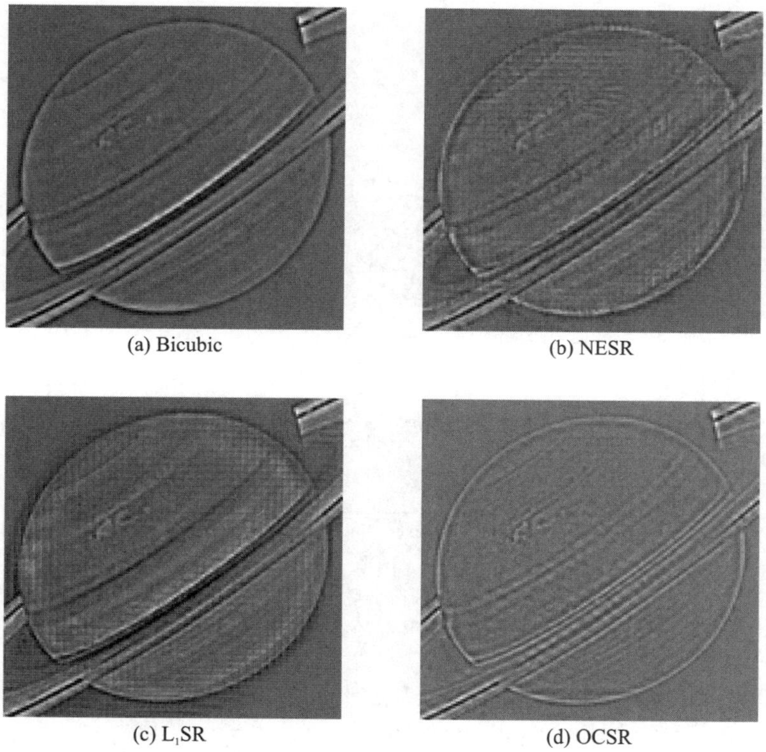

图 7-6　图像 saturn 的超分辨率重构的残差图

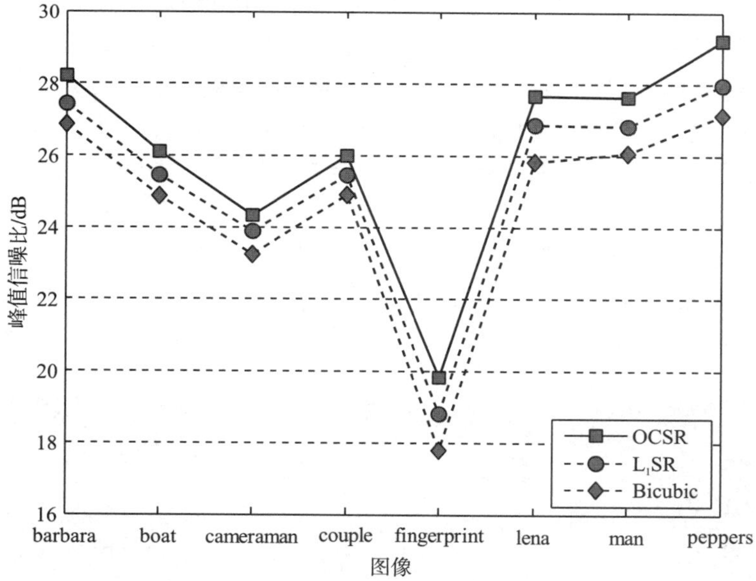

图 7-7　八种测试图像在 OCSR/L_1SR/bicubic 方法下的两倍超分辨率重构结构结果的 PSNR

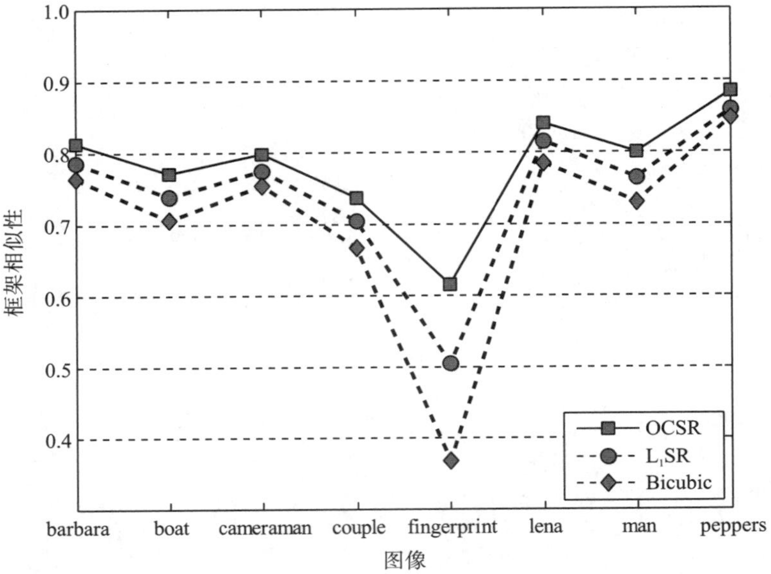

图 7-8 八种测试图像在 OCSR/L_1SR/bicubic 方法下的两倍超分辨率重构结构结构结果的 SSIM

在这八幅测试图像中，几何结构与振荡纹理的强弱有着显著差别，barbara 是纹理型图像，fingerprint 是几何结构型，man 图像的结构也较为突出。在前面的字典构建中，无论是 LR 字典还是 HR 字典，训练样本的内容都是图像的梯度、差分，当考虑一定的模糊退化时，HR 字典含有较微弱的震荡纹理或弱几何结构，而含有结构边缘明显的强几何结构。所以，当待重构图像为几何较明显的类型时，超分辨率效果相对更为明显。

为便于观察几何结构性较强的图像的超分辨率重构效果，图 7-9 和图 7-10 给出了 fingerprint 和 man 图像分别在 bicubic 和 OCSR 下的两倍重构结果。这两幅图中的图(a)为 HR 图像，图(b)为待重构的 LR 图像，图(c)为 bicubic 的插值图像，图(d)为 OCSR 重构图像，图(e)为 HR 图像与 bicubic 的残差图，图(f)为 HR 图像与 OCSR 的残差图。

2) 实际图像的重构

由于实际图像的降质较为复杂，在构建字典时若仅考虑下采样，则此时字典的表达能力较弱，稀疏度低；同时为了将估计的降质准确地引入字典原子，需要反复尝试学习并构建有效的字典。在固定学习算法的情况下，减少训练样本数量、选用几何结构丰富的

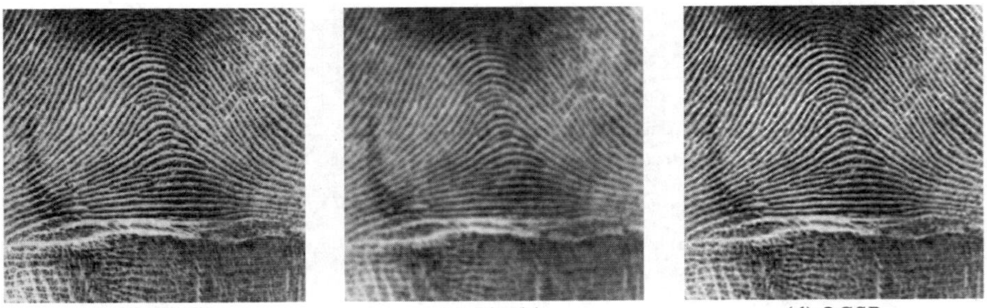
(a) HR图像 (c) Bicubic (d) OCSR

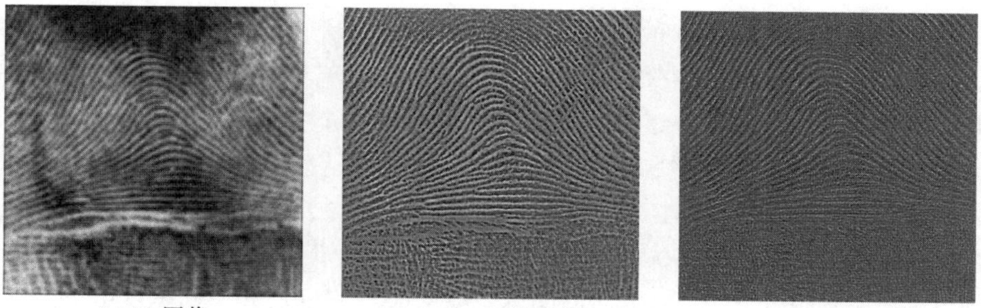

(b) LR图像　　(e) Bicubic的残差　　(f) OCSR的残差

图 7-9　图像 Fingerprint 的两倍超分辨率重构结果

(a) HR图像　　(c) Bicubic　　(d) OCSR

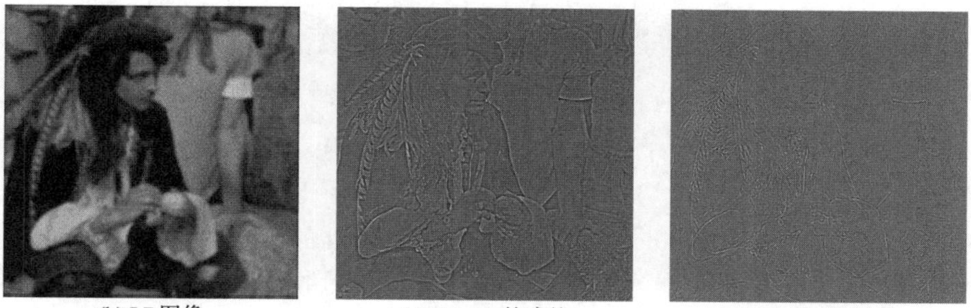

(b) LR图像　　(e) Bicubic的残差　　(f) OCSR的残差

图 7-10　图像 man 的两倍超分辨率重构结果

样本是提高字典训练效率的有效途径。本节对实际工程中捕获的一幅“T 标记”图像进行两倍超分辨率重构。

在图像先验上，已预知该图像经过了块大小为 32×32 的基于小波变换的编解码。在原理上，图像的编解码降质主要来源于其中的量化操作环节。另外，由于系统为长焦距的太空成像，所以假设观测的 LR 图像存在大气湍流扰动(turbulence disturbance)：

$$H(u,v)=\begin{cases}\exp\left[-k\left(u^2+v^2\right)^{5/6}\right], & 0<u,v\leqslant r\\ 0, & \text{其他}\end{cases} \tag{7-13}$$

其中，k 为扰动强度参数，r 为扰动窗口半径。在实验中，k 的范围为 0.005～0.025，其值越小，受湍流影响越严重；r 的范围为 5～11，其值越大，受湍流影响越严重。

为实现该实际工程图像的超分辨率，必须将上述的湍流和编解码降质引入低分辨率字典中。由于需要多次尝试和估计该图像的降质参数，在实验中图像块大小为 5×5，且块重叠 1 个像素，从而减少样本数量。字典原子数目为 256，从而降低字典构建复杂度。当实际图像的超分辨率实验达到相对较好的效果时，再对包含类似降质过程的图像实施超分辨率，就可以增加字典原子数或块重叠的像素数，进一步提高系统的重构能力。

图 7-11 为实际捕获的“T 标记”LR 图像。根据前述的分析和 OCSR 方法的超分辨率重构流程，首先预降质 HR 图像训练集，依次为湍流模糊、小波编解码、量化和下采样等，构成 LR 图像训练集；然后提取这两个训练集的梯度和差分等高频信息，以块方式级联组成训练样本；最后由字典学习构建超完备字典对。

图 7-11 实际捕获的“T 标记”LR 图像

图 7-12 给出了双三次 bicubic 插值重构和 OCSR 方法的超分辨率重构结果。为更直观地对比各重构算法的性能差异，图中还给出了各重构图像的频谱图形。同时，便于对比降质因素在重构中的影响，图示中还展示了考虑不同类型降质及其不同参数的超分辨率结果。分析图 7-12 重构结果会发现，图 7-12(b)仅考虑了湍流扰动($k=0.005$，$r=11$)和下采样降质，而未考虑编解码的超分辨率重构技术，模糊抑制较好，但块效应显著。这是因为 LR 图像块边界实际上为高频信息，这为以增强高频分量为目的的超分辨率提供了错误的基础指导。图 7-12(c)考虑了湍流、编解码和下采样，重构图像的边缘锐利，模糊得到了较好的抑制，且无块效应。图 7-12(d)和图 7-12(e)展示了湍流扰动的参数对重构结果的影响，观察可知，图像较模糊。

分析图 7-12 中的频谱图形可知，图 7-12(a)的高频分量恢复最弱；图 7-12(b)的块效应体现在频谱时，高频分量比图 7-12(a)的丰富些；图 7-12(d)、(e)和(c)的高频分布更集中，体现为图像的边缘更锐利，有明显的高频分量伸展。

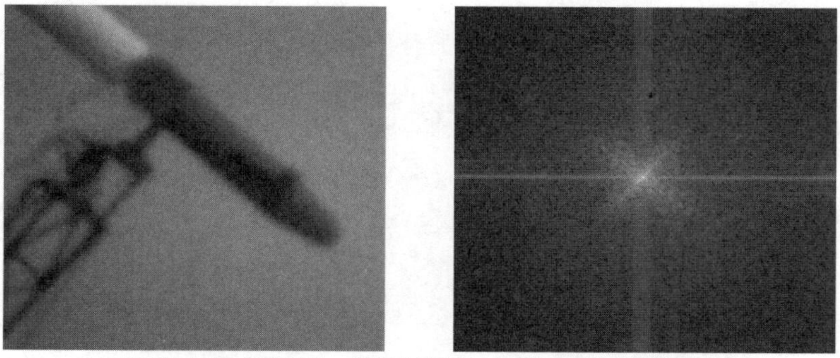

(a) 双三次Bicubic插值重构，模糊残留严重，边缘不清晰，整体有块效应

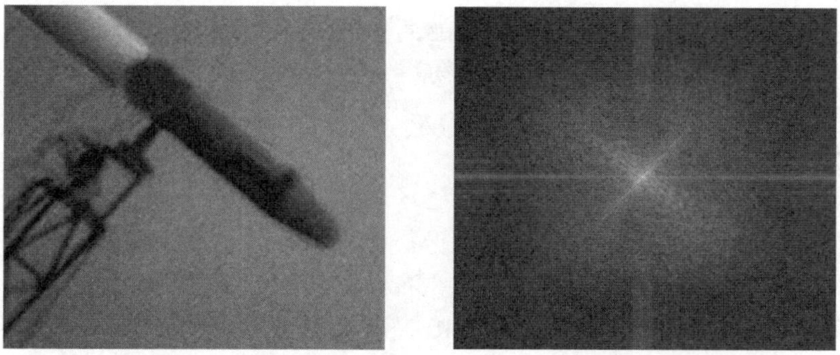

(b) OCSR重构结果，仅考虑湍流扰动降质(k=0.005,r=11)和降采样，模糊抑制较好，但块效应显著

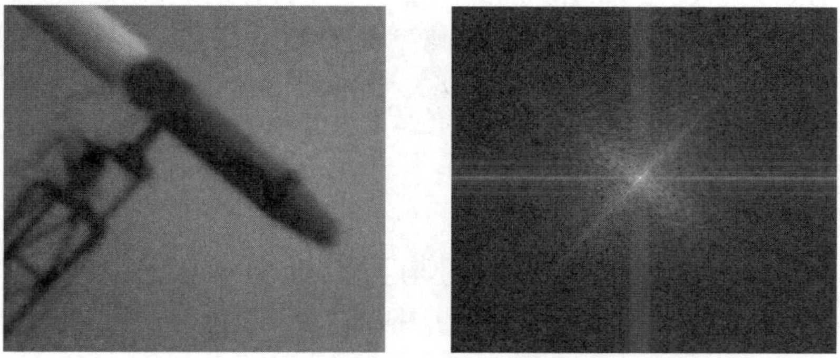

(c) 本节的OCSR重构结果，考虑湍流扰动、编解码和降采样降质，图像较锐利，无块效应

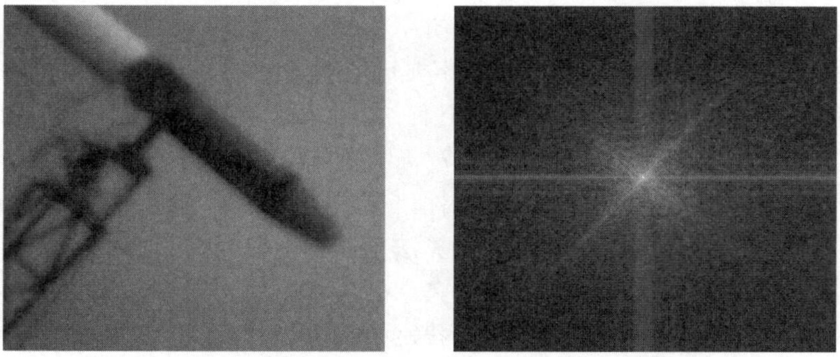

(d) 相比图(c)，扰动强度 k 增大时的超分辨率结果，图像较模糊

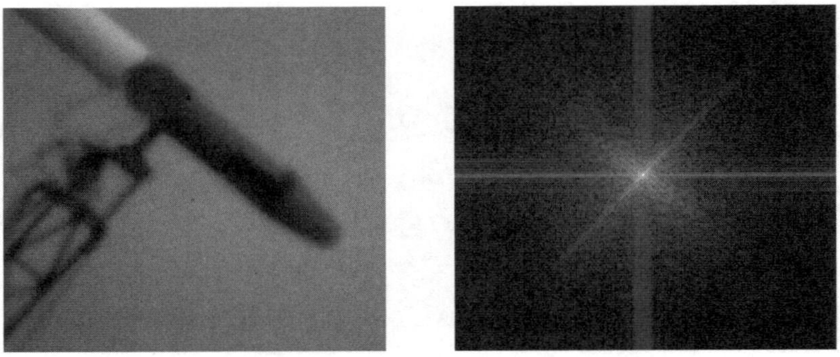

(e) 相比图(c)，扰动窗口 r 变大，图像模糊

图 7-12 “T 标记”图像的两倍超分辨率重构结果

注：左边一列为重构图像，右边一列为对应图像的频谱图。OCSR 方法重构图像的高频分量的效果较显著。

7.1.6 算法小结

本节针对单帧模糊退化的低分辨率图像，提出了一种基于图像稀疏表示先验模型的图像超分辨率重构方法，其关键是构建超完备字典对和图像的快速稀疏表示。实验仿真表明，与其他学习式重构方法相比，OCSR 需要相对更少的样本集，超完备字典对的构建和图像稀疏超分辨率重构的效率大大提高，并取得了良好的主客观重构效果，有效地改善了图像的分辨率水平。学习法超分辨率重构性能的优劣很大程度上取决于原子图像结构的多样性、样本数量，以及待重构图像与原子基的相似度，但是庞大的图像集会限制算法的实际应用。因此减少样本数量、由一定数量样本经学习建立更紧凑的原子字典、既定字典下的最优原子选取及最优加权组合等是图像稀疏表示超分辨率重构方法的主要优化方向。

7.2 在线字典学习与盲稀疏分解的图像超分辨率增强

离线式学习超完备字典实现图像超分辨率重构，由于样本集过大可能会造成学习时间较长，另外，一般样本学习构建的通用字典可能对某些特定结构图像的重构效果不佳。实际上 LR 图像自身的空间中存在相似的几何结构，能否直接利用待重构的 LR 图像经由在线学习建立用于稀疏表示的超完备字典？若仅用单帧的 LR 图像构建了字典，又因可用样本数的有限性、图像几何结构的欠丰富性，待重构图像在当前字典下的稀疏性程度可能大大降低，从而固定稀疏度的稀疏分解算法难以实现较为精确的稀疏表示。针对上述问题，本节提出基于待重构图像的在线字典学习与盲稀疏度稀疏分解的超分辨率增强技术。这种在线重构能充分利用当前图像的特定结构，弥补离线式的图像无关联的盲目字典构建缺陷。

接下来，首先根据不同分辨率图像局部几何结构不变性给出稀疏分解分辨率增强模型；其次，分析盲稀疏分解原理及算法流程；然后，设计在线感知学习单帧图像稀疏表示的分辨率增强算法；最后，通过合成及实际图像分辨率增强实验，分析对比算法的有效性。

7.2.1　图像超分辨率增强模型

考虑成像设备固有限制及工作环境影响，单帧图像的通用观测过程可表示为 $\boldsymbol{x}_{\mathrm{l}} = \boldsymbol{SHy}_{\mathrm{h}} + \boldsymbol{v}$，其中，$\boldsymbol{y}_{\mathrm{h}}$ 为理想的 HR 图像，$\boldsymbol{x}_{\mathrm{l}}$ 为观测的 LR 图像，$\boldsymbol{H}$ 为点扩散函数 PSF，$\boldsymbol{S}$ 为下采样算子，$\boldsymbol{v}$ 为系统或环境噪声。分析该观测模型，$\boldsymbol{x}_{\mathrm{l}}$ 与 $\boldsymbol{y}_{\mathrm{h}}$ 的主要区别在于，LR 图像的大部分的高频分量已丢失，图像超分辨率增强任务就是根据 LR 及其先验来估计和创生高频信息，然后添加到已知的低频分量中；$\boldsymbol{x}_{\mathrm{l}}$ 与 $\boldsymbol{y}_{\mathrm{h}}$ 的主要联系在于，LR 与 HR 图像的局部几何结构是类似的，即根据信号调和分析理论，图像块在合适的表示基集下的分解系数——稀疏表示是近似或相等的，或者说 LR/HR 块在对应的表示基集下具有同现先验(co-occurrence prior)[7]。

能否利用上述的区别与联系实现 LR 图像的超分辨率重构？图 7-13 较形象地展示了基于图像稀疏分解与合成原理的分辨率增强模型。首先，LR 图像插值放大形成满足超分辨率要求的初始图像 $\boldsymbol{y}_{\mathrm{l}} = Q\boldsymbol{x}_{\mathrm{l}}$，$Q$ 为插值算子，如图 7-13(a)所示；其次优化求解 LR 图像块 p_{l} 在 LR 字典 $\boldsymbol{D}_{\mathrm{l}}$ 下的稀疏表示 $\boldsymbol{\alpha}$，即图像分解(decomposition)过程；然后 HR 字典 $\boldsymbol{D}_{\mathrm{h}}$ 联合 $\boldsymbol{\alpha}$ 求 $\boldsymbol{y}_{\mathrm{h}}$ 的对应块 p_{h}，如图 7-13(b)所示，即图像综合(synthesis)过程；最后交叠式处理所有块完成整帧 LR 图像的分辨率增强。从上述分析可知，图像超分辨率增强的关键是构建用于稀疏表示的字典对，并有效地获取 LR 图像的稀疏分解系数。

本节尝试基于给定的 LR 图像及其镜像数据等，以期快速构建面向当前图像的特定几何结构的超完备字典对。鉴于基于当前结构欠丰富字典的稀疏表示的稀疏性衰减特点，本节采用盲稀疏度的稀疏分解技术克服贪婪系列稀疏表示算法中的固定稀疏度缺陷。

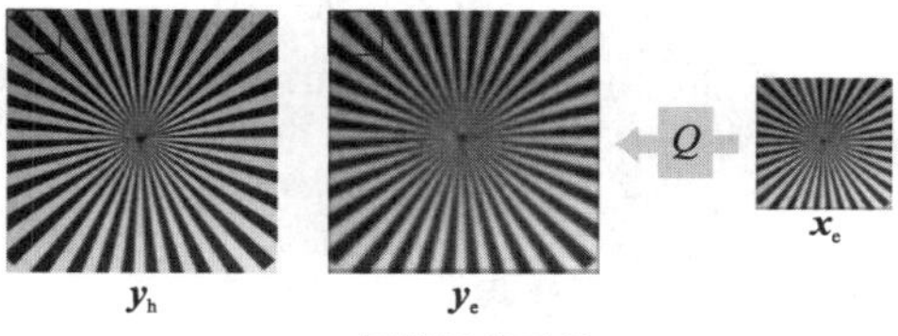

(a) 图像插值重构

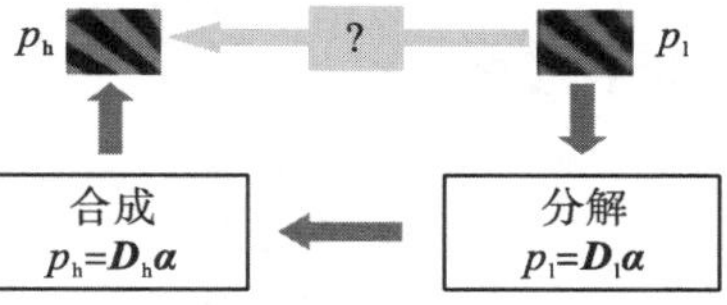

(b) 图像块的稀疏分解与稀疏合成

图 7-13　基于稀疏分解与合成的图像超分辨率增强模型

7.2.2　基于盲稀疏度的稀疏分解

基于超完备字典的图像稀疏表示建模是图像模型理论的研究热点，涌现出了大量卓有成效的研究成果[8]。稀疏分解又称稀疏表示、稀疏逼近、稀疏编码等，即从字典矩阵中选择合适的原子列，并取其最优组合加权来精确地表示或逼近理想信号。本节在简要介绍稀疏分解模型的基础上，分析盲稀疏度稀疏分解算法的处理流程。

1.稀疏分解模型

根据上述的问题模型可知，基于超完备字典的图像稀疏分解是核心。考虑信号 $\boldsymbol{y}$ 关于 $\boldsymbol{D}$ 下的稀疏分解的数学模型：

$$\hat{\boldsymbol{\alpha}} = \arg\min \|\boldsymbol{\alpha}\|_0 \quad \text{s.t.} \quad \boldsymbol{y} = \boldsymbol{D}\boldsymbol{\alpha} \tag{7-14}$$

直接求解 L_0 范数约束无确定解析式的困难问题，即 NP-hard 问题[9]。为此，研究人员提出了该问题的次优或逼近解。总体来看，主要有局部最优的贪婪追踪 MP 算法系列[10, 11]和基于 L_1 范数的松弛凸优化算法系列[12]。贪婪匹配追踪系列通常要求稀疏度作为先验条件而已知，但实际上一方面稀疏度或许未知，另一方面固定的稀疏度对于解的误差最小来说有时可能不是最优的。

2.稀疏度稀疏分解算法

由于 L_1 范数约束的稀疏表示算法复杂度高，特别对于大尺度问题(图像处理)，其处理耗时之长难以接受。贪婪匹配追踪稀疏分解凭其计算量低、速度快而被广泛采用，匹配追踪算法系列将式(7-14)修改为

$$\hat{\boldsymbol{\alpha}} = \arg\min \|\boldsymbol{y} - \boldsymbol{D}\boldsymbol{\alpha}\|_2^2 \quad \text{s.t.} \quad \|\boldsymbol{\alpha}\|_0 \leqslant T \tag{7-15}$$

上式即为稀疏度约束的稀疏分解模型。其中 T 仅表明了最大稀疏度，即该测度是个趋势量。

而实际上，由于有限样本集、构建字典过程中低精度稀疏分解等，从而造成字典 $\boldsymbol{D}$ 的原子结构欠丰富性，则采用固定的稀疏阈值 T(如 OMP、ROMP 算法)对于分解或重构任务来说并不是最优的。特别是，本节为降低构建字典的复杂性而采取的仅在线学习待处理图像建立的超完备字典的实际应用，采取固定稀疏度的稀疏表示精度低，从而图像的超分辨率能力较弱。受压缩感知理论框架中的稀疏度自适应重构的启发[13]，本节提出采用盲稀疏度匹配追踪的稀疏分解算法以实现基于欠定的超完备字典的 LR 图像分辨率增强。基于超完备字典的信号盲稀疏度稀疏分解(blind sparsity sparse representation, BSSD)算法的计算步骤如表 7-10 所示。对该算法的几点说明如下。

表 7-10 盲稀疏度稀疏分解算法处理流程

算法 7-6：盲稀疏度稀疏分解算法
1. 输入：超完备字典 $\boldsymbol{D}$，信号 $\boldsymbol{y}$，稀疏度递增步长 $\boldsymbol{s}$，迭代终止条件 $\mathrm{err}=10^{-8}$。
2. 初始：稀疏系数 $\hat{\boldsymbol{x}}=\boldsymbol{0}$，残差 $\boldsymbol{r}_0=\boldsymbol{y}$，最终索引 $\boldsymbol{F}_0=\varnothing$，最终索引 $\boldsymbol{F}$ 的大小 $I=s$，迭代序号 $k=1$，分段序号 $j=1$。
3. 迭代：
(1) 计算 $\boldsymbol{r}_{k-1}$ 在 $\boldsymbol{D}$ 中的投影，并取绝对值 $\left\|\boldsymbol{D}^{\mathrm{T}}\boldsymbol{r}_{k-1}\right\|$ 中的前 I 个最大值对应的原子索引 $\boldsymbol{S}_k=\mathrm{Max}\left(\left\|\boldsymbol{D}^{\mathrm{T}}\boldsymbol{r}_{k-1}\right\|,I\right)$，组成候选序列 $\boldsymbol{C}_k^I=\boldsymbol{S}_k\cup\boldsymbol{F}_{k-1}$。
(2) 剔除 $\boldsymbol{C}_k^I$ 中重复被选择的索引，构成无原子重复的索引簇 $\boldsymbol{C}_k$，并判断 $\boldsymbol{C}_k$ 长度以满足 $\left\|\boldsymbol{C}_k\right\|<\mathrm{size}(\boldsymbol{y},1)$，若不满足则退出迭代。

续表

算法 7-6：盲稀疏度稀疏分解算法
(3) 测试 $\boldsymbol{y}$ 关于 $\boldsymbol{D}_{C_k}$ 的解，并取绝对值 $\left\|\boldsymbol{D}_{C_k}^{+}\boldsymbol{y}\right\|$ 中的前 I 个最大值对应的原子索引 $\boldsymbol{F}=\text{Max}\left(\left\|\boldsymbol{D}_{C_k}^{+}\boldsymbol{y}\right\|,I\right)$，$\boldsymbol{D}_{C_k}^{+}$ 为 M-P 伪逆阵，计算残差 $\boldsymbol{r}=\boldsymbol{y}-\boldsymbol{D}_F\boldsymbol{D}_F^{+}\boldsymbol{y}$。
(4) 若 $\\|\boldsymbol{r}\\|_2<\text{err}$，则退出迭代，否则执行(5)。
(5) 若满足 $\\|\boldsymbol{r}\\|_2\geqslant\\|\boldsymbol{r}_{k-1}\\|_2$，则 $j=j+1$，$I=j\times s$，执行(1)，否则执行(6)。
(6) 更新 $\boldsymbol{F}_k=\boldsymbol{F}$，$\boldsymbol{r}_k=\boldsymbol{r}$，$k=k+1$，执行(1)。
4. 输出：信号 $\boldsymbol{y}$ 关于 $\boldsymbol{D}$ 的稀疏分解系数 $\hat{\boldsymbol{x}}$，满足 $\boldsymbol{y}\approx\boldsymbol{D}\hat{\boldsymbol{x}}$。

(1) 盲稀疏度稀疏分解算法仍属于贪婪匹配追踪系列，只是每次匹配的原子数发生变化，且最后的稀疏度总体不再是固定的一个常数，而是满足误差控制条件的上下波动的稀疏度波浪线。

(2) 仅用误差控制的原子选取规则，可能使得原子序列的索引 $\boldsymbol{C}_k$ 与前次迭代结果产生重复，而重复的原子选择对分解的稀疏性是不利的，所以剔除重复的原子索引。同时保证此时的原子索引簇的长度(非零系数个数)不超过信号长度，即待分解的信号长度应大于最终确定原子的非零系数的个数。

(3) 上述过程的终止迭代条件是残差的范数小于阈值 err。通常较为实用的方法是观测两次持续的残差更新的相对值是否超过某一阈值，进而作为终止条件，即如果连续的迭代并没有显著改善结果性能的话，就可退出迭代。

(4) 稀疏度步长 s 需要根据信号的维数及所要求的精度做适当调整。显然，递增步长 s 应不大于稀疏度阈值 T。为避免过估计对于 T 未知的情况，较为保守的策略是取 $s=1$。但是 s 太小的话，则需要更多的迭代次数。s 的取值仍然是一个开放式问题[13]。

7.2.3 基于在线学习的图像超分辨率增强

在线学习 LR 图像以构建超完备字典对，能显著降低样本集数量，自适应待处理图像，及时将图像退化信息引入并更新字典原子。盲稀疏度的稀疏分解能有效弥补固定稀疏度稀疏分解的低精度缺陷，充分利用已有字典的原子基，从重构误差的统计意义获得较高精度的稀疏分解。在研究中，为便于高效地建立超完备稀疏表示字典，采用在降噪、复原和压缩应用中取得良好效果的 SVD 奇异值分解[4]更新字典原子，采用类似 ROMP 算法处理的快速且具有较高精度的正则正交最小二乘(regularized orthogonal least squares, ROLS)算法[14]实现当前既定字典下的信号稀疏分解表示。

1. ROLS 稀疏表示算法

稀疏表示 ROLS 与 ROMP 的关系，就如 OLS 与 OMP 的联系，其差别均体现在每次残差迭代中原子的选择机制不同。OLS/ROLS 选择了那些在正交化后能产生最小残差误差的原子列，而 OMP/ROMP 在将信号正交投影到所选的原子后，没有选择那些使残差范数最小的原子。ROLS 稀疏表示算法的流程如表 7-11 所示。

表 7-11 正则正交最小二乘稀疏表示算法处理流程

算法 7-7：ROLS 稀疏表示算法
1. 输入：字典 $\boldsymbol{D}\in\mathbb{R}^{m\times K}$，信号 $\boldsymbol{x}\in\mathbb{R}^{m}$。 2. 输出：$T$ 稀疏度的稀疏表示 $\boldsymbol{\alpha}$。 3. 初值：$\boldsymbol{D}^{\text{norm}}=\left[\|\boldsymbol{x}_1\|_2^2,\|\boldsymbol{x}_2\|_2^2,\cdots,\|\boldsymbol{x}_K\|_2^2\right]$，$\boldsymbol{NI}=[1,2,\cdots,K]$，$\boldsymbol{r}=\boldsymbol{x}$，$\boldsymbol{\alpha}=\boldsymbol{0}$。 4. 迭代：直至满足 $\lvert\boldsymbol{I}\rvert\leqslant 2T$ 且 $\boldsymbol{r}\approx\boldsymbol{0}$。 (1) 投影 $\boldsymbol{r}$ 到字典 $\boldsymbol{D}$ 有 $\boldsymbol{u}=\boldsymbol{D}^{\mathrm{T}}\boldsymbol{r}$，选择 $\boldsymbol{v}=\left\lvert\boldsymbol{u}_{NI}./\boldsymbol{D}_{NI}^{\text{norm}}\right\rvert$ 中前 T 项最大值 $\boldsymbol{V}_T=\{v_{i,J_i}\}_{i=1}^{T}$，及对应的索引 $\boldsymbol{J}=\{\boldsymbol{J}_i \mid \boldsymbol{J}_i\in\mathbb{R}^{T}\}$，$\boldsymbol{u}_{NI}$ 表示取 $\boldsymbol{u}$ 中 $\boldsymbol{NI}$ 索引的元素； (2) 遍历满足条件 $\boldsymbol{V}(i)\leqslant 2\boldsymbol{V}(j),(i,j\in\{1,2,\cdots,T\})$ 的索引 $\boldsymbol{J}_m$，提取 $\boldsymbol{V}_{J_m}$ 中的最大值对应的索引以构成 $\boldsymbol{J}_0$； (3) 选择由新索引 $\boldsymbol{I}=[\boldsymbol{I}\quad \boldsymbol{J}_0]$ 所指向的原子簇 $\boldsymbol{D}_I$，由 $\boldsymbol{\alpha}_I=\boldsymbol{D}_I^{\dagger}\boldsymbol{x}$ 计算 $\boldsymbol{x}$ 关于 $\boldsymbol{D}_I$ 的稀疏表示 $\boldsymbol{\alpha}_I$，其中 $\boldsymbol{D}_I^{\dagger}$ 为 M-P 伪逆矩阵； (4) 将 $\boldsymbol{I}$ 索引的 $\boldsymbol{NI}$ 项清空，即 $\boldsymbol{NI}(\boldsymbol{I})=[\,]$，得到新的 $\boldsymbol{NI}$； (5) 更新残差：$\boldsymbol{r}=\boldsymbol{x}-\boldsymbol{D}_I\boldsymbol{\alpha}_I$。 5.结果：稀疏表示 $\boldsymbol{\alpha}=\boldsymbol{\alpha}_I$。

算法 7-7 与算法 7-2 的主要区别表现在迭代中的投影项的选择上。另外，由于 ROMP 选择的原子列数是稀疏度阈值的两倍，即 $\lvert\boldsymbol{I}\rvert\leqslant 2T$，而 OMP 的原子数等于稀疏度阈值 T，因此 OMP 的这种相对较少的原子选择机制使得稀疏重构精度与 OLS 近乎相等。从文献参考指标及本书的实验结果来看，ROLS 的重构精度略高于 ROMP。

2.在线学习超完备字典

在线感知图像稀疏表示的超分辨率算法就是仅由待处理图像构建稀疏表示字典对并实现超分辨率重构。为满足局部结构的连贯性，通常以重叠的图像块作为处理单位；同时为提高字典的原子结构的表达能力，提取样本的高频分量作为训练内容；由于给定的 LR 图像可能含有一定的模糊退化，所以在构建字典时需引入可能的降质退化，为此采取较为常用的迭代反向投影(iterative backward projection，IBP)[15]来实现。在线构建超完备字典对的步骤如表 7-12 所示。

表 7-12 在线学习超完备字典对处理流程

算法 7-8：在线学习构建超完备字典对
输入：待重构的 LR 图像 $\mathbf{L}$。 输出：超完备字典对 $\boldsymbol{D}_l$ 和 $\boldsymbol{D}_h$。 1. 由模糊估计实施迭代反向投影去模糊 $\text{IBP}(\boldsymbol{L})$，然后上行插值构成 $\boldsymbol{H}=Q_{\uparrow s}(\text{IBP}(\boldsymbol{L}))$，其中 $Q_{\downarrow s}$ 表示以 Q 算子下采样 s 倍。 2. 提取两个图像集的显著特征，导数：$\boldsymbol{L}^{d}=\left\{f_i(\boldsymbol{L})\right\}_{i=1}^{4}$，HR 图像的差分：$\boldsymbol{H}^{e}=\left\{\boldsymbol{H}-Q_{\uparrow s}\boldsymbol{L}\right\}$，$Q_{\uparrow s}$ 表示以 Q 算子上采样 s 倍。 3. 以图像块多像素交叠的方式切割图像，HR 样本集：$\boldsymbol{P}=R(\boldsymbol{H}^{e})=\left\{\boldsymbol{p}_k^{h}\right\}$，LR 样本集：$\boldsymbol{Y}=R(\boldsymbol{L}^{d})=\left\{\boldsymbol{p}_k^{l}\right\}$，其中 R 表示块提取算子。 4. 由训练样本集 $\boldsymbol{Y}$ 学习字典 $\boldsymbol{D}_l$：$\{\boldsymbol{D}_l,\boldsymbol{\Gamma}\}=\arg\min\limits_{\boldsymbol{D}_l,\boldsymbol{\Gamma}}\|\boldsymbol{Y}-\boldsymbol{D}_l\boldsymbol{\Gamma}\|_F^2$ s.t. $\forall i,\|\boldsymbol{\alpha}_i\|_0\leqslant T$，稀疏表示环节采用算法 5-2 的 ROLS 法，原子更新环节采用 svd 法。 5. 由不同分辨率图像间的稀疏表示的近似性，由训练样本集 $\boldsymbol{P}$ 数值计算 $\boldsymbol{D}_h$：$\boldsymbol{D}_h=\arg\min\limits_{\boldsymbol{D}_h}\|\boldsymbol{P}-\boldsymbol{D}_h\boldsymbol{\Gamma}\|_{\mathrm{F}}^2$，即 $\boldsymbol{D}_h=\boldsymbol{P}(\boldsymbol{X}^{\mathrm{T}}(\boldsymbol{X}\boldsymbol{X}^{\mathrm{T}})^{-1})$。

对上述构建过程的几点说明如下。

(1) 由于仅对给定 LR 图像进行在线学习，样本数量会过少，为适当增加样本数量提高字典表达能力，可采取对恢复的图像 $\boldsymbol{H}$ 进行镜像或旋转的方式构成新的学习样本，这在待重构图像的尺寸较小时尤为适用。

(2) 对于 HR 训练样本来说，提取内容为有关 LR 图像的差分，其数据实际上来源于 IBP 恢复的高频。所以，IBP 的重构效果对 HR 字典原子的表达能力有着重要影响。为此，应尝试对模糊进行较为精确的估计，实际上，图像复原中的盲反卷积技术就是在未知模糊参数的需求下发展起来的。

(3) 由于可用训练样本的有限性，此时信号的稀疏表示在满足一定重构精度时的稀疏度较低，即需要相对更多的原子，且原子数目——稀疏度不应固定或不再准确已知。在后续的超分辨率重构中正是基于此原因，采取盲稀疏度或渐进逼近的方式分解 LR 图像块，从而获得较为精确的稀疏表示系数。

3.图像超分辨率增强

当构建了字典对后，基于在线字典与离线字典的稀疏表示超分辨率重构步骤基本相同，差别在于稀疏表示算法的不同。类似字典学习中的训练集准备，提取给定 LR 图像的特征并级联形成特征矩阵，BSSD 算法求特征矩阵的超完备字典稀疏表示，最后稀疏系数联合 HR 字典求得超分辨率图像的高频信息。基于 BSSD 的超分辨率重构过程如下。

步骤 1：LR 按超分辨率 s 上采样得 $\boldsymbol{LR}_s = Q(\boldsymbol{LR})$。

步骤 2：提取特征并级联形成矩阵 $\boldsymbol{Y} = F(\boldsymbol{LR}_s)$。

步骤 3：求解 $\boldsymbol{Y}$ 在 $\boldsymbol{D}_l$ 下的稀疏表示 $\boldsymbol{X} = \mathrm{BSSD}(\boldsymbol{D}_l, \boldsymbol{Y})$。

步骤 4：$\boldsymbol{X}$ 联合 $\boldsymbol{D}_h$ 求高分辨率图像特征 $\boldsymbol{P} = \boldsymbol{D}_h \boldsymbol{X}$。

步骤 5：融合 $\boldsymbol{P}$ 与 $\boldsymbol{LR}_s$ 得到超分辨率图像 $\boldsymbol{SR} = \boldsymbol{R}^{\mathrm{T}}(\boldsymbol{LR}_s + \boldsymbol{P})$。

步骤 6：块交叠式处理完成最后的超分辨率重构。

分析可知，求解 LR 图像在超完备字典下的稀疏表示即步骤 3 是重构过程的核心。为此，一方面需要快速、精确的稀疏分解算法，另一方面需要尽可能包含当前图像特定结构、原子表达能力强的字典 $\boldsymbol{D}_l$ 的构建。本节的基于在线学习超完备字典的 BSSD 盲稀疏度分解在一定程度上能够满足上述要求。

7.2.4　实验仿真与分析

对测试图像实施 SRR 以验证和分析本节的在线学习与盲稀疏度稀疏分解(仅以 BSSD 来表示)算法的性能，并对比双三次插值(bicubic，BCSR)、邻域嵌入 NESR[6]、基于 OMP 稀疏表示的 OMPSR[16]等三种相关的图像超分辨率重构方法的重构图像。图像评测中，采用统计的峰值信噪比 PSNR 和框架相似性 SSIM 来评测。所有计算均在 MATLAB2007b 开发环境下实现。

1.参数设计

待实验的三种超分辨率方法均基于给定的 LR 图像在线学习构建超完备字典对，应用算法 7-7 的 ROLS 实现字典构建中的稀疏分解，应用奇异值分解实现原子更新。采用梯度算子提取特征作为 LR 字典的训练样本，采用 LR 图像与其图像插值版本的差分作为 HR 字典的训练样本。设定图像块大小为 5×5，重叠 4 像素。超完备字典原子数 256，ROLS 算法稀疏度 T 为 5。BSSD 算法的稀疏度递增步长 s 设为 2。算法 NESR、OMPSR 根据相关文献设置有关参数。

2.复杂度分析

表 7-13 列出了本节有关算法的大致复杂度。其中，M 为从当前图像(或由此图像扩展)中提取的待学习的块数目，N 为待重构的 LR 图像的块个数，K 为构建字典的大小(原子数)，n 为正方形图像块的宽，I_{iter} 为迭代次数，T 为稀疏度阈值，s 为 BSSD 算法的步长。

表 7-13 构建字典及图像重构的算法复杂度比较

	NESR[6]	OMPSR[16]	BSSD
构建字典	$O(4Mn^2)$	$O(MKTI_{\text{iter}})$	$O(MKT)$
图像重构	$O(4Nn^2)$	$O(nKT)$	$O(nK\lg s)$

由于 NESR 自身算法的限制(图像样本集即为字典)，当仅用当前图像来超分辨时，其结果难以接受。因此，使用了离线的图像来构建字典。另外值得关注的是，本节的 BSSD 的图像稀疏重构的复杂度与 OMPSR 相当，只是不确定的循环终止条件可能导致问题规模产生抖动。

3.重构结果

下面分别对合成图像进行两倍和三倍的客观重构，对实际捕获图像实施两倍主观重构。

1)两倍客观重构

第一个合成实验中，在大小为 256×256 的 cameraman 灰度图像中添加方差为 1 的 9×9 高斯模糊，并双三次下采样两倍，图 7-14(a)为 HR 原始图像，图 7-14(b)为降质观测后的 LR 图像。分别应用 BCSR、NESR、OMPSR 和 BSSD 对图 7-14(b)进行超分辨率增强。

各超分辨率方法的重构结果如图 7-15 所示。为便于观察局部细节，放大显示矩形标注区域。NESR 边缘较 bicubic 锐利，轮廓较清晰，但是有一定的人工伪迹。OMPSR 和 BSSD 均剔除了一定的模糊退化，图像细节及层次更分明，而 BSSD 图像的锐利度及细节改善更为显著。对于虚线椭圆标注的建筑物，BSSD 方法增强效果相对更明显，图 7-15 中各图像的矩形标注区域中，摄像机部分的放大显示也印证了 BSSD 的相对优异的恢复效果。

(a) HR　　(b) LR

图 7-14　实验图像 cameraman

(a) BCSR　　(b) NESR

(c) OMPSR　　(d) BSSD

图 7-15　第一个合成图像 cameraman 的两倍超分辨率结果

表 7-14 列出了图 7-15 超分辨率图像的 PSNR 及 SSIM 指标，以 BCSR 为基准，NESR、OMPSR 及 BSSD 的 PSNR 分别提高 0.3261dB、1.781dB、2.2737dB，SSIM 分别改善 0.0003、0.0513、0.0635。

表 7-14 第一个合成实验的 PSNR 及 SSIM 指标

	bicubic	NESR	OMPSR	BSSD
PSNR/dB	24.2374	24.5635	26.0184	26.5111
SSIM	0.8121	0.8124	0.8634	0.8756

2) 三倍客观重构

第二个合成实验中，eye 灰度图像添加同实验一的模糊，并且三倍下采样。需注意的是，直接在线学习三倍下采样的降质图像时提取的样本数过少，为此实验中采取对降质图像做转置、镜像等处理以构成训练集。各超分辨率方法的重构结果如图 7-16 所示。在四种重构方法中，本节的 BSSD 图像边缘伪迹相对较少，模糊降质得到了一定程度的抑制。

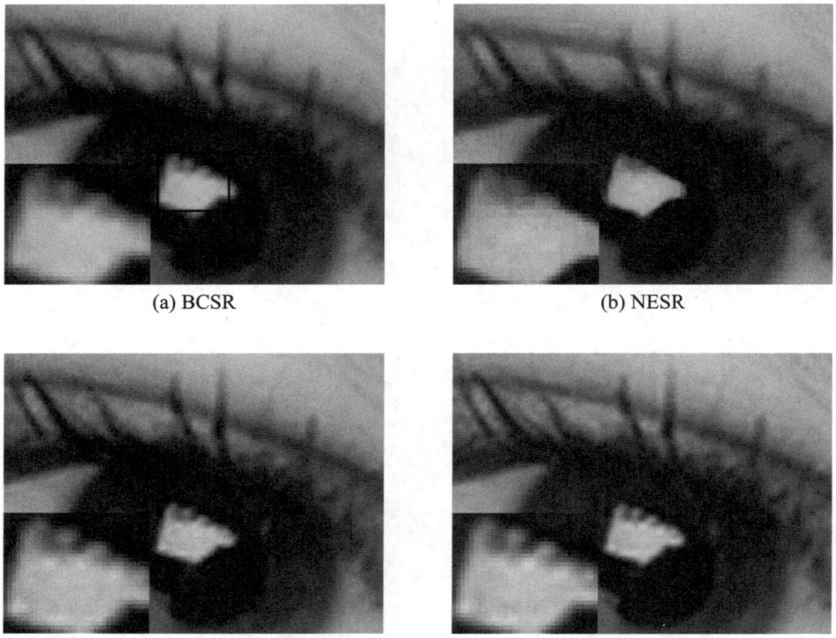

(a) BCSR (b) NESR

(c) OMPSR (d) BSSD

图 7-16 第二个合成图像 eye 的三倍超分辨率结果

表 7-15 列出了图 7-16 超分辨率图像的 PSNR 及 SSIM 指标。由于 NESR 对结构性强的图像重构效果较好，而对于如图 7-16 中的纹理图像重构能力较弱，相对较低的客观指标及图像中的眼睫毛等纹理均印证了此特点。本节 BSSD 算法相比 bicubic 的 PSNR 提高 1.2154dB，SSIM 改善 0.0204。

表 7-15 第二个合成实验的 PSNR 及 SSIM 指标

	bicubic	NESR	OMPSR	BSSD
PSNR/dB	31.7253	30.4646	32.4280	32.9407
SSIM	0.8827	0.8322	0.8926	0.9031

图 7-17 展示了图 7-16 中的各重构图像的残差图。由于残留值较小，所以对残差图的灰度值做了标准化，颜色越浅残留值越大，颜色越深残留值越小。从残差图的颜色深浅、眉毛结构等来分析，本节的 BSSD 恢复效果相对较好。

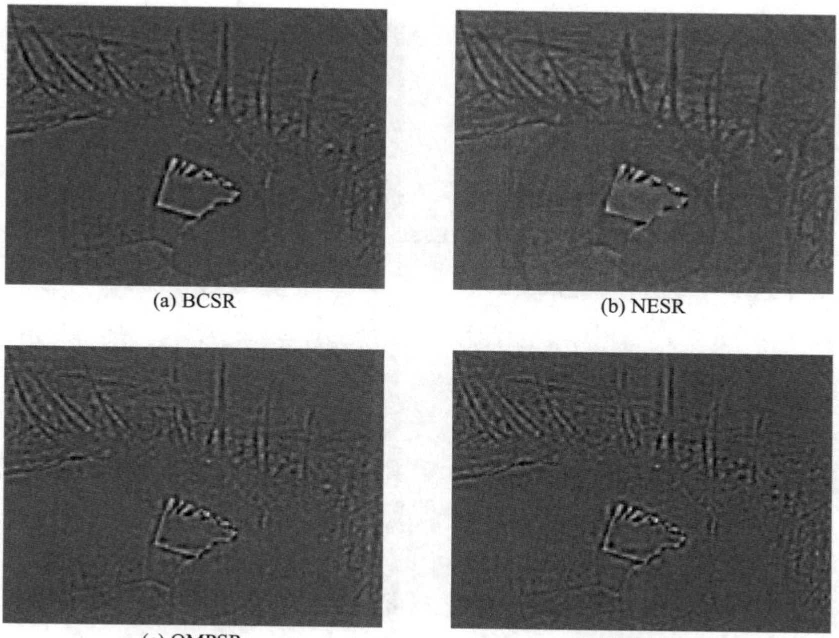

(a) BCSR　(b) NESR

(c) OMPSR　(d) BSSD

图 7-17　第二个合成图像 eye 的残差图

3) 两倍主观重构

第三个实验为实际图像的超分辨率重构。图 7-18 是玉树震后航拍的部分建筑物图像的局部画面。假设该 LR 图像存在方差为 0.5 的 5×5 高斯模糊。图 7-19 展示了四种超分辨率方法 BCSR、NESR、OMPSR 和 BSSD 的重构结果。同时为便于直观对比各算法的高频恢复或重构能力，图中还给出了各重构图像的频谱图。

图 7-18　LR 图像

分析图 7-19 可知，主观上，图 7-19(a) 的恢复能力最弱，边缘锯齿明显，其频谱图的高频分量明显不足。图 7-19(b) 的图像过于光滑，即纹理恢复能力弱，从而其频谱的高频部分被明显削弱。图 7-19(c)的纹理较图 7-19(b)虽有所改善，但较图 7-19(d)的细节重构仍存在差距。从图像主观评测及频谱分量分析，本节的 BSSD 均体现出了一定的重构优势，高频分量得到了较明显的增强和扩展。

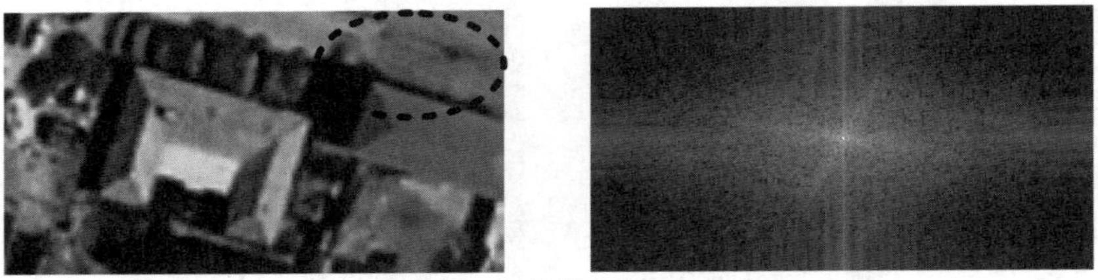

(a) BCSR

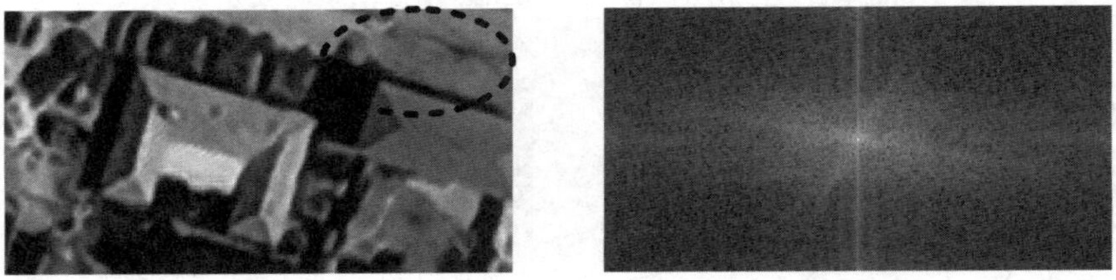

(b) NESR

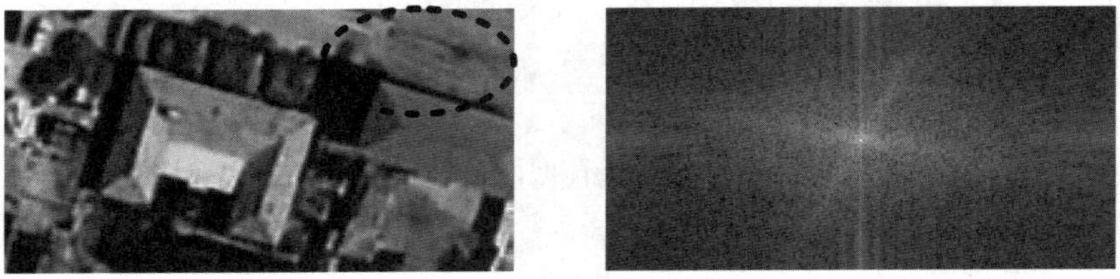

(c) OMPSR

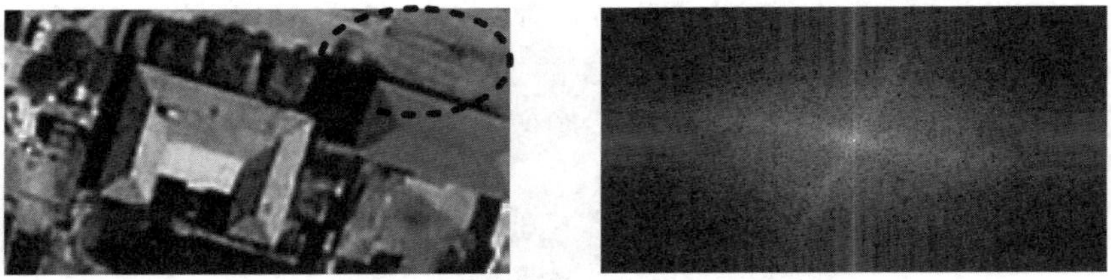

(d) BSSD

图 7-19　实际图像 yushu 的超分辨率重构结果

注：左边一列是重构图像，右边一列对应图像的频谱图。

4.字典对比

根据第 3 章的信号稀疏表示理论，解的唯一性即最稀疏性与字典的互相关有着密切的联系。由定理可知，若问题 $\boldsymbol{Dx}=\boldsymbol{b}$ 的优化解满足 $\|\boldsymbol{x}\|_0 < (1/2)\left[1+1/\mu(\boldsymbol{D})\right]$，则此时的解必定是最稀疏的，其中 $\mu(\boldsymbol{D})$ 为字典 $\boldsymbol{D}$ 的互相关属性，其定义详见式(3-6)。需特别提及

的是，在计算 $\mu(\boldsymbol{D})$ 时字典 $\boldsymbol{D}$ 的列需要标准化，即列的 L_2 范数为 1，所以有关系 $\mu(\boldsymbol{D}) \leqslant 1$。$\mu$ 值越小，$\|\boldsymbol{x}\|_0$ 的上确界越大，即有更多可能的解，或者解的稀疏性差。反之，μ 值越大，解的稀疏性越强。

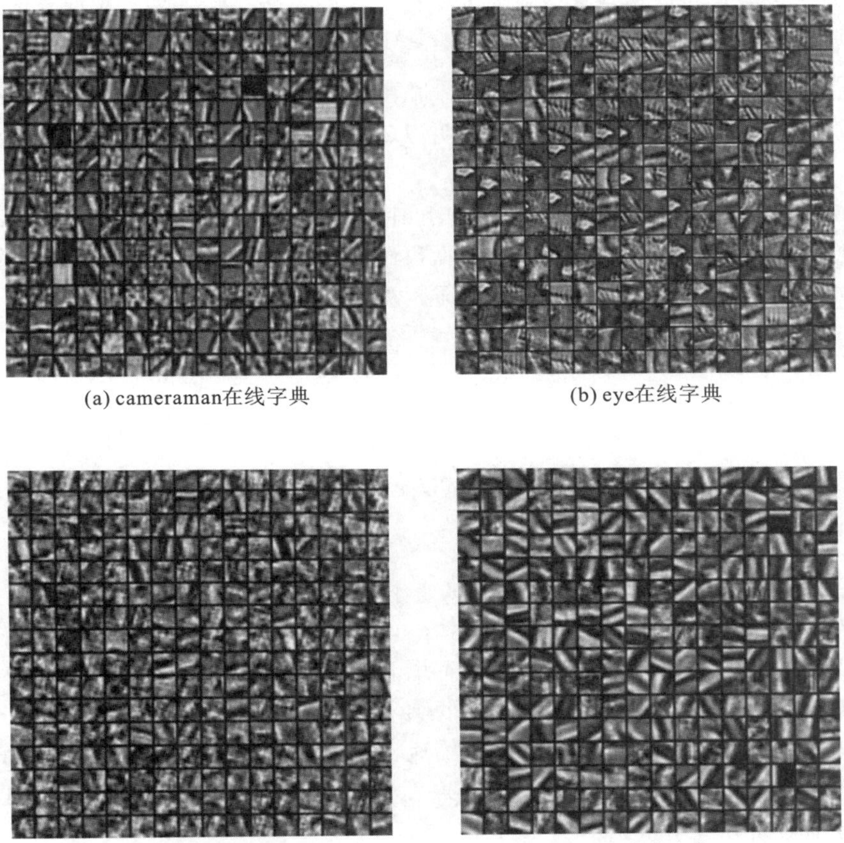

(a) cameraman在线字典　(b) eye在线字典

(c) yushu在线字典　(d) 离线字典

图 7-20　各种 HR 在线字典与离线字典图形显示对比。

注：原子数目为 256，原子大小除 (b) 为 15×15 外，其他均为 10×10。

图 7-20 展示了本节所用的三个在线式学习与第 4 章的离线式学习的高分辨率 HR 字典原子的图形显示，并给出了字典矩阵的互相关值，图 7-20(a)～图 7-20(d) 的互相关 μ 值依次为：0.8724、0.9158、0.7624、0.9895。比较可得，在线字典的互相关值均低于在线字典，即在线字典的稀疏求解性能低于离线字典。不过，从原子结构的图形显示来看，相比离线字典的原子结构，在线字典的原子的几何结构与待重构的 LR 图像结构更逼近。能否将这两种字典级联，从稀疏性和解的逼近性上来综合提高重构性能呢？在下一节中将讨论该类方法。

7.2.5 算法小结

7.2 节基于不同分辨率图像块的局部几何结构相似性分析了图像分辨率增强模型，由此重构问题的关键是建立超完备字典对及图像关于字典的稀疏表示。采取在线学习待处理图像建立超完备字典的方式，以降低训练字典的复杂性并提高原子基的特定结构的表示能力；盲稀疏度分解算法相对匹配追踪稀疏表示实现较高精度的稀疏分解。合成两倍、三倍数据及实际图像的超分辨率重构均表明 7.2 节方法能有效地提高模糊图像的分辨率水平。

虽然在线字典学习复杂度低，原子结构面向特定应用有较强的针对性，但是可用样本的有限性导致构建的字典的性能大大降低，解的稀疏性无法得到良好的保证。纯粹的在线学习式字典稀疏表示的分辨率增强有限，离线与在线相结合的方式或许在一定程度上能解决该缺陷。

7.3 字典级联与逼近 L_0 范数稀疏表示的图像超分辨率重构

离线构建的通用字典的原子结构丰富，重构效果较依赖待重构图像与学习集的结构相似性，庞大样本集造成字典学习时间冗长；在线构建的特定字典的原子结构较简单，充分利用了图像的自相似性先验，少量样本集的学习时间较短。在稀疏表示上，图像块关于字典的稀疏表示的稀疏度可能未知或准确未知，或者固定的稀疏度阈值限定了稀疏表示的最优化求解。为充分提高基于字典稀疏表示的图像超分辨率重构效果，进一步研究两种字典级联的超分辨率重构是非常必要的。由于 L_0 范数的诱人性能，逼近 L_0 范数的稀疏表示逐渐被研究者所认识。

级联离线和在线字典的构建方式，字典原子结构的多样性大大提高，但运算量比纯粹的离线或在线学习也随之增加。因此基于此类字典构建方式的图像超分辨率重构技术适于对高频细节要求苛刻、而处理时间无严格要求的高频分量重构应用。

鉴于此，本节提出一种基于字典级联与逼近 L_0 范数稀疏表示的单帧图像 SR 重构框架。首先，为增强通用字典的普适性，在离线学习字典过程中仅考虑下采样退化，同时为适应给定 LR 图像的特有结构和降质因素，应用在线学习建立特定字典。然后，级联通用和特定的字典作为面向当前图像的高效字典。在图像重构中，受稀疏表示最新理论的启发[17]，采用连续的指数函数来逼近由 L_0 范数定义的稀疏表示，进而规避其稀疏度的敏感性。同时，常用的优化算法通过少量的迭代就能实现逼近 L_0 范数最小问题的求解。最后，LR 图像块在对应字典下的稀疏表示线性加权 HR 字典，生成 SR 图像的 HF 分量。考虑到相邻块的连续性，采取块交叠式的 LF/HF 分量融合。

7.3.1　问题描述

稀疏表示建模已经在各种图像重构的逆问题中得到成功的应用。信号调和分析研究表明超完备字典能自适应地、稀疏地表示图像。7.3 节首先描述基于字典的稀疏表示原理，然后给出成像系统的图像观测模型，最后基于上述两个模型分析基于稀疏表示的 SR 问题。

1.图像观测模型

一般地，假设单帧图像的成像过程表示为：$\boldsymbol{y}=\boldsymbol{SBx}+\boldsymbol{v}$，其中 $\boldsymbol{x}$ 与 $\boldsymbol{y}$ 分别表示 HR 及 LR 图像，$\boldsymbol{S}$ 与 $\boldsymbol{B}$ 分别表示下采样和模糊矩阵。简写成像公式：

$$\boldsymbol{y}=\boldsymbol{Hx}+\boldsymbol{v} \tag{7-16}$$

其中，$\boldsymbol{H}=\boldsymbol{SB}$ 表示系统的传递函数。图像 SR 就是由 $\boldsymbol{y}$ 重构 $\boldsymbol{x}$。由于 $\boldsymbol{H}$ 的复杂性和不确定性，重构问题可能没有唯一解。所以，关于 HR 图像及成像系统的先验知识将能保证 SR 问题的稳定性和唯一性。

2.超分辨率重构

由信号的稀疏表示模型有 $\boldsymbol{x}=\boldsymbol{D}_{\text{h}}\boldsymbol{\alpha}_{\text{h}}$ 及 $\boldsymbol{y}=\boldsymbol{D}_{\text{l}}\boldsymbol{\alpha}_{\text{l}}$，其中 $\boldsymbol{D}_{\text{h}}$ 和 $\boldsymbol{D}_{\text{l}}$ 分别表示 HR 及 LR 图像的超完备字典，再联合观测模型，则有 $\boldsymbol{D}_{\text{l}}\boldsymbol{\alpha}_{\text{l}}=\boldsymbol{HD}_{\text{h}}\boldsymbol{\alpha}_{\text{h}}$。尽管成像通常存在各种降质，但如果选择合适的字典对，则捕获的图像在 LR 字典下的低维投影可以近似等于原始图像在 HR 字典的表示结果，即这种近似可表示为 $\boldsymbol{\alpha}_{\text{l}}\approx\boldsymbol{\alpha}_{\text{h}}$。于是有 $\boldsymbol{\alpha}_{\text{l}}=\boldsymbol{\alpha}_{\text{h}}=\boldsymbol{\alpha}$，如果 $\boldsymbol{D}_{\text{h}}$ 和 $\boldsymbol{D}_{\text{l}}$ 的关系表示为

$$\boldsymbol{D}_{\text{l}}=\boldsymbol{HD}_{\text{h}} \tag{7-17}$$

式(7-17)表明在 HR 字典中引入降质即得 LR 字典。所以，首先基于对降质的估计构建字典对 $\boldsymbol{D}_{\text{h}}$ 及 $\boldsymbol{D}_{\text{l}}$；然后由 $\boldsymbol{y}=\boldsymbol{D}_{\text{l}}\boldsymbol{\alpha}$ 分解 LR 图像 $\boldsymbol{y}$ 关于 $\boldsymbol{D}_{\text{l}}$ 的表示结果 $\boldsymbol{\alpha}$；最后由 $\boldsymbol{x}=\boldsymbol{D}_{\text{h}}\boldsymbol{\alpha}$ 综合 $\boldsymbol{D}_{\text{h}}$ 与 $\boldsymbol{\alpha}$ 得到 HR 图像 $\boldsymbol{x}$。因此，基于超完备字典稀疏表示的图像 SRR 的关键包括超完备字典对的构建和图像在字典下的稀疏分解。

7.3.2　超完备字典的构建与级联

由离线建立的超完备字典确实包含较丰富的图像基元结构(原子)，但是这种通用的字典在表示某类图像时，可能并不是最优的，待处理图像的结构信息理应体现在字典原子中。另外，图像不同区域在既定字典下的表示的稀疏度可能并不完全相同。本节首先介绍超完备字典的建立过程；然后级联两类字典。

1.超完备字典学习

对于通用和特定字典的学习，处理过程除了几个独特的步骤外基本是类似的。为降低构建字典的复杂度，采取学习 LR 字典而数值计算 HR 字典的方式[16]。字典的学习过程如图 7-21 所示。

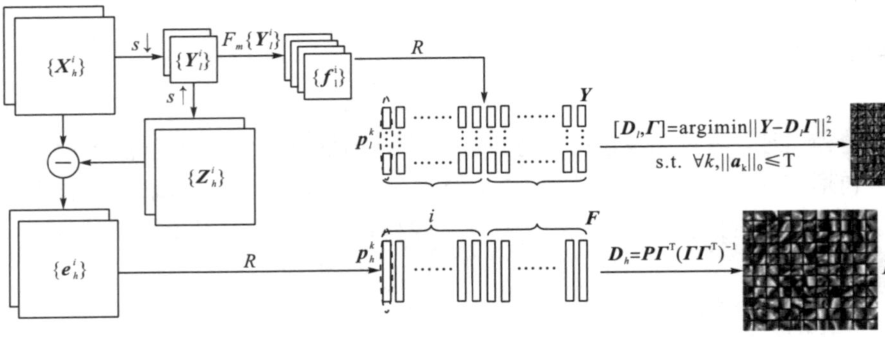

图 7-21 超完备字典的离线学习流程图

1) 训练集准备

假设 $\{X_h^i\}$ 是高质量图像集，对于在线学习则 $i=1$ 。基于对待处理图像的退化估计，预降质 HR 图像得到 LR 集合 $\{Y_l^i\}$ 。考虑到字典的普适性，在离线学习中仅考虑下采样退化；对于在线学习，基于给定 LR 图像的降质信息，训练针对当前处理图像的特定字典。根据期望的 SR 倍率上采样 LR 图像集 $\{Y_{\mathrm{l}}^i\}$ 构成丢失高频信息的图像 $\{Z_{\mathrm{h}}^i\}$ 。

2) 提取训练数据

为增强字典原子的表达能力，训练梯度或其他高频特征。具体来说，差分 $\{e_{\mathrm{h}}^i\}=\{X_{\mathrm{h}}^i\}-\{Z_{\mathrm{h}}^i\}$ 作为 HR 样本；$\{f_{\mathrm{l}}^i\}=\{F_m\{Y_{\mathrm{l}}^i\}\}$ 作为 LR 样本，其中 F_m 包括水平和垂直方向的一、二阶梯度，这样 $\{f_{\mathrm{l}}^i\}$ 包含四幅等大的梯度特征图像。

3) 分割图像块

整幅图像被分割成等大小的块，且块间有像素交叠，每个块向量沿着水平方向级联构成样本矩阵。即由 $\{p_{\mathrm{h}}^k\}=R\{e_{\mathrm{h}}^i\}$ 构成 HR 块矩阵，其中 R 为块提取算子。而对于 LR，每幅特征图像构成一个块矩阵，四个矩阵垂直方向堆砌累积成 LR 块矩阵 $\{p_{\mathrm{l}}^k\}=R\{f_{\mathrm{l}}^i\}$ 。

4) 构建字典对

基于 LR 样本 $Y=\{p_{\mathrm{l}}^k\}$，训练任务表示为

$$[D_l,\Gamma]=\arg\min\|Y-D_{\mathrm{l}}\Gamma\|_2^2 \quad \text{s.t.} \quad \forall k,\|\alpha_k\|_0\leqslant T \tag{7-18}$$

其中，$\Gamma=\{\alpha_k\}$ 为稀疏表示矩阵，D_{l} 为学习的字典，T 为稀疏度阈值，因此学习任务包括两个未知量。采用文献[4]的字典学习法得到表示矩阵 Γ，由 $P=\{p_{\mathrm{h}}^k\}$ 及 $D_{\mathrm{h}}=\arg\min\|P-D_{\mathrm{h}}\Gamma\|_2^2$ 求得字典 $D_{\mathrm{h}}=P\Gamma^{\mathrm{T}}(\Gamma\Gamma^{\mathrm{T}})^{-1}$ 。

2.超完备字典级联

为区分稍后的在线学习模式，定义 $D_{\mathrm{l}}^{\mathrm{off}}$ 和 $D_{\mathrm{h}}^{\mathrm{off}}$ 为离线学习构建字典对。鉴于离线的通用字典在稀疏分解中可能产生误差，在线学习待处理的 LR 图像构建的特定字典应该作为有益的补充。类似上述的离线学习过程，基于 LR 图像中的可能降质估计，定义特定的字典为 $D_{\mathrm{l}}^{\mathrm{on}}$ 和 $D_{\mathrm{h}}^{\mathrm{on}}$ 。

从而，使用合适的参数级联的两类字典：

$$D_{\mathrm{l}}=[\alpha D_{\mathrm{l}}^{\mathrm{off}}\ \beta D_{\mathrm{l}}^{\mathrm{on}}],\quad D_{\mathrm{h}}=[\alpha D_{\mathrm{h}}^{\mathrm{off}}\ \beta D_{\mathrm{h}}^{\mathrm{on}}] \tag{7-19}$$

其中，α 与 β 控制离线及在线的比重贡献，在本章的研究中均置为 1。

7.3.3　光滑逼近 L_0 范数的稀疏表示

1.逼近稀疏测度

考虑观测矩阵(超完备字典) $\boldsymbol{D}\in\mathbb{R}^{n\times m}$，测量信号 $\boldsymbol{x}\in\mathbb{R}^{n}$，则 $\boldsymbol{x}$ 关于 $\boldsymbol{D}$ 的稀疏表示 $\boldsymbol{s}$ 问题的数学定义为[1, 8]：

$$\hat{\boldsymbol{s}}=\arg\min\|\boldsymbol{s}\|_0 \quad \text{s.t.} \quad \boldsymbol{Ds}=\boldsymbol{x} \tag{7-20}$$

式中，$\|\cdot\|_0$ 是 L_0 范数测度，表示向量非零项的数目。但是由于 L_0 范数是无多项式的 NP-hard 问题，直接求解是个耗时巨大的组合问题。总体来说，解决式(7-20)的方法有贪婪匹配追踪 MP 系列算法、基于 L_1 范数的基追踪 BP 和基于非凸优化的逼近算法等三种。其中，MP 系列算法精度低、速度快，BP 算法复杂度高、精度高，而逼近算法介于两者之间。在逼近稀疏表示方法中，基于光滑 L_0 范数的分解法可解决信号的快速且较高精度的稀疏表示问题[17]，首先定义降函数：

$$f_\sigma(\boldsymbol{s})\triangleq\exp(-\boldsymbol{s}^2/2\sigma^2)\text{，且 } f_\sigma(\boldsymbol{s})=\begin{cases}1; & |\boldsymbol{s}|\ll\sigma\\ 0; & |\boldsymbol{s}|\gg\sigma\end{cases} \tag{7-21}$$

从而有 $F_\sigma(\boldsymbol{s})=\sum_{i=1}^{m}f_\sigma(s_i)$，因此 $F_\sigma(\boldsymbol{s})$ 表示 $\boldsymbol{s}$ 的零项或较小项的总个数。易知，σ 越小，$\boldsymbol{s}$ 的零项数量 $F_\sigma(\boldsymbol{s})$ 就越大。根据上述的渐进思想，当 σ 取值较小时，向量 $\boldsymbol{s}$ 的 L_0 范数准则的优化问题可近似表示为：$\|\boldsymbol{s}\|_0\approx m-F_\sigma(\boldsymbol{s})$。所以稀疏表示问题的非连续函数 $\|\boldsymbol{s}\|_0$ 的极小，转化为连续函数 $F_\sigma(\boldsymbol{s})$ 的极大或 $m-F_\sigma(\boldsymbol{s})$ 的极小，即用连续函数 $F_\sigma(\boldsymbol{s})$ 逼近非连续的 L_0 范数测度，其中 σ 控制连续逼近函数的光滑性。从而稀疏表示模型式(7-20)转化为

$$\hat{\boldsymbol{s}}=\arg\min\left[m-F_\sigma(\boldsymbol{s})\right] \quad \text{s.t.} \quad \boldsymbol{Ds}=\boldsymbol{x} \tag{7-22}$$

2.适于逆问题重构的逼近稀疏表示

式(7-22)通常适用于一般的稀疏表示，对于图像超分辨率重构特定问题，稀疏表示先验在逆问题重构中是作为正则项出现的，而求解超分辨率重构问题系统的最优解，还应考虑逼近项的约束优化。所以，在式(7-22)的基础上，添加适于逆工程重构的逼近项，进而形成了本节的逼近 L_0 范数稀疏表示的图像超分辨率重构模型：

$$\hat{\boldsymbol{s}}=\arg\min\left[m-F_\sigma(\boldsymbol{s})\right]+\lambda\|\boldsymbol{Ds}-\boldsymbol{x}\|_2^2=J(\boldsymbol{s}) \tag{7-23}$$

式中，λ 为平衡参数。上述模型中的稀疏表示先验项通常以图像局部块为处理内容，而误差逼近项既可以视为整帧图像的全局优化，也可以认为是重构图像块在 LR 图像上的后向投影的残差极小。值得注意的是，式(7-23)的极小优化也可直接通过求解 $F_\sigma(\boldsymbol{s})$ 的极大而获得问题的次最优解。由于 $F_\sigma(\boldsymbol{s})$ 中的 σ 参数的逐步衰减性，根据最优化理论，逼近 L_0 范数稀疏表示的优化问题可采用梯度下降的迭代计算来实现，即在梯度方向 $\Delta J(\boldsymbol{s})$ 迭代：

$$\Delta J(\boldsymbol{s}) = \boldsymbol{d} = 2\lambda[\boldsymbol{D}^{\mathrm{T}}(\boldsymbol{D}\boldsymbol{s} - \boldsymbol{x})] + (\sigma^2)^{-1}\left[s_1 f_\sigma(s_1), s_2 f_\sigma(s_2), \cdots, s_m f_\sigma(s_m)\right]^{\mathrm{T}} \tag{7-24}$$

表 7-16 给出了基于梯度下降的逼近 L_0 范数稀疏表示算法伪代码。算法实现中，由 σ^2 的递减特性和便于计算及控制先验项信息，将参数 σ^2 由先验约束转移到误差逼近条件。同时，收缩因子 σ 序列长度作为 AL_0SR 算法的终止条件。后续的讨论中分析了 σ 及 μ 因子的取值对超分辨率图像解的影响。对于上述算法的初值选择、算法收敛性等，下述分别以定理的形式给出并做简要分析。

表 7-16 基于梯度下降的逼近 L_0 范数的稀疏表示处理流程

算法 7-9：逼近 L_0 范数的稀疏表示算法（AL_0SR）
1. 输入：超完备字典 $\boldsymbol{D}$、待分解信号 $\boldsymbol{x}$ 。 2. 输出：稀疏表示 $\boldsymbol{s}$ 。 3. 初始：$\hat{\boldsymbol{s}}_0 = \boldsymbol{D}^{+}\boldsymbol{x}$ ，$\boldsymbol{D}^{+}$ 为 $\boldsymbol{D}$ 的伪逆阵，设序列 $\sigma = [\sigma_1, \sigma_2, \cdots, \sigma_K]$ 、λ 及 μ 。 4. 循环 σ 序列： (1) $\sigma = \sigma_k$ ，$\hat{\boldsymbol{s}} = \hat{\boldsymbol{s}}_{k-1}$ 。 (2) 梯度下降法迭代 N 次。 a 梯度下降方向：$\boldsymbol{d} = 2\lambda\sigma^2[\boldsymbol{D}^{\mathrm{T}}(\boldsymbol{D}\hat{\boldsymbol{s}} - \boldsymbol{x})] + [s_1 f_\sigma(s_1), s_2 f_\sigma(s_2), \cdots, s_m f_\sigma(s_m)]^{\mathrm{T}}$ ； b 梯度方向更新：$\hat{\boldsymbol{s}} = \hat{\boldsymbol{s}} - \mu\boldsymbol{d}$ ； c 约束正交投影：$\hat{\boldsymbol{s}} = \hat{\boldsymbol{s}} - \boldsymbol{D}^{\dagger}(\boldsymbol{D}\hat{\boldsymbol{s}} - \boldsymbol{x})$ 。 (3) $\hat{\boldsymbol{s}}_k = \hat{\boldsymbol{s}}$ ，$k = k+1$ 。 5.结束循环：输出 $\hat{\boldsymbol{s}}_k$ 为最终求得的稀疏信号 $\boldsymbol{s}$ 。

3.逼近稀疏表示理论分析

该算法初始值的设置对算法的收敛有一定影响。根据表 7-16 的伪码流程，初值的伪逆解在数值计算上是最小二乘的 L_2 范数极小优化，且此时 σ 取较大值，下述的定理 1 描述了稀疏表示系数初始化的合理性。

定理 1：（初值的合理性）考虑参数 $\sigma \in \mathbb{R}^{+}$ 索引的函数族 $f_\sigma(s)$ ，且满足如下条件：① 所有的 f_σ 函数均由 f 的收缩得到，即 $f_\sigma(s) = f(s/\sigma)$ ；② $\forall s \in \mathbb{R}$ ，$0 \leqslant f_\sigma(s) \leqslant 1$ ；③ $f_\sigma(s) = 1 \Leftrightarrow s = 0$ ；④ $f_\sigma'(0) = 0$ ；⑤ $f_\sigma''(0) < 0$ 。设 $\boldsymbol{D}$ 为满秩矩阵，且 $\hat{\boldsymbol{s}} \triangleq \boldsymbol{D}^{\mathrm{T}}(\boldsymbol{D}\boldsymbol{D}^{\mathrm{T}})^{-1}\boldsymbol{x}$ 为 $\boldsymbol{D}\boldsymbol{s} = \boldsymbol{x}$ 的最小 L_2 范数解，即 $\boldsymbol{s} = \boldsymbol{D}^{\dagger}\boldsymbol{x}$ ，则有

$$\lim_{\sigma \to \infty} \operatorname*{argmax}_{\boldsymbol{D}\boldsymbol{s}=\boldsymbol{x}} F_\sigma(\boldsymbol{s}) = \hat{\boldsymbol{s}} \tag{7-25}$$

由梯度下降的非凸优化过程可知，σ 从一个较大值逐次衰减，从而 $F_\sigma(\boldsymbol{s})$ 逐次递增，因此初值的选择对解的优化速度有一定的影响。实验表明，当用全 1 表示系数作为初始解时，收敛速度约下降一半。算法的迭代收敛性由下述定理 2 给出。

定理 2：（算法的收敛性）考虑参数 $\sigma \in \mathbb{R}^{+}$ 索引的函数族 $f_\sigma(\boldsymbol{s})$ ，且满足如下条件：① 对所有的 $\boldsymbol{s} \neq 0$ ，有 $\lim_{\sigma \to 0} f_\sigma(\boldsymbol{s}) = 0$ ；②对所有的 $\sigma \in \mathbb{R}^{+}$ ，有 $f_\sigma(0) = 1$ ；③对所有的 $\sigma \in \mathbb{R}^{+}, \boldsymbol{s} \in \mathbb{R}$ ，有 $0 \leqslant f_\sigma(\boldsymbol{s}) \leqslant 1$ ；④对任意正值 v 和 α ，存在 $\sigma_0 \in \mathbb{R}^{+}$ ，若 $|\boldsymbol{s}| > \alpha$ ，则对任意 $\sigma < \sigma_0$ ，有 $f_\sigma(\boldsymbol{s}) < v$ 。设 $\boldsymbol{D}$ 满足唯一表示性（unique representation property，URP）[18] 条件，定义可行性解空间 $\boldsymbol{S} \triangleq \{\boldsymbol{s} \mid \boldsymbol{D}\boldsymbol{s} = \boldsymbol{x}\}$ ，$\boldsymbol{s}^0 \in \boldsymbol{S}$ 是最稀疏解，且 $\boldsymbol{s}^\sigma = [s_1^\sigma, s_2^\sigma, \cdots, s_m^\sigma]^{\mathrm{T}}$ 是

$F_{\sigma}(\boldsymbol{s})$ 在 $\boldsymbol{S}$ 上的最大近似解，则有

$$\lim_{\sigma \to 0} \boldsymbol{s}^{\sigma} = \boldsymbol{s}^{0} \tag{7-26}$$

由 $F_{\sigma}(\boldsymbol{s}) = \sum_{i=1}^{m} f_{\sigma}(s_i)$ 知，σ 决定了函数 $F_{\sigma}(\boldsymbol{s})$ 的光滑程度，σ 越大，函数越光滑；反之函数越不光滑(非连续)。当 σ 形成逐渐递减的序列时（$\sigma \to 0$），$F_{\sigma}(\boldsymbol{s})$ 就体现了 L_0 范数稀疏表示数的非连续性。

定理 1 实现了适当选择初值以提高逼近算法的收敛速度，同时该值也可直接作为稀疏表示问题的次最优解，以满足可用计算资源有限的稀疏分解应用。定理 2 实现了即使没有采用定理 1 的初值设置，在以 σ 递减序列的迭代中，仍能收敛至稀疏逼近问题的稳定解。因此，基于梯度下降的非凸优化算法从两个层次来保证求得信号满足一定重构精度的稀疏表示系数。

7.3.4　图像超分辨率重构

7.3 节描述基于稀疏表示模型的 SR 过程。借助级联的字典对和给定 LR 图像，首先应用逼近 L_0 范数最小法实现 LR 图像的稀疏分解，然后 HR 字典原子被这些表示系数线性加权，作为期望的 SR 图像的 HF 分量；最后由双三次插值生成的 LF 分量与 HF 分量以块重叠的方式融和实现最终的 SR 图像。基于稀疏表示模型的图像 SR 重构过程如下。

步骤 1：设 LR 图像 $\boldsymbol{Y}_{\text{l}}$，类似字典学习构建块矩阵 $\{\boldsymbol{p}_{\text{l}}^{k}\} = R\{F_m\{\boldsymbol{Y}_{\text{l}}\}\}$，则 $\boldsymbol{Y} = \{\boldsymbol{p}_{\text{l}}^{k}\}$。

步骤 2：在 $\boldsymbol{D}_{\text{l}}$ 下分解 $\boldsymbol{Y}$，即由 $\boldsymbol{\Gamma} = AL0(\boldsymbol{Y}, \boldsymbol{D}_{\text{l}})$ 得到表示 $\boldsymbol{\Gamma} = \{\boldsymbol{\alpha}_k\}$。

步骤 3：由线性组合 $\boldsymbol{P} = \boldsymbol{D}_{\text{h}}\boldsymbol{\Gamma}$ 合成 HF 分量 $\boldsymbol{P} = \{\boldsymbol{p}_{\text{h}}^{k}\}$。

步骤 4：由 $\boldsymbol{Z} = Q_s(\boldsymbol{Y}_{\text{l}})$ 上采样 $\boldsymbol{Y}_{\text{l}}$ 作为 LF 分量，其中 Q_s 为 s 倍的插值算子。

步骤 5：融合 LF/HF 分量 $\boldsymbol{X} = \boldsymbol{R}^{\text{T}}(\boldsymbol{Z} + \boldsymbol{P})$，交叠像素以保持块连续。

接下来，通过各种图像重构实验展示该方法的有效性。

7.3.5　实验仿真与分析

为验证该方法的重构性能，对不同降质类型的图像做 SR 实验。并且，对比双三次(bicubic)插值、基于 L_1 范数的 SR(L_1SR)[3]、基于 OMP 稀疏表示的 SR(OMPSR)[16]、本节的基于通用字典与逼近 L_0 范数的 SR(UD-AL_0SR)和基于级联字典的 SR(CD-AL_0SR)等方法。离线学习中，采取文献[3]的图像样本集，块大小为5×5，重叠 4 像素。双三次作为下采样算子，图像差分及梯度作为训练内容。离线字典大小为 512，在线字典大小为 128。在线字典的其他设置除了考虑模糊降质外与离线设置相同。对于 AL_0 算法，设置 $\sigma = [0.02, 0.01, 0.005, 0.002, 0.001]$，$\mu = 2.5$，$\lambda = 20$，$N = 3$ 迭代。采用峰值信噪比 PSNR 和图像结构相似性 SSIM 来客观评测图像质量。

1.实验结果

第一个实验中，HR 数据为用来测试人眼空间分辨率的测试图像。首先用大小为9×9、方差为 1 的高斯函数卷积 HR 图像，然后下采样 2 倍，构成实验用的 LR 图像。各方法的重构结果如图 7-22 所示，另外图中方框标注的区域直接方法显示以鉴别图像细节差别。表 7-17 给出了各方法的量化评测结果。

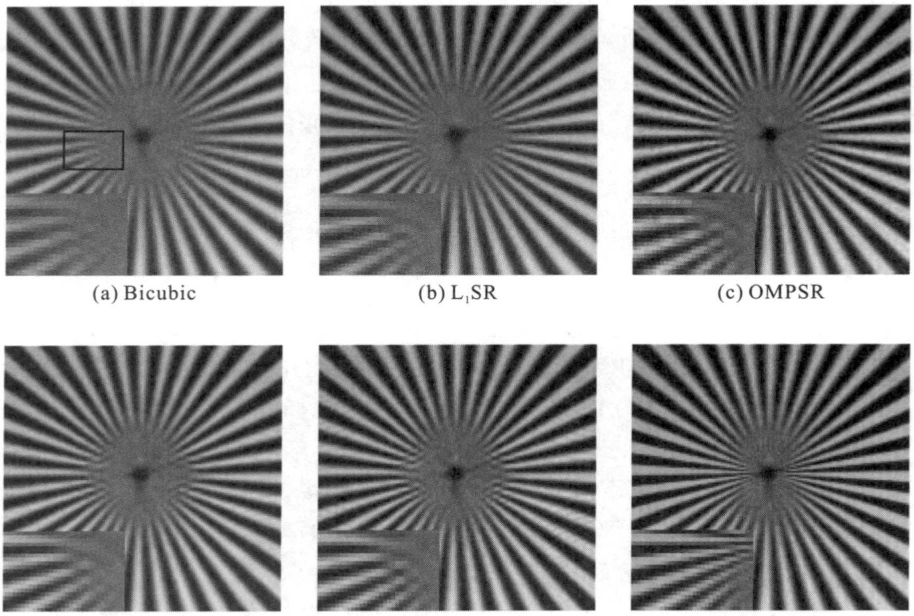

(a) Bicubic (b) L_1SR (c) OMPSR

(d) UD-AL_0SR (e) CD-AL_0SR (f) HR

图 7-22 合成图像的两倍重构结果

表 7-17 第一个实验中各方法的量化评测结果

	bicubic	L_1SR	OMPSR	UD-AL_0SR	CD-AL_0SR
PSNR/dB	23.2623	25.1305	27.9747	28.3205	28.7962
SSIM	0.8560	0.9057	0.9400	0.9422	0.9490

从图 7-17 可以看出，本节的 UD-AL_0SR 相对 L_1SR 和 OMPSR 产生了更锐利的结构。尤其是本节的 CD-AL_0SR 较好地抑制了模糊降质。并且通过 PSNR 及 SSIM 指标的改善也表明了该方法的有效性，相对于双三次插值，指标分别提高了 5.5339dB 和 0.0930。

第二个试验中，除 HR 图像采用 3 倍下采样外，其他参数与前述实验相同。重构结果如图 7-23 所示。便于观察细节，鼻子区域做了放大处理并置于图像左上角显示。表 7-18 给出了客观指标对比。很明显，本节的 UD-AL_0SR 和 CD-AL_0SR 框架在重构局部细节方面展示出良好的性能。特别是对于鼻子上的斑点，本节的 CD-AL_0SR 恢复出了更多的信息，并获得了最好的 PSNR 和 SSIM 指标。

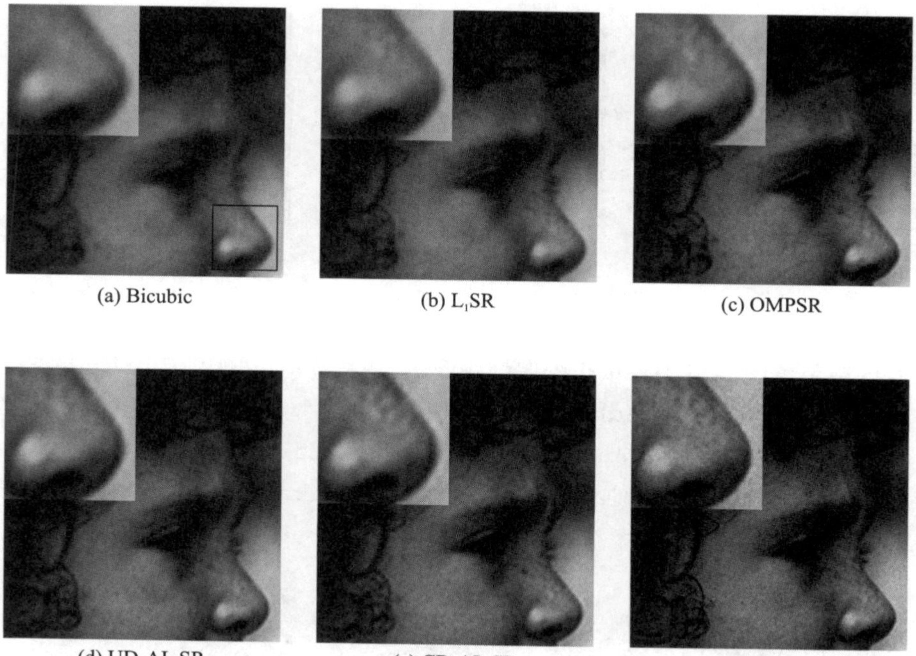

(a) Bicubic　(b) L_1SR　(c) OMPSR

(d) UD-AL_0SR　(e) CD-AL_0SR　(f) HR

图 7-23　合成图像的三倍重构结果

表 7-18　第二个实验中各方法的量化评测结果

	bicubic	L_1SR	OMPSR	UD-AL_0SR	CD-AL_0SR
PSNR/dB	31.6293	32.3514	32.9554	33.0727	33.3101
SSIM	0.7671	0.7928	0.8083	0.8119	0.8229

第三个实验是实际图像的重构。LR 数据是 airplane 的伪图像，设存在大小为 5×5 的单位方差高斯模糊，重构放大三倍。图 7-24 展示了重构结果，图 7-24(a)是直接上采样图像；图 7-24(b)是双三次插值结果；图 7-24(c)与图 7-24(d)分别是 L_1SR 和 OMPSR 的结果；图 7-24(e)与图 7-24(f)分别是本节的 UD-AL_0SR 和 CD-AL_0SR 的结果。从图中看出，本节的重构方法产生的图像的边缘相对较锐利，图像整体质量更易接受。不过潜在的噪声也作为“有用”的信息得到了增强。

(a) 上采样　(b) Bicubic　(c) L_1SR

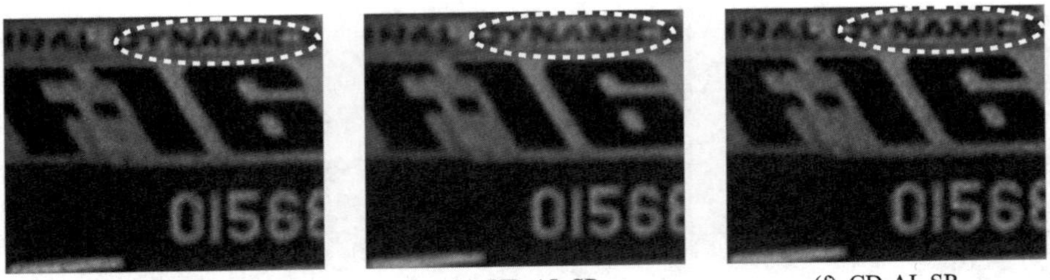

(d) OMPSR (e) UD-AL$_0$SR (f) CD-AL$_0$SR

图 7-24 实际图像的三倍重构结果

图 7-25 展示了图 7-24 中各重构图像的频谱图。观察分析可知，图 7-25(b)和图 7-25(c)的高频恢复能力最弱，图 7-25(d)较图图 7-25(b)、图 7-25(c)虽有一定的改善，但在近高频分量上的创生能力中，明显弱于本节方法得到的图 7-25(e)和图 7-25(f)。所以无论主观图像还是频谱分布，相对其他类似重构方法，本节方法在高频分量的重构及恢复能力中均得到了验证。

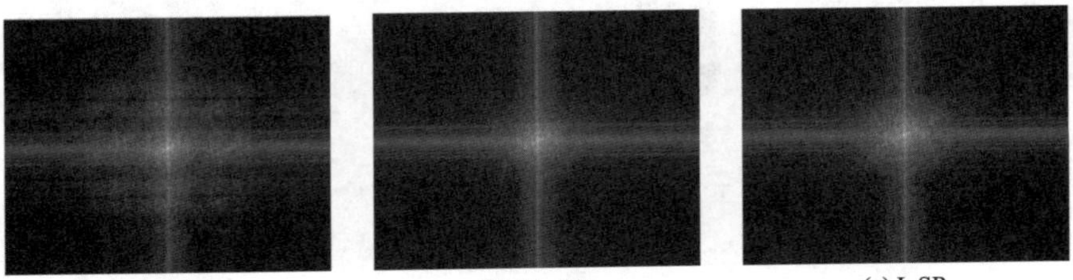

(a) 上采样 (b) Bicubic (c) L$_1$SR

(d) OMPSR (e) UD–AL$_0$SR (f) CD–AL$_0$SR

图 7-25 实际图像的超分辨率重构结果的频谱图

2.复杂度分析

表 7-19 列出了本节有关算法的大致复杂度。其中 M 为从自然图像集和当前图像中提取的待学习的块数目，N 为待重构的 LR 图像的块个数，K 为构建字典的大小(原子数)，n 为正方形图像块的宽，I_{iter} 为算法的迭代次数，T 为稀疏度阈值。

表 7-19 构建字典及图像重构的算法复杂度比较

	L$_1$SR	OMPSR	UD-AL$_0$SR	CD-AL$_0$SR
构建字典	$O(1000MKI_{iter})$	$O(MKTI_{iter})$	$O(MTI_{iter})$	$O(MTI_{iter})$
图像重构	$O(Nn^2K)$	$O(nKT)$	$O(5nN)$	$O(5nN)$

从表 7-19 可知，本节的通用字典和级联字典与 OMPSR 的复杂度近乎在同一个规模，逼近 L_0 范数的稀疏表示 AL_0SR 的问题规模的上界为 $O(5nN)$，相比 L_1SR 和 OMPSR 的规模有较明显的降低。

3.实验讨论

为展现级联字典对超分辨率重构的作用，图 7-26 给出了各种测试图像在通用字典与级联字典下的重构结果。可知，级联模式相对于通用字典，各图像的 PSNR 均得到了提高。因此，包含待处理图像的特定结构的字典能显著改善给定图像的稀疏分解的精度，从而基于该级联字典的图像超分辨率重构性能得到了较为显著的提高。

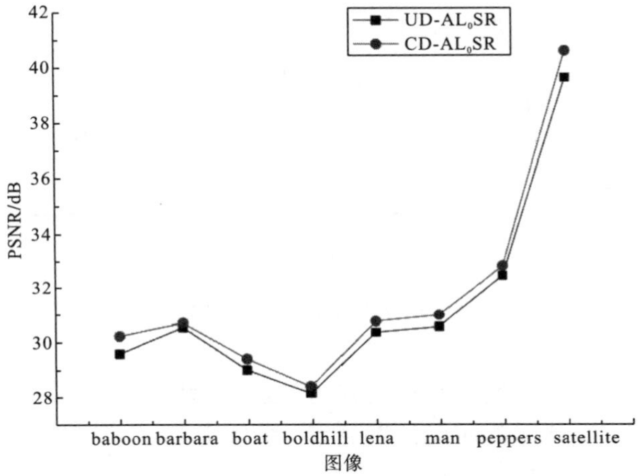

图 7-26　通用字典与级联字典的重构性能对比

对于 AL_0 稀疏表示算法，事实上可根据重构结果的统计，经验式地选择控制参数。图 7-27 说明了参数 σ 的初值与重构图像 PSNR 的关系。可知，当 σ 取 0.02 左右时，重构取得相对较好的结果。

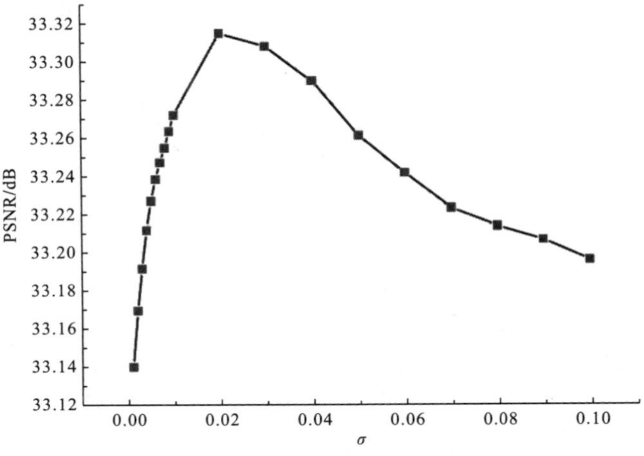

图 7-27　参数 σ 初值与重构图像 PSNR 的关系

图 7-28 给出了当 σ 取最佳值时，AL_0 算法中迭代步长(μ)与重构性能 PSNR 的关系。可知 μ 取 2.5 时，能取得较好性能。

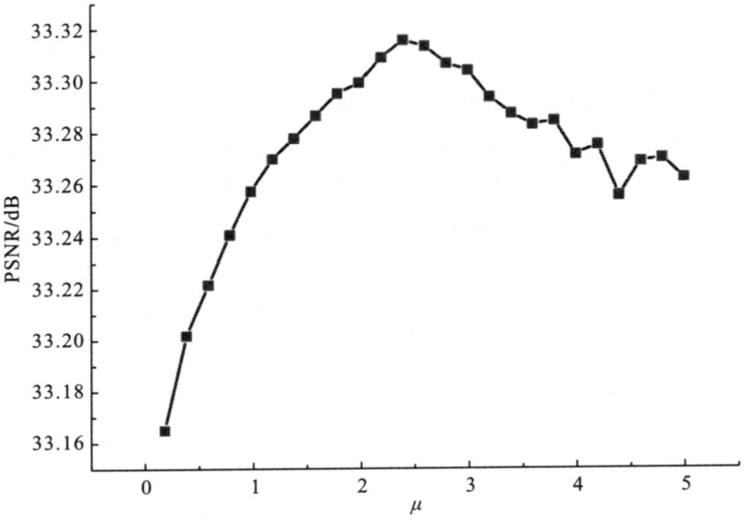

图 7-28 参数 μ 与重构性能 PSNR 的关系

高倍率放大是学习法超分辨率重构的显著特征。考虑 64×64 的 LR 图像，图 7-29 展示了本算法在不同倍率重构时的时间消耗关系。整体来看，5 倍重构的计算量增加并不明显，而 6 倍及以上的计算量增长显著。

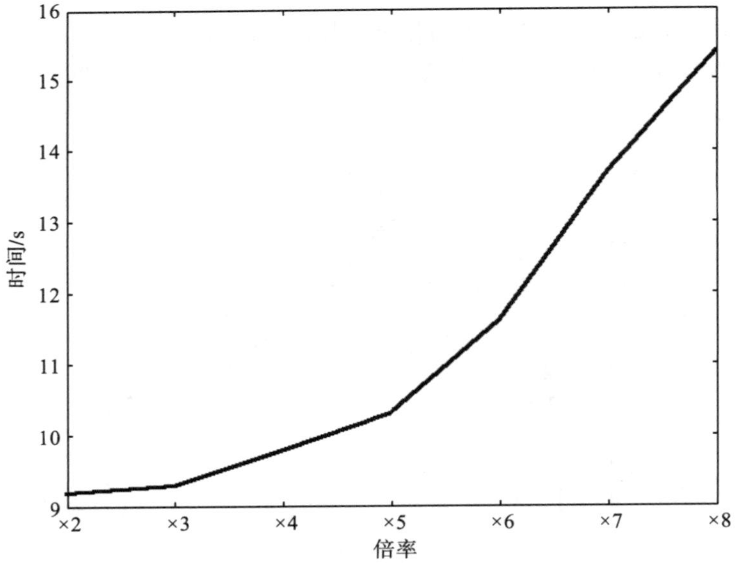

图 7-29 放大倍率与时间消耗对比

图 7-30 展示了实验二中的稀疏度与图像块数目的直方图统计。基于既定的超完备字典，不同复杂度的局部结构可能对应变化的稀疏度。由图可知，大部分的稀疏度集中在 1～9，即该范围的图像块数量最多。而 OMP 算法稀疏度采用固定值，这对 SR 处理来说，结果不是最优的。

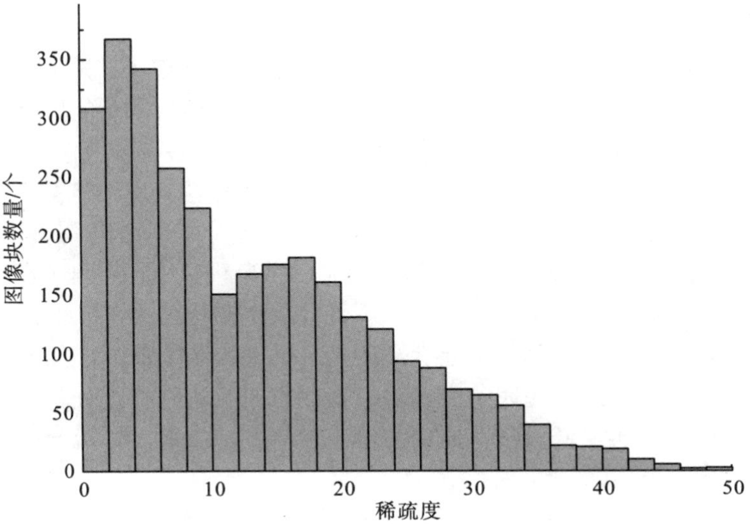

图 7-30　实验二中的稀疏度与图像块数目的直方图分布

另外，实验表明，鉴于稀疏表示的强先验性，控制逼近项的 λ 的取值范围较为灵活；梯度下降 N 的取值决定着算法的运算荷载，而迭代 3 次或 4 次时其性价较高。

7.3.6　算法小结

7.3 节提出了一种基于超完备字典级联与逼近 L_0 范数稀疏表示的图像超分辨率重构框架。离线学习的通用字典与在线学习的特定字典共同构成针对当前 LR 图像更为有效的超完备字典。贪婪匹配追踪稀疏表示算法采用固定稀疏度，而逼近 L_0 范数的稀疏分解实现大于或少于该稀疏度的更精确的稀疏表示。相比其他类似方法，各种重构结果表明 7.3 节提出的方法能够有效改善 LR 图像的分辨率。通过研究，进一步提高重构效果可通过丰富字典的原子结构和建模更精确的图像降质过程来实现。

7.4　本章小结

图像超分辨率重构是典型的数学逆问题，是不完备数据重构问题，而求解该问题的有效方法是在重构模型中添加关于数据或问题的先验。信号超完备稀疏表示作为信号先验或建模的最新发展成果，更简洁稀疏地表示信号，从而降低处理成本，提高处理效率。

超完备字典稀疏表示理论认为，由大量自然界信号经学习构建的用于表示或分解的原子库，能更强有力的捕获图像的几何奇异结构(如边缘)，从而易于操作这些高频分量。鉴于稀疏表示对图像重构的强先验性，本章主要研究和设计了基于稀疏表示的单帧图像的超分辨率重构框架。围绕如何构建有效用于稀疏表示的超完备字典和设计在既定字典下图像的稀疏分解算法等关键问题进行了探索，获得了相比类似技术更高质量的高分辨率图像，其主要内容包括三个方面。

(1) 针对耦合字典学习的复杂性，在离线式超完备字典构建中，采取了学习低分辨率字典而数值计算高分辨率字典的方法。分析和设计了基于稀疏表示的图像超分辨率重构模型，从而将问题的关键转化为字典对的构建和图像的超完备稀疏分解。应用 K-SVD 算法构建离线字典对，提出应用正则正交匹配追踪 ROMP 算法实现图像关于字典的稀疏表示。LR 图像的稀疏表示联合高分辨率字典实现最终的超分辨率重构。

(2) 鉴于离线字典的非适应性，在在线式超完备字典构建中，提出了在线构建字典对的盲稀疏度稀疏表示超分辨率重构方法。以不同分辨率图像的局部几何结构不变性给出了分辨率增强的数学模型；为降低构建字典的复杂性并提高字典原子的自适应能力，采取在线学习待处理图像以建立超完备字典对；为克服匹配追踪稀疏分解的固定稀疏度缺陷，采用盲稀疏度分解实现低分辨率图像的精确稀疏表示；最后稀疏分解系数联合高分辨率字典实现超分辨率增强。

(3) 为进一步提高字典的稀疏表示能力，在超完备字典级联中，提出离线学习的通用字典级联在线学习的特定字典的字典构建方式，构成包含丰富图像结构和准确降质信息的针对当前图像的高效字典。同时，为克服贪婪匹配追踪稀疏表示算法的固定稀疏度的依赖性，采用逼近 L_0 范数稀疏表示的方式规避稀疏度限制，从而变数目的非零项系数更精确地适应复杂图像结构；低分辨率图像的稀疏表示联合高分辨率字典实现超分辨率图像的高频分量合成。

参 考 文 献

[1] Mallat S. A Wavelet Tour of Signal Processing：the Sparse Way，3rd Ed. [M]. Amsterdam：Elsevier Pte. Ltd. 2009.

[2] Needell D. Topics in compressed sensing[D]. Davis：University of California，2009.

[3] Yang J C，Wright J，Huang T，et al. Image super-resolution as sparse representation of raw image patches[C]. Proceedings of IEEE Conference on Computer Vision and Pattern Recognition (CVPR)，Anchorage AK，2008：1-8.

[4] Aharon M，Elad M，Bruckstein A M. The K-SVD：an algorithm for designing of overcomplete dictionaries for sparse representation[J]. IEEE Transactions on Signal Processing，2006，54(11)：4311-4322.

[5] Sen P，Darabi S. Compressive Image Super- resolution[C]. Proceedings of the 43rd Asilomar Conference on Signals，Systems，and Computers，Pacific Grove，2009：1235-1242.

[6] Chang H，Yeung D Y，Xiong Y M. Super-resolution through neighbor embedding[C]. Proceedings of IEEE Computer Society Conference on Computer Vision and Pattern Recognition (CVPR)，Washington D.C.，2004：275-282.

[7] Yang J C，Wright J，Huang T，et al. Image super-resolution via sparse representation[J]. IEEE Transactions on Image Processing，2010，19(11)：2861-2873.

[8]Bruckstein A M，Donoho D L，Elad M. From sparse solutions of systems of equations to sparse modeling of signals and images[J]. SIAM Review，2009，51(1)：34-81.

[9]Atkins C B，Bouman C A，Allebach J P. Optimal image scaling using pixel classification[C]. Proceedings of IEEE International Conference on Image Processing(ICIP)，Thessaloniki Greece，2001：864-867.

[10]Mallat S，Zhang Z. Matching pursuits with time-frequency dictionaries[J]. IEEE Transactions on Signal Processing，1993，41(12)：3397-3415.

[11]Davis G，Mallat S，Avellaneda M. Adaptive greedy approximations[J]. Journal of Constructive Approximation，1997，13(1)：57-98.

[12]Donoho D. Compressed sensing[J]. IEEE Transactions on Information Theory，2006，52(4)：1289-1306.

[13]Do T T，Lu G，Nguyen N，et al. Sparsity adaptive matching pursuit algorithm for practical compressed sensing[C]. Proceedings of the 42nd Asilomar Conference on Signals，Systems，and Computers，Pacific Grove，2008：581-587.

[14]Blumensath T，Davies M E. On the difference between orthogonal matching pursuit and orthogonal least squares[OL]. [2007-03-29]. http：//users. fmrib. ox. ac. uk/～tblumens/publications. html.

[15]Irani M，Peleg S. Improving resolution by image registration[J]. CVGIP：Graphical Models and Image Processing，1991，53(3)：231-239.

[16]Roman Z，Elad M，Protter M. On single image scale-up using sparse-representation[C]. Proceedings of The 7th International Conference on Curves and Surfaces，Avignon，2010.

[17]Mohimani G H，Massoud B Z，Jutten C. A fast approach for over-complete sparse decomposition based on smoothed l0 norm[J]. IEEE Transactions on Signal Processing，2009，57(1)：289-301.

[18]许微. 基于偏微分方程的图像修复及放大算法研究[D]. 天津：天津大学，2007.